中等职业教育“十一五”规划教材

公差配合与技术测量

主　编　于凤丽
副主编　朱冬伟
参　编　赵　立　杨　欧　赵大民
　　　　武天弓　贺天柱
主　审　王秀伦

机械工业出版社

本书是中等职业学校机械类专业的规划教材。全书共分绪论，光滑孔、轴尺寸的公差与配合，技术测量基础，形状和位置公差及检测，表面粗糙度，光滑极限量规及典型零件的公差及检测共七章。

本书遵循实用、够用的原则，以应用为主，在光滑孔、轴的公差与配合，技术测量基础，形状和位置公差及表面粗糙度的基础上，采取项目教学的方式介绍几种常见零件图的识读及零件的检测方法，为今后学习其他专业课和中级技能人才培训打下坚实的基础。

图书在版编目（CIP）数据

公差配合与技术测量/于凤丽主编. —北京：机械工业出版社，2007.9（2018.8重印）

中等职业教育“十一五”规划教材

ISBN 978-7-111-21582-0

Ⅰ. 公… Ⅱ. 于… Ⅲ. ①公差－配合－专业学校－教材 ②技术测量－专业学校－教材 Ⅳ. TG801

中国版本图书馆CIP数据核字（2007）第132521号

机械工业出版社（北京市百万庄大街22号 邮政编码100037）

策划编辑：崔占军 王海峰

责任编辑：齐志刚 版式设计：张世琴 责任校对：张莉娟

封面设计：王奕文 责任印制：李 飞

北京富生印刷厂印刷

2018年8月第1版·第13次印刷

184mm×260mm·11.25印张·275千字

标准书号：ISBN 978-7-111-21582-0

定价：29.00元

凡购本书，如有缺页、倒页、脱页，由本社发行部调换

电话服务

服务咨询热线：010－88379833

读者购书热线：010－88379649

网络服务

机 工 官 网：www.cmpbook.com

机 工 官 博：weibo.com/cmp1952

教育服务网：www.cmpedu.com

金 书 网：www.golden－book.com

前　　言

本书是为更好地贯彻职业教育教学改革精神，由机械工业出版社组织编写的适合机械加工技术、机械制造与控制等机械类专业的规划教材之一。本书中融入了机械加工技术及相关机械类专业教学改革的有关经验和成果，同时参照了行业技能鉴定规范及中级技术工人考核标准编写而成。本书是机械加工与机械制造专业的重点专业课程。

本书在内容的选材和处理上，尽量采用通俗易懂的语言，达到少而精，并遵循理论联系实际和学以致用的原则。本书在较全面阐述公差配合与技术测量基本内容的基础上，适当采用项目教学进行综合训练，及时反映新标准，兼顾了学生学习真本领与达到职业技能鉴定考试两种要求。

综上所述，本书编写具有以下特色：

1）紧扣中等职业教育教学目标，对课程体系进行整体优化、精选内容，选取最基本的概念、测量原理及大量的实例教学，以“2＋1”教学大纲为基础，编写内容力求“必需、够用”，考虑各学校课时不一致，适当增加了选讲内容。

2）以能力培养为主线，通过典型项目，提高学生解决正确识读公差要求、选择适当测量方法并进行正确测量、合理判断零件的合格性，以提高学生理论联系实际的能力，突出学生对所学知识的应用能力。

3）增加新技术、新知识，开拓学生视野，满足学生的更高要求。

4）强调课堂项目展开教学，结合拆装、测绘和现场教学方法，增加学生感性认识。

本书基础教学为60课时，建议分配如下（供参考）：

序号	课程内容	教学时数			
		合计	讲授	实验与实训	机动
1	第一章	2	2		
2	第二章	10	10		
3	第三章	10	6	4	
4	第四章	14	12	2	
5	第五章	4	2	2	
6	第六章	2	2		
7	第七章	12	8	4	
8	机动	6			6
9	综合实践			1周	
	合计	60	42	12＋1周	6

本书由沈阳铁路机械学校于凤丽任主编（编写第一、二、三章），襄樊机电工程学校朱冬伟任副主编（编写第四、五章）。参加编写工作的还有沈阳铁路机械学校赵立

（编写第六章、第七章第一节），沈阳装备制造工程学校杨欧（编写第七章第二节），沈阳铁路机械学校赵大民（编写第六章），张家口北方机电工业学校武天弓（编写第七章第三节），张家口北方机电工业学校贺天柱（编写第七章第四节）。本书由大连交通大学王秀伦教授主审。在编写过程中，还得到了程芃睿高级工程师的帮助，在此深表感谢。

由于编者水平有限，书中错误在所难免，敬请广大读者批评指正。

编　者

2007年3月

目　　录

第一章　绪　　论

【学习目标】

1）掌握互换性的概念及种类。

2）掌握加工误差和公差的定义和分类。

3）了解互换性的意义及技术测量在实现互换性中的作用。

4）了解极限与配合标准。

【本章内容提要】

介绍互换性、加工误差与公差、极限与配合标准、技术测量概念以及本课程的性质任务与基本要求。

第一节　互换性概述

一、互换性及其重要意义

在现代生活中，常常使用互换性零部件，例如电视机的显像管、自行车的螺母或机械钟表的发条，如果它们坏了，只要换上同一规格的显像管、螺母或发条，就能继续正常使用了。这就说明这些零件具有互换性，即零件具有可以互相替换使用的性能。

所谓互换性，是指在制成同一规格的零（部）件中，不需要任何挑选、调整或修配，装到部件或机器上，就能完全达到规定的性能要求。例如，在更换自行车轴上 M8 螺母时，只要在相同规格（M8）的螺母中任选一个就可以旋入使用。因为这批螺母具有互换性。

现代生产中互换性已成为普遍遵循的原则。从产品设计上看，由于采用具有互换性的标准零部件，大大简化了绘图和设计工作，为产品品种的多样化和结构性能的不断改进创造了有利条件，使产品设计更为合理；从机械制造上看，互换性生产是实现现代化大生产的基础。一辆汽车由成千上万个零件组成，由于这些零件具有互换性，就可以由十几个甚至几十个厂家分别制造，然后在一家或几家工厂的装配线上进行组装与总装成为一辆汽车。零部件品种越单一，通用化程度越高，生产批量越大，就越有可能组织专业化协作生产，并采用新技术、新工艺，实现生产过程自动化，从而提高劳动生产率，保证产品质量，降低生产成本；从使用维修上看，互换性给机器的使用和维修带来了很大的方便，一旦机器的零部件坏了，换一个备件就可以了，缩短了维修工时，降低了维修成本，提高了机器的使用效率。

综上所述，遵循互换性原则生产，不仅能提高生产率，而且能有效地保证产品质量，降低生产成本，因此可以说互换性也是机器和仪器制造中的重要生产原则。

二、互换性的分类

零件的互换性按其程度不同可分为完全互换和不完全互换两种。完全互换是指零、部件在装配时，不需要作任何选择、调整或修配，即完全按照互换性原则进行的互换；不完全互换则是指零、部件在装配时允许选择与调整，但不允许修配。在现代生产中，由于完全互换通用性强、装配方便，可减少修理时间和费用，有利于组织专业化生产，因此绝大多数零件均采用完全互换。但是在有些情况下不便采用完全互换性。例如在装配的机器精度要求较高时，若采用完全互换性，则其组成的零件精度要求也必然很高。高精度的要求往往会受到加工条件的限制，加工比较困难，即便可以加工，也会造成加工费用大大增加。为解决加工困难和装配精度要求之间的矛盾，常采用分组装配法。分组装配法就是在装配时根据零件实际尺寸的大小分成若干组，使同组零件的装配尺寸相差值很小，然后再与相对应组内零件进行装配。这种把零件的互换性范围限制在同一组内的方法，称为分组装配法。此种方法仅组内零件可以互换，组与组之间不可以互换，所具有的互换性属于不完全互换性。例如滚动轴承的内、外圈与钢球的组合就采用不完全互换，既解决了零件内圈与外圈零件的加工困难，又保证了轴承的装配精度。

若在装配时需要对某零件进行修配，则该零件已无互换性可言，称为不具有互换性。如常见冷冲模中的凸模和凹模的配作。

第二节　加工误差和公差

一、加工误差

零件的尺寸需要经过加工后才能获得，但由于在加工过程中会受到各种因素的影响，不可能把零件加工成理论上准确的尺寸。即使是同一个工人，在同一台机器上对同一批规格相同的零件进行加工，也很难得到和理论上完全一样的尺寸。这就是尺寸加工误差。

1. 加工误差的定义

零件的实际几何参数与理论上的绝对准确的几何参数之差称为加工误差。

2. 加工误差的分类

零件加工时不可能保证成品的几何参数绝对正确，总有误差存在。具体可以分类如下：

（1）尺寸误差　即零件的实际尺寸与理论尺寸之差。

（2）形状误差　即零件的实际几何形状与理想几何形状之差。

（3）位置误差　即零件的实际几何参数相互位置与理想相互位置之差。

（4）表面粗糙度误差　即加工表面上具有的较小间距和峰谷所组成的微观几何形状特性。

另外，还有一种介于形状误差和表面粗糙度误差之间的表面波度误差，它的波峰高度和波长比表面粗糙度大得多。目前这种误差还没有标准。

这些加工误差的存在都将影响零件的互换性。为满足零件的互换性要求，加工误差必须控制在允许的公差范围内零件才合格，反之零件就不合格。

二、公差

零件的实际几何参数近似理想几何参数的程度称为零件的几何精度，它有尺寸精度、形状精度、位置精度等。精度和误差是相对立的概念，精度越高，误差越小。零件的精度是由公差来体现的，合格零件的误差大小由公差控制。公差由设计者给定，并且已经标准化。

所谓的公差，就是指零件的尺寸、几何形状、几何位置关系及表面粗糙度参数值允许变动的范围。公差是用来限制误差的。

公差主要分以下几种：

1）尺寸公差。

2）形状公差。

3）位置公差。

4）表面粗糙度公差。

对于相同尺寸，公差值大即指允许的加工误差大，精度低，加工容易，零件的制造成本低；公差值小即指允许的加工误差小，精度高，加工困难，零件的制造成本高。所以零件的公差值大小，与零件的加工难易程度密切相关，直接影响产品成本的高低。

第三节 极限与配合标准

要实现互换性，首先必须采用标准化生产。没有标准将产品和技术要求统一起来，就不可能组织互换性生产，因此说标准化是实现互换性生产的技术基础。

标准化是指制定标准和贯彻执行技术标准为主要内容的全部活动过程。

所谓的标准就是指技术标准，是指为产品和工程上的规格、技术要求及其检测方法等所作的、由主管机构批准的、并以特定形式颁布的统一技术规定。标准是从事设计、制造和检测工作的技术依据。标准涉及的范围极其广泛，因此技术标准的种类繁多。随着我国的科学技术发展，标准也在不断地修改和完善。在我国，根据生产中的实际需要，技术标准一般分为国家标准（代号为 GB）、行业标准、地方标准和企业标准四级。部颁标准将逐步向行业标准过渡（如 JB 原为机械工业部标准，现为机械行业标准；SJ 原为电子工业部标准，现为电子工业行业标准）。如果其他标准规定与国家标准的规定有矛盾时，应以国家标准为准。国家标准和行业标准又分为强制性标准和推荐性标准，推荐性标准在标准代号中加注字母“T”以区别于强制性标准，如 GB/T 1804—1992 表示 1992 年发布的、顺序号为 1804 的推荐性国家标准。国家在 1979 年参考国际标准（ISO）曾对早期的《公差与配合》标准进行过修订，制定了比较合理和完善的标准体系，形成 GB 1800 ~ 1804—1979《公差与配合》。但是随着我国与国际上的技术交流的日益频繁，为此于 1997 ~ 1999 年先后等效采用 ISO286—1：1988《ISO 极限与配合制　第 1 部分：公差、偏差和配合的基础》、ISO 286—2：1988《ISO 极限与配合制　第 2 部分：标准公差等级和孔、轴的极限偏差表》以及 ISO 1829—1975《一般用途公差带的选择》，对有关的国家标准进行了修订，形成了《极限与配合》标准。

GB/T 1800. 1—1997《极限与配合　基础　第 1 部分：词汇》，其中对极限与配合的基本术语作了规定；

GB/T 1800. 2—1998《极限与配合　基础　第 2 部分：公差、偏差和配合的基本规定》，其中对极限与配合的公差、偏差与配合的代号、表示及解释和分类作了规定：

GB/T 1800. 3—1998《极限与配合　基础　第 3 部分：标准公差和基本偏差数值表》，其中对极限与配合的标准公差和基本偏差数值表及其由来作了规定。

GB/T 1800. 4—1999《极限与配合　标准公差等级和孔、轴的极限偏差表》，其中对孔和轴公差带的极限偏差数值作了规定。

GB/T 1801—1999《极限与配合　公差带和配合的选择》，其中对基本尺寸至 3150 的孔、轴公差带和配合的选择作了规定。

GB/T 1804—2000《未注公差的线性和角度尺寸的公差》，其中对线性尺寸和角度尺寸的未注公差等级和极限偏差作了规定。

同样国家对形位公差也发布了新的技术标准：

GB/T 1182—1996《形状和位置公差　通则、定义、符号和图样表示法》。

GB/T 1184—1996《形状和位置公差　未标注公差值》。

GB/T 4249—1996《公差原则》。

GB/T 16671—1996《形状和位置公差、最大实体要求、最小实体要求和可逆要求》。

第四节　技术测量概念

要实现互换性，还必须采用相应的技术测量手段。技术测量措施是实现互换性的必要条件。如果只有完善的极限与配合标准，但计量单位不统一，量具和量仪不准确可靠，缺乏相应的技术检测方法，那么就无法进行互换性生产。因此说技术测量是实现互换性生产的保证。所谓技术测量，就是把被测出的量值与具有计量单位的标准量进行比较，从而确定被测量量值的过程。将测量的结果与图样的要求进行比较，就能判断零件是否合格。凡在公差要求范围内的均为合格零件；凡超出公差要求范围的均为不合格零件。

机器制造业中的技术测量对象主要是指长度、角度、形位误差和表面粗糙度。

根据被测量的对象不同，来选择不同的测量方法、计量器具和计量单位。

为保证测量的准确度，测量时应注意以下几点：

1）建立统一的计量单位，以确保量值传递准确。

2）拟定正确的测量方法，合理地选择测量量具。

3）正确地处理测量所获得的有关数据。

4）充分考虑环境因素对测量精度的影响，如温度、湿度、振动和尘埃等因素的影响。

技术测量部分主要包括测量基础知识和测量实例两个方面的内容。

技术测量基础主要阐述技术测量原则、测量方法、误差与数据处理、量具主要度量指标、选用量具和量仪的原则，并简述常用量具的刻线及刻度原理。

通过对技术测量部分的学习，能够使学生掌握、了解和识别量具的种类及用途，能正确地使用常用量具测量零件并判断其合格性。

第五节　本课程的性质、任务与基本要求

《公差配合与技术测量》是中等职业学校机械加工专业和机械制造与控制专业的主干课程，是技术性和实践性比较强的一门专业基础课。它包括“公差配合”和“技术测量”两大部分，“公差配合”属于标准化范畴，“技术测量”属于计量学范畴。本课程将极限配合和计量学内容有机地结合在一起。

《公差配合与技术测量》课程的主要任务是从互换性角度出发，围绕零件的制造误差与公差这两个概念来研究如何正确处理使用要求与制造要求之间的关系，合理解决生产成本、产品质量与效益之间的矛盾。而这一问题的解决就是合理确定公差配合和采用适当的技术测

量手段。

《公差配合与技术测量》课程的主要内容包括极限与配合、形位公差、表面粗糙度和技术测量。通过本课程的学习，应使学生熟练掌握公差与配合的术语和基本计算方法；知道形状位置公差代号和表面粗糙度代号标注的含义；掌握常用量具量仪的结构、工作原理及使用方法。学好本课程的方法，重要的是理论联系实际，做到学以致用，才能收到良好的效果，为今后的学习和工作打下良好的基础。

思考题与习题

1. 什么是互换性原则？在机械制造中互换性生产有什么优越性？实现互换性生产的基本条件是什么？

2. 互换性有几种？如何定义？并分别举例说明。

3. 什么是加工误差？加工误差分几种？

4. 什么是公差？公差分几种？

5. 简述加工误差和公差的特征及相互关系。

6. 什么是标准？什么是标准化？为什么说二者不是一回事？

7. 我国技术标准分哪几级？说明 GB 6322—1986、GB/T 1184—1996、JB 2886—1992 各表示什么含义？

第二章　光滑孔、轴尺寸的公差与配合

【学习目标】

1）掌握公差与配合的基本术语和定义。

2）掌握公差与配合的基本计算。

3）掌握公差带与配合代号及其标注方法。

4）能够正确应用公差与配合。

【本章内容提要】

本章由基本术语引入极限与配合的标准内容、相关计算及极限与配合的应用。

光滑圆柱体结合通常指孔与轴的结合，是机器中最广泛采用的一种结合形式。为了使加工后的孔与轴能满足互换性要求，必须在设计时采用极限与配合标准。光滑圆柱体结合的“极限与配合标准”是基本标准，也是机器制造中的基础标准。

“极限与配合”的标准化不仅可以防止任意规定公差和配合的混乱现象，保证零、部件互换性能的配合质量；而且还有利于刀具、量具的标准化；有利于组织专业化协作生产和技术交流。

本章介绍的有关术语和定义都源于 GB/T 1800.1—1997。

第一节　公差与配合的基本术语及定义

为了正确掌握极限与配合标准及其应用，必须首先熟悉极限与配合的基本术语和定义。这些基本术语和定义不仅仅是极限与配合的基础，也是技术上的一种共同语言。

一、孔和轴

1. 孔

孔主要指工件的圆柱形内表面，也包括其他非圆柱形内表面（由两个平行平面或切面形成的包容面）中由单一尺寸确定的部分，如图 2-1 所示。

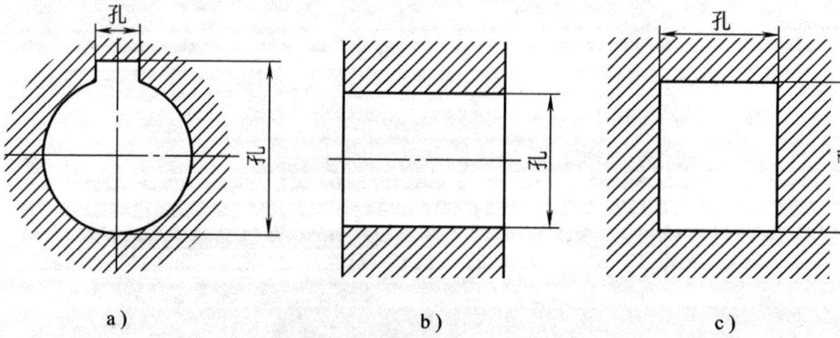

图 2-1　孔

图 2-1 中方形孔和键槽两个非圆柱形内表面都视为孔。因为方形孔是由两个单一尺寸（长度和宽度）确定的；键槽是由两个平行平面所构成的内表面，也是孔，它由单一尺寸确定。

2. 轴

轴主要指工件的圆柱形外表面，也包括其他非圆柱形外表面（由两个平行平面或切面形成的被包容面）中由单一尺寸确定的部分，如图 2-2 所示。

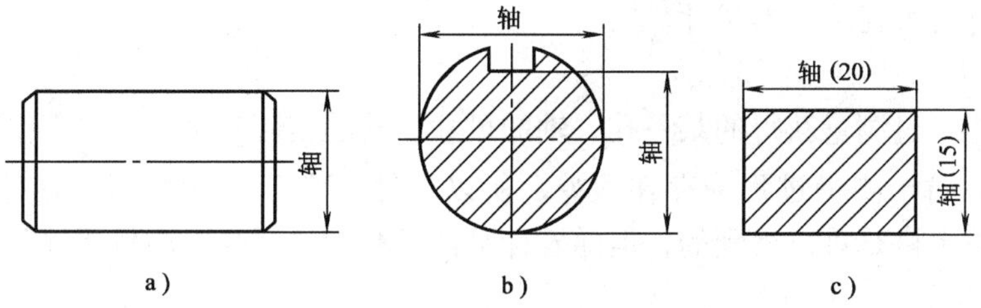

图 2-2 轴

图 2-2 中横截面为长方形的轴是非圆柱形外表面，它是由两个单一尺寸（20 和 15）确定的，也视为轴。

3. 孔、轴的特点

1）从装配关系看，孔是包容面，其内没有材料，轴是被包容面，其外没有材料。

2）从加工过程看，孔、轴零件的实体材料都变少，但孔的尺寸由小变大，轴的尺寸由大变小。

综上所述，由孔、轴定义可知，这里的孔、轴是广义上的，如图 2-3 所示。

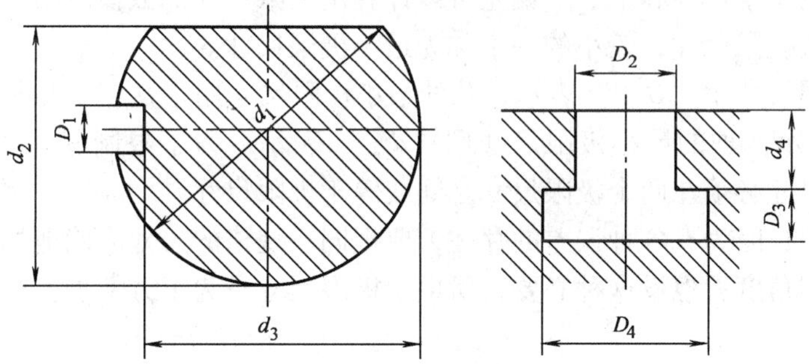

图 2-3

根据图中零件的标注，D_1、D_2、D_3、D_4 都是孔的尺寸，d_1、d_2、d_3、d_4 都是轴的尺寸，不能区分为孔和轴的尺寸都是长度尺寸。

二、尺寸

1. 尺寸

用特定单位表示线性长度的数值，称为尺寸。它包括直径、半径、长度、宽度、深度、高度及中心距等尺寸，广义上也包括角度尺寸。

国标中规定：在机械工程中，一般采用毫米（mm）作为尺寸的特定单位。如一根轴的长度是 100mm，直径为 30mm，则 100 和 30 都是尺寸，mm 就是特定的长度单位。图样上标注的尺寸，凡是采用特定计量的单位均不用标出，只标注数值。

2. 基本尺寸

基本尺寸指零件设计时给定的尺寸。孔的基本尺寸用“D”表示，轴的基本尺寸用“d”表示。基本尺寸是根据零件的使用要求，通过计算、试验或经验确定的。基本尺寸可以是整数，也可以是小数，如 30mm、25mm、10. 75mm、0. 5mm 等，但设计时应尽量把基本尺寸圆整成标准直径或标准尺寸。

3. 实际尺寸

实际尺寸指通过测量获得的某一孔、轴的尺寸。孔的实际尺寸用“D_a”；轴的实际尺寸用“d_a”表示。由于测量过程中存在误差，所以零件的实际尺寸并不是零件尺寸的真值。实际尺寸从理论上讲是难以得到的，但随着计量器具精度的提高，测量尺寸就越来越接近零件的实际尺寸。

4. 局部实际尺寸

局部实际尺寸一个孔或轴的任意横截面中的任一距离，即任何两相对点之间测得的尺寸。由于零件表面有形位误差的影响，因此同一表面不同位置、同一位置的不同方向上的实际尺寸也不一定相同。除非特别说明，通常所谓实际尺寸均指局部实际尺寸。如图 2-4 所示。

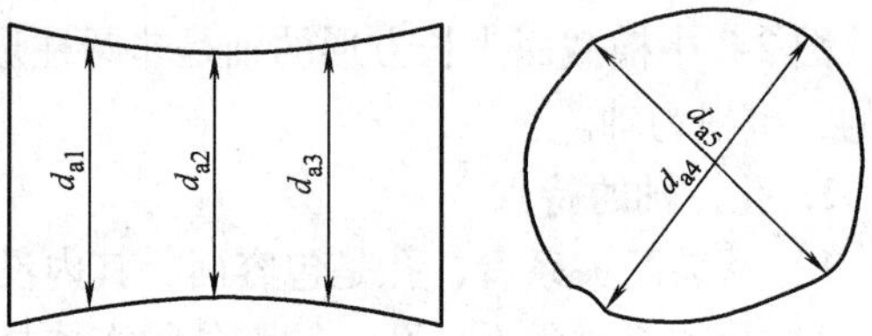

图 2-4　实际尺寸

5. 极限尺寸

极限尺寸是指一个孔或轴允许的尺寸的两个界限值。通过基本尺寸和上、下偏差可以计算出极限尺寸的数值。两个极限尺寸中，较大的一个称为最大极限尺寸，较小的一个称为最小极限尺寸。

孔的最大极限尺寸用“D_{max}”表示，孔的最小极限尺寸用“D_{min}”表示；轴的最大极限尺寸用“d_{max}”表示，轴的最小极限尺寸用“d_{min}”表示。为了限制零件实际尺寸的变动，合格零件的实际尺寸必须在两个极限尺寸之间或等于极限尺寸。

在机械加工中，因为有各种误差的存在，要把同一规格的尺寸准确地加工成同一数值是不可能的，从使用角度看也没这种必要，所以说极限尺寸是为了方便加工和满足使用要求和需要而确定的。

三、偏差

1. 尺寸偏差

尺寸偏差是指某一尺寸减去其基本尺寸所得的代数差。由于尺寸有实际尺寸和极限尺寸之分，所以偏差也有实际偏差和极限偏差之分。

2. 实际偏差

实际偏差是实际尺寸减去其基本尺寸所得的代数差。

孔的实际偏差 $EA = D_a - D$，轴的实际偏差 $ea = d_a - d$

3. 极限偏差

极限偏差是极限尺寸减去其基本尺寸所得的代数差。极限偏差又分为上偏差和下偏差。

最大极限尺寸减去其基本尺寸所得的代数差称为上偏差。孔的上偏差用“ES”表示；

轴的上偏差用“es”表示，如图 2-5 所示。

计算公式为

$$ES = D_{max} - D \tag{2-1}$$

$$es = d_{max} - d \tag{2-2}$$

最小极限尺寸减去其基本尺寸所得的代数差称为下偏差。孔的下偏差用“EI”表示；轴的下偏差用“ei”表示，如图 2-5 所示。

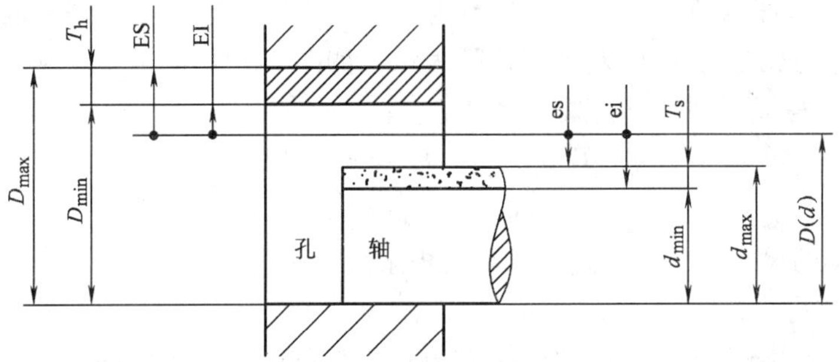

图 2-5　极限与配合示意图

计算公式为

$$EI = D_{min} - D \tag{2-3}$$

$$ei = d_{min} - d \tag{2-4}$$

由于实际尺寸和极限尺寸有可能大于、小于或等于基本尺寸，所以实际偏差和极限偏差可能为正值、负值或零，在计算或书写时必须带正负号。显然，合格零件的实际偏差应控制在极限偏差范围之内或等于极限偏差。

在实际生产中，一般在图样上只标注基本尺寸和极限偏差。国标规定，在图样上标注极限偏差时，上偏差应标注在基本尺寸的右上方，下偏差应与基本尺寸标注在同一底线上，例如 $\phi20^{+0.05}_{-0.016}$。当上偏差或下偏差为零，零值也要标出，例如 $\phi40^{+0.021}_{0}$；当上、下偏差绝对值相等而符号相反时，例如基本尺寸 $\phi30$，上偏差为 +0.008，下偏差为 −0.008，应标注为 $\phi30 \pm 0.008$。

例 1　某孔、轴分别为 $\phi50^{+0.025}_{0}$ 和 $\phi50^{-0.025}_{-0.041}$，指出孔和轴的基本尺寸、极限偏差，并求出极限尺寸。

解

$\phi50^{+0.025}_{0}$ 孔：

$D = 50mm$

$ES = +0.025mm$

$EI = 0$

$D_{max} = D + ES$
$= 50mm + (+0.025mm)$
$= 50.025mm$

$D_{min} = D + EI$
$= 50mm + 0$
$= 50mm$

$\phi50^{-0.025}_{-0.041}$ 轴：

$d = 50mm$

$es = -0.025mm$

$ei = -0.041mm$

$d_{max} = d + es$
$= 50mm + (-0.025mm)$
$= 49.975mm$

$d_{min} = d + ei$
$= 50mm + (-0.041mm)$
$= 49.959mm$

四、公差及公差带

1. 尺寸公差

最大极限尺寸与最小极限尺寸之差，或上偏差与下偏差之差，称为尺寸公差，简称为公差。它是允许尺寸的变动量。

零件在制造过程中，不可能加工成基本尺寸。实际尺寸与基本尺寸总有一个差值，但差值应在允许的范围内变化，这个允许范围就是尺寸允许的变动量，公差值是绝对值，所以公差不能为零，也不可能为负值，在计算时不应带正、负号，这一点与偏差的规定正好相反。孔的公差用“T_h”表示；轴的公差用“T_s”表示，如图2-5所示。

上述定义可以写成下列计算公式

$$T_h = D_{max} - D_{min} = ES - EI \tag{2-5}$$

$$T_s = d_{max} - d_{min} = es - ei \tag{2-6}$$

例2 有一轴的尺寸为 $\phi 50^{+0.025}_{+0.009}$，求轴的极限尺寸及公差 T_s。

解 根据公式得

$$d_{max} = d + es = 50mm + (+0.025mm) = 50.025mm$$

$$d_{min} = d + ei = 50mm + (+0.009mm) = 50.009mm$$

$$T_s = d_{max} - d_{min} = 50.025mm - 50.009mm = 0.016mm$$

$$或\ T_s = es - ei = (+0.025mm) - (+0.009mm) = 0.016mm$$

2. 尺寸公差带及公差带图

表示零件的尺寸相对其基本尺寸所允许的变动范围，可以用代表上、下偏差的两条平行直线所限定的一个区域表示，称为尺寸公差带，简称为公差带。如图2-5所示的极限与配合图解中，清楚地表明了两个相互结合的孔、轴的基本尺寸、极限尺寸、极限偏差与公差之间的相互关系。但在实际应用中，为了简便起见，通常不必画出孔与轴的全形，而只把有关的部分按比例放大画出来就可以了，这就是公差带图。将零件的尺寸相对其基本尺寸所允许的变动范围用图表示出来，称为公差带图，如图2-6所示。

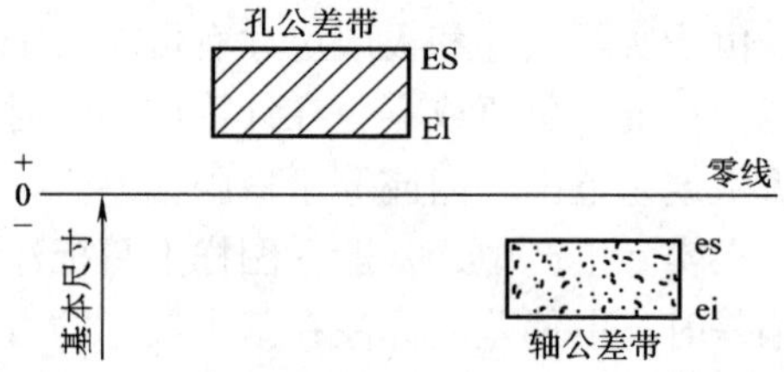

图2-6 公差带图

在公差带图中，表示基本尺寸并用以确定偏差的一条基准线，称为零偏差线，简称为零线。极限偏差位于零线上方时，表示偏差为正；位于零线下方时，表示偏差为负；与零线重合时，表示偏差为零。

公差带图作图步骤如下：

1）画零线，标注“0”、“+”、“−”，用箭头指向零线，并标出基本尺寸。

2）按适当比例画出孔、轴公差带。

3）标出孔、轴的上、下偏差值及其他要求标注的数值。

分析公差带图可知：公差带由公差带的大小和公差带位置两个要素组成。公差带的大小取决于公差值，即垂直于零线方向的上下偏差之间的宽度值，由标准公差确定；公差带相对于零线的位置取决于某一个极限偏差值，这个极限偏差称为基本偏差。

例3 已知孔、轴的基本尺寸为60mm，孔的最大极限尺寸为60.030mm，孔的最小极限尺寸为60mm，轴的最大极限尺寸为59.990mm，轴的最小极限尺寸为59.971mm，现测得某孔、轴的实际尺寸分别为60.010mm和59.980mm，求孔与轴的极限偏差、实际偏差、公差，并画出公差带图。

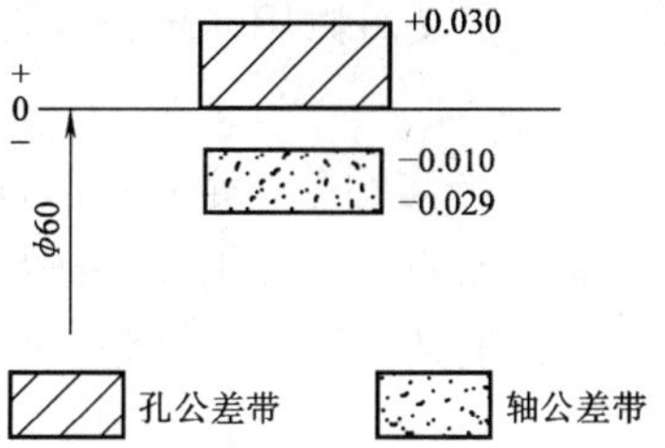

图2-7 公差带图

解 $ES = D_{max} - D = 60.030mm - 60mm = +0.030mm$

$EI = D_{min} - D = 60mm - 60mm = 0$

$es = d_{max} - d = 59.990mm - 60mm = -0.010mm$

$ei = d_{min} - d = 59.971mm - 60mm = -0.029mm$

$EA = 60.010mm - 60mm = +0.010mm$

$ea = 59.980mm - 60mm = -0.020mm$

$T_h = D_{max} - D_{min} = ES - EI = 60.030mm - 60mm = 0.030mm$

$T_s = d_{max} - d_{min} = es - ei = 59.990mm - 59.971mm = 0.019mm$

五、配合

配合是指基本尺寸相同、相互结合的孔和轴公差带之间的位置关系。零件在组装时，常使用配合反映相互结合零件组装后的松紧程度。孔的尺寸减去相配合的轴的尺寸所得的代数差为正值时是间隙，用 X 表示；为负值时是过盈，用 Y 表示。值得注意的是，组成配合的一组孔和轴，其基本尺寸必须相同。根据孔和轴公差带相对位置的不同，配合可分为间隙配合、过盈配合和过渡配合三大类。

1. 间隙配合

孔的公差带完全在轴的公差带之上，孔的尺寸减去与之相配合的轴的尺寸所得的代数差为正值的配合，如图2-8所示。

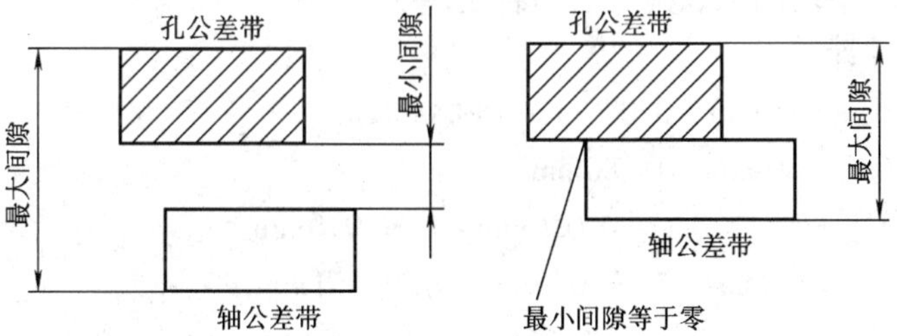

图2-8 间隙配合公差带图

在间隙配合中，孔与轴之间的配合一定存在间隙，但间隙量的大小随着孔、轴实际尺寸变化而变化的。由于孔、轴实际尺寸的变化只能在其各自的最大和最小极限尺寸之间，因此配合间隙也只能在最大间隙和最小间隙之间。

（1）最大间隙　是指在间隙配合或过渡配合中，孔的最大极限尺寸与轴的最小极限尺寸之差；也等于孔的上偏差减去轴的下偏差，用 X_{max} 表示。

上述定义可以用计算公式表达

$$X_{max} = D_{max} - d_{min} = ES - ei \tag{2-7}$$

（2）最小间隙　是指在间隙配合中，孔的最小极限尺寸与轴的最大极限尺寸之差；也等于孔的下偏差减去轴的上偏差，用 X_{min} 表示。

上述定义可以用计算公式表达

$$X_{min}=D_{min}-d_{max}=EI-es \tag{2-8}$$

（3）平均间隙　是指最大间隙与最小间隙的算术平均值，在数值上等于最大间隙与最小间隙之和的一半，用 X_a 表示。

上述定义可以用计算公式表达

$$X_a=\frac{X_{max}+X_{min}}{2} \tag{2-9}$$

实践经验证明，通过测量孔和轴的实际尺寸，可计算出配合的实际间隙值。最佳的实际间隙值应是平均间隙值，这样才能保证配合松紧适度。

（4）间隙配合公差　允许间隙或过盈的变动量称为配合公差。间隙配合公差指允许间隙的变动量。即最大间隙与最小间隙的代数差的绝对值，用 T_f 表示。

$$T_f=|X_{max}-X_{min}| \tag{2-10}$$

由上式可推导

$$\begin{aligned}T_f&=X_{max}-X_{min}\\&=(D_{max}-d_{min})-(D_{min}-d_{max})\\&=(D_{max}-D_{min})+(d_{max}-d_{min})\\&=T_h+T_s\end{aligned} \tag{2-11}$$

公式 $T_f=T_h+T_s$ 反映的配合关系对装配工作至关重要，它说明孔、轴本身公差值越大，配合公差就越大，装配精度就越低。

例 4　有一相配合的孔、轴，孔的尺寸为 $\phi80^{+0.030}_{0}$ mm，轴的尺寸为 $\phi80^{-0.030}_{-0.049}$ mm，求最大间隙、最小间隙、平均间隙、配合公差各是多少?

解　按极限尺寸计算

$$D_{max}=80mm+0.030mm=80.030mm$$
$$D_{min}=80mm+0=80mm$$
$$d_{max}=80mm+(-0.030mm)=79.970mm$$
$$d_{min}=80mm+(-0.049mm)=79.951mm$$
$$X_{max}=D_{max}-d_{min}=80.030mm-79.951mm=+0.079mm$$
$$X_{min}=D_{min}-d_{max}=80mm-79.970mm=+0.030mm$$

或
$$X_{max}=ES-ei=0.030mm-(-0.049mm)=+0.079mm$$
$$X_{min}=EI-es=0-(-0.030mm)=+0.030mm$$
$$X_a=\frac{X_{max}+X_{min}}{2}=\frac{(+0.079mm)+(+0.030mm)}{2}=0.0545mm$$
$$T_f=X_{max}-X_{min}=(+0.079mm)-(+0.030mm)=0.049mm$$

上述两种方法计算出的结果是相同的，在使用时可以任选其中一种。相对而言还是用偏差进行计算比较简单，但必须注意偏差数值是连同其正、负号一起使用的。

2. 过盈配合

过盈配合是指孔的公差带完全在轴的公差带之下，孔的尺寸减去与之相配合的轴的尺寸所得的代数差为负值的配合，如图 2-9 所示。

在过盈配合中，孔与轴之间的配合一定存在过盈，过盈配合与间隙配合一样，过盈配合中过盈量的大小也只能在最大过盈和最小过盈之间变化。过盈量的大小是随孔、轴实际尺寸的变化而变化的。

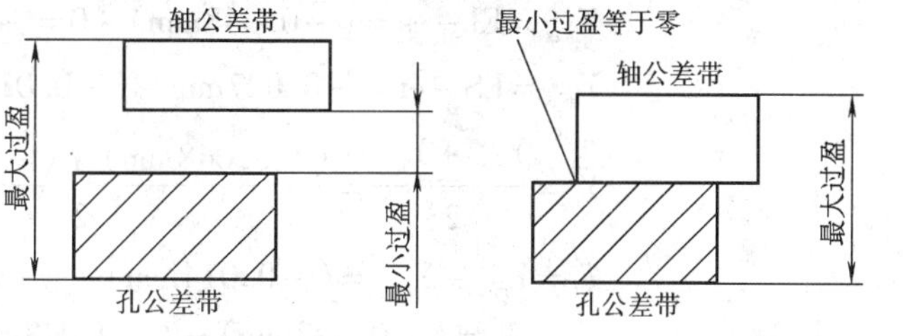

图 2-9 过盈配合

(1) 最大过盈 最大过盈是指在过盈配合或过渡配合中，孔的最小极限尺寸与轴的最大极限尺寸之差；也等于孔的下偏差与轴的上偏差的代数差，用 Y_{max} 表示。

上述定义可以用计算公式表达

$$Y_{max} = D_{min} - d_{max} = \mathrm{EI} - \mathrm{es} \tag{2-12}$$

(2) 最小过盈 最小过盈是指在过盈配合中，孔的最大极限尺寸与轴的最小极限尺寸之差；也等于孔的上偏差与轴的下偏差的代数差，并用 Y_{min} 表示。

上述定义可以用计算公式表达

$$Y_{min} = D_{max} - d_{min} = \mathrm{ES} - \mathrm{ei} \tag{2-13}$$

(3) 平均过盈 平均过盈与平均间隙在概念上基本相似。数值上平均过盈等于最大过盈与最小过盈之和的一半，用 Y_a 表示。

上述定义可以用计算公式表达

$$Y_a = \frac{Y_{max} + Y_{min}}{2} \tag{2-14}$$

实际过盈的大小同样是通过测量相配合零件的实际尺寸得到的，最佳的实际过盈值应是平均过盈值，这样才能保证配合松紧适度。

(4) 过盈配合公差 它也是配合公差的一种，即为允许过盈的变动量。就其数值而言，等于最小过盈与最大过盈的代数差的绝对值，也是用 T_f 表示。

$$T_f = |Y_{min} - Y_{max}| \tag{2-15}$$

由上式可推导

$$\begin{aligned} T_f &= Y_{min} - Y_{max} \\ &= (D_{max} - d_{min}) - (D_{min} - d_{max}) \\ &= (D_{max} - D_{min}) + (d_{max} - d_{min}) \\ &= T_h + T_s \end{aligned} \tag{2-16}$$

由此可见，过盈配合公差也等于相配合的孔公差与轴公差之和。

例 5 有一相配合的孔、轴零件，孔的尺寸为 $\phi25^{-0.027}_{-0.048}$ mm，轴的尺寸为 $\phi25^{\ 0}_{-0.013}$ mm，求最大过盈、最小过盈、平均过盈和配合公差各是多少？

解 按极限尺寸计算

$$D_{max} = 25\text{mm} + (-0.027\text{mm}) = 24.973\text{mm}$$

$$D_{min} = 25\text{mm} + (-0.048\text{mm}) = 24.952\text{mm}$$

$$d_{max} = 25\text{mm} + 0 = 25\text{mm}$$

$$d_{min} = 25\text{mm} + (-0.013\text{mm}) = 24.987\text{mm}$$

$$Y_{max}=D_{min}-d_{max}=24.952\text{mm}-25\text{mm}=-0.048\text{mm}$$

$$Y_{min}=D_{max}-d_{min}=24.973\text{mm}-24.987\text{mm}=-0.014\text{mm}$$

按偏差计算，则

$$Y_{max}=\text{EI}-\text{es}=(-0.048\text{mm})-0=-0.048\text{mm}$$

$$Y_{min}=\text{ES}-\text{ei}=-0.027\text{mm}-(-0.013\text{mm})=-0.014\text{mm}$$

$$Y_a=\frac{Y_{max}+Y_{min}}{2}=\frac{(-0.048\text{mm})+(-0.014\text{mm})}{2}=-0.031\text{mm}$$

$$T_f=Y_{min}-Y_{max}=(-0.014\text{mm})-(-0.048\text{mm})=0.034\text{mm}$$

因为 $T_h=(-0.027\text{mm})-(-0.048\text{mm})=0.021\text{mm}$

$$T_s=0-(-0.013\text{mm})=0.013\text{mm}$$

可由孔轴公差求得 $T_f=T_h+T_s=0.021\text{mm}+0.013\text{mm}=0.034\text{mm}$

3. 过渡配合

孔的公差带与轴的公差带相互交叠，可能具有间隙或过盈的配合称为过渡配合。当孔的实际尺寸大于轴的实际尺寸时得到间隙；当孔的实际尺寸小于轴的实际尺寸时得到过盈。可能出现的三种不同的孔与轴的公差带交叠形式，如图 2-10 所示。

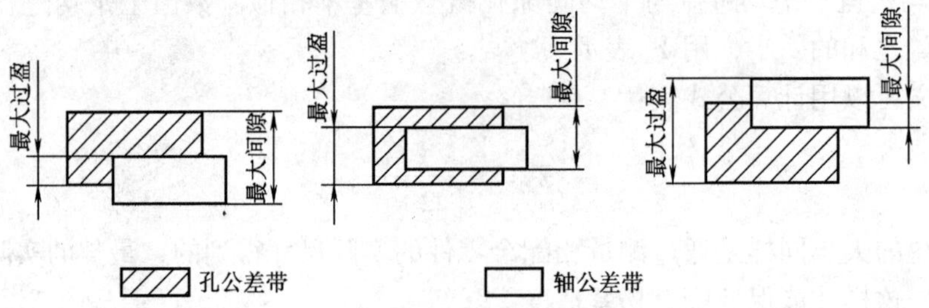

图 2-10 过渡配合

在过渡配合中，无论是间隙或过盈都比较小。在同一批过渡配合件中，究竟获得间隙还是获得过盈，只有通过对配合尺寸的实际测量才能求得。

（1）最大间隙和最大过盈 对过渡配合中最大间隙和最大过盈的计算，同间隙配合中最大间隙的计算和过盈配合中最大过盈计算的公式相同，即

$$X_{max}=D_{max}-d_{min}\text{（正值）} \tag{2-17}$$

$$Y_{max}=D_{min}-d_{max}\text{（负值）} \tag{2-18}$$

（2）平均间隙或平均过盈的计算 在过渡配合中，同一批零件可能存在间隙，也可能存在过盈，所以平均计算的结果，不是平均间隙，就是平均过盈。平均值的大小可用公式 $X_a(Y_a)=\frac{X_{max}+Y_{max}}{2}$ 计算，该公式中，当 $|X_{max}|>|Y_{max}|$ 时，其计算结果为正值，为平均间隙；当 $|X_{max}|<|Y_{max}|$ 时，其计算结果为负值，为平均过盈；当 $|X_{max}|=|Y_{max}|$ 时，其计算结果为零。所以其计算公式为

$$|X_{max}|>|Y_{max}|\text{时，}X_a=\frac{X_{max}+Y_{max}}{2}\text{（正值）} \tag{2-19a}$$

$$|X_{max}| < |Y_{max}| 时, Y_a = \frac{X_{max}+Y_{max}}{2}(负值) \quad (2\text{-}19b)$$

$$|X_{max}| = |Y_{max}| 时, X_a(Y_a)=0 \quad (2\text{-}19c)$$

(3) 过渡配合公差　过渡配合公差是间隙公差与过盈公差的合成，公差比较复杂，其数值等于最大间隙与最大过盈代数差的绝对值，也用 T_f 表示。

上述定义可以用计算公式表达

$$T_f = |X_{max} - Y_{max}| \quad (2\text{-}20)$$

由上式可推导

$$\begin{aligned} T_f &= X_{max} - Y_{max} = (D_{max} - d_{min}) - (D_{min} - d_{max}) \\ &= (D_{max} - D_{min}) + (d_{max} - d_{min}) \\ &= T_h + T_s \end{aligned} \quad (2\text{-}21)$$

由此可见，过渡配合公差也等于相互配合的孔公差与轴公差之和。

例 6　已知某一孔、轴组成过渡配合，孔的尺寸为 $\phi30^{+0.021}_{0}$ mm，轴的尺寸为 $\phi30^{+0.028}_{+0.015}$ mm，计算最大间隙、最大过盈、平均间隙或平均过盈、配合公差，并按 500:1 比例画公差带图。

解　根据公式

$X_{max} = ES - ei = (+0.021mm) - (+0.015mm) = +0.006mm$

$Y_{max} = EI - es = 0 - (+0.028mm) = -0.028mm$

$Y_a = (X_{max} + Y_{max})/2 = [(+0.006mm) + (-0.028mm)]/2 = -0.011mm$

$T_f = X_{max} - Y_{max} = (+0.006mm) - (-0.028mm) = 0.034mm$

公差带图如图 2-11 所示。

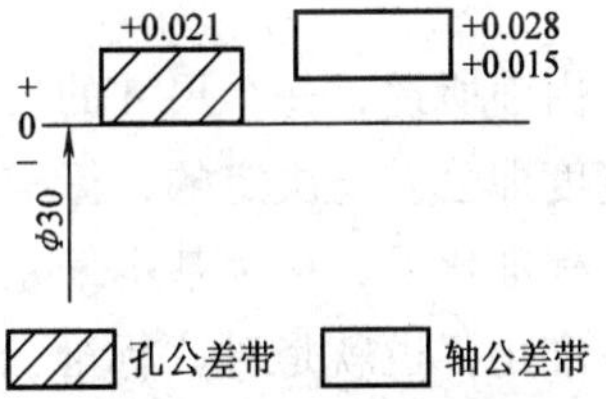

图 2-11　公差带图

4. 三种配合性质的特点

(1) 间隙配合

1) 除零间隙外，孔的实际尺寸永远大于轴的实际尺寸。

2) 孔、轴配合时存在间隙，允许孔、轴之间有相对运动。

3) 孔的公差带在轴的公差带上方。

(2) 过盈配合

1) 除零过盈外，孔的实际尺寸永远小于轴的实际尺寸。

2) 孔、轴配合时，存在过盈，不允许孔、轴之间有相对运动。

3) 孔的公差带在轴的公差带下方。

(3) 过渡配合

1) 孔的实际尺寸可能大于、等于或小于轴的实际尺寸，只不过相差很小。

2) 孔、轴配合时可能存在间隙，也可能存在过盈。

3) 孔的公差带和轴的公差带相互交叠。

5. 配合性质的判断

正确判断配合性质是工程技术人员必须具备的知识，在有基本偏差代号的尺寸标注中，可由基本偏差代号和公差带图来判断其配合性质。但在尺寸中只标注偏差的大小时，就要依据极限偏差的大小来判断配合性质。在间隙配合中，孔的下偏差（EI）大于或等于轴的上偏差（es）；在过盈配合中，轴的下偏差（ei）大于或等于孔的上偏差（ES），即 EI≥es 时为间隙配合，ei≥ES 时为过盈配合，以上两条都不成立时，则为过渡配合。

例 7　如果用一个 $\phi50^{+0.025}_{0}$ mm 的孔，分别与 $\phi50^{-0.025}_{-0.041}$ mm、$\phi50^{+0.050}_{+0.034}$ mm、$\phi50\pm0.008$mm 的轴配合，试判断孔、轴的配合性质。

解　$\phi50^{+0.025}_{0}$mm 的孔与 $\phi50^{-0.025}_{-0.041}$mm 的轴的配合

$ES=+0.025mm$　　　　$es=-0.025mm$

$EI=0$　　　　$ei=-0.041mm$

因为 EI > es，所以为间隙配合。

$\phi50^{+0.025}_{0}$mm 的孔与 $\phi50^{+0.050}_{+0.034}$mm 的轴的配合

$ES=+0.025mm$　　　　$es=+0.050mm$

$EI=0$　　　　$ei=+0.034mm$

因为 ei > ES，所以为过盈配合。

$\phi50^{+0.025}_{0}$mm 的孔与 $\phi50\pm0.008$mm 的轴的配合

$ES=+0.025mm$　　　　$es=+0.008mm$

$EI=0$　　　　$ei=-0.008mm$

因为 $EI \ngtr es$，$ei \nless ES$，所以为过渡配合。

第二节　公差与配合的组成

由前所述，一个尺寸的公差带是由大小和位置两个要素构成的，其中大小要素是由公差带宽度即公差值决定的，标准化后，称为标准公差；而位置要素是由其中一个极限偏差确定的，标准化后，称为基本偏差，基本偏差是指靠近零线的那个偏差。因此公差带大小和位置的标准化，也就是对“标准公差系列”和“基本偏差系列”的标准化。在孔、轴配合中，由于公差带的大小和位置不同，可以形成不同性质和不同精度的配合。

一、标准公差系列

1. 标准公差的定义

标准公差是国标规定用以确定公差带大小的任一公差。标准公差用符号“IT”表示，国标规定标准公差数值见表 2-1。从表 2-1 中可以看出，标准公差由公差等级和基本尺寸确定。

2. 标准公差等级

标准公差等级是用以确定尺寸精确程度的等级。标准公差等级共分 20 级，按精确程度高低依次用阿拉伯数字 01、0、1、2、3、4、5、6、7、8、9、10、11、12、13、14、15、16、17、18 表示，其中 01 级最高，18 级最低。01 ~ 11 是配合公差等级，12 ~ 18 为非配合公差等级。标准公差等级代号用标准公差符号“IT”和等级数字组成，用同一号字体，例如 IT7 表示标准公差等级为 7 级，读作公差等级为 7 级。这样公差等级是从 IT01 ~ IT18 共 20 个标准公差等级，并随着 IT01 ~ IT18 公差等级逐渐降低，而相应的标准公差依次加大，即

IT01，IT0，IT1，IT2，……，IT18

公差等级　高——————→低

标准公差　小——————→大

加工难易　难——————→易

同一标准公差等级的孔与轴，虽然其标准公差值随着基本尺寸的不同而变化，即尺寸小，标准公差数值小，尺寸大，标准公差数值大，但认为具有同等的精确程度。而另一方面，同一基本尺寸的孔与轴，其标准公差值的大小随标准公差等级的不同而不同，也就是说标准公差等级高，标准公差数值小；标准公差等级低，标准公差数值大。可见标准公差的数值，不但与标准公差等级有关，而且与基本尺寸有关。

3. 尺寸分段

标准公差数值不仅与标准公差等级有关，而且也与基本尺寸有关。在生产中，使用的基本尺寸是很多的，每一个基本尺寸，都可以计算出一个相应的公差值，这样就形成一个相当庞大的公差数值表，给生产带来很多麻烦和困难；另一方面这样庞大的公差数值查起来也很不方便。为了减少公差数值的数量，统一公差数值、简化公差表，同时主要是为了应用上的方便。在 GB/T 1800.3—1998《极限与配合》中对小于 3150mm 基本尺寸进行了分段，对同一尺寸段内的所有基本尺寸，在相同公差等级下，规定具有相同的公差数值。

在国标中，基本尺寸小于 500mm 的分为 13 个尺寸段，即：≤3mm、>3～6mm、>6～10mm、>10～18mm、>18～30mm、>30～50mm、>50～80mm、>80～120mm、>120～180mm、>180～250mm、>250～315mm、>315～400mm、>400～500mm。基本尺寸≤500mm的尺寸，称常用尺寸。

基本尺寸大于 500～3150mm 的分为 8 个尺寸段，即：>500～630mm、>630～800mm、>800～1000mm、>1000～1250mm、>1250～1600mm、>1600～2000mm、>2000～2500mm、>2500～3150mm。

表 2-1　标准公差数值（摘自 GB/T 1800.3—1998）

基本尺寸/mm		标准公差等级（IT）																	
		1	2	3	4	5	6	7	8	9	10	11	12	13	14	15	16	17	18
大于	至	μm											mm						
—	3	0.8	1.2	2	3	4	6	10	14	25	40	60	0.10	0.14	0.25	0.4	0.6	1	1.4
3	6	1	1.5	2.5	4	5	8	12	18	30	48	75	0.12	0.18	0.30	0.48	0.75	1.2	1.8
6	10	1	1.5	2.5	4	6	9	15	22	36	58	90	0.15	0.22	0.36	0.58	0.90	1.5	2.2
10	18	1.2	2	3	5	8	11	18	27	43	70	110	0.18	0.27	0.43	0.70	1.10	1.8	2.7
18	30	1.5	2.5	4	6	9	13	21	33	52	84	130	0.21	0.33	0.52	0.84	1.30	2.1	3.3
30	50	1.5	2.5	4	7	11	16	25	39	62	100	160	0.25	0.39	0.62	1.00	1.60	2.5	3.9
50	80	2	3	5	8	13	19	30	46	74	120	190	0.30	0.46	0.74	1.20	1.90	3.0	4.6
80	120	2.5	4	6	10	15	22	35	54	87	140	220	0.35	0.54	0.87	1.40	2.20	3.5	5.4
120	180	3.5	5	8	12	18	25	40	63	100	160	250	0.40	0.63	1.00	1.60	2.50	4.0	6.3

（续）

基本尺寸/mm		标准公差等级（IT）																	
		1	2	3	4	5	6	7	8	9	10	11	12	13	14	15	16	17	18
大于	至	μm											mm						
180	250	4.5	7	10	14	20	29	46	72	115	185	290	0.46	0.72	1.15	1.85	2.90	4.6	7.2
250	315	6	8	12	16	23	32	52	81	130	210	320	0.52	0.81	1.3	2.1	3.2	5.2	8.1
315	400	7	9	13	18	25	36	57	89	140	230	360	0.57	0.89	1.4	2.3	3.6	5.7	8.9
400	500	8	10	15	20	27	40	63	97	155	250	400	0.63	0.97	1.55	2.50	4.00	6.3	9.7

注：基本尺寸小于或等于 1 mm 时，无 IT14 ~ IT18。

4. 标准公差数值表说明

极限与配合在基本尺寸至500mm内规定了IT01、IT0、……、IT18共20个标准公差等级；在基本尺寸大于500 ~ 3150mm内规定了IT1至IT18共18个标准公差等级。这里仅对常用尺寸的标准公差列表说明。

标准公差等级IT01和IT0在工业中很少用到，所以在表2-1中没有给出这两个标准公差等级的标准公差数值。但是为了满足使用者的需要，在表2-2中给出基本尺寸在500mm内IT01和IT0等级的标准公差数值。

表 2-2 IT01 和 IT0 的标准公差数值（摘自 GB/T 1800.3—1998 附录 A）

基本尺寸/mm		标准公差等级	
		IT01	IT0
大于	至	公差/μm	
	3	0.3	0.5
3	6	0.4	0.6
6	10	0.4	0.6
10	18	0.5	0.8
18	30	0.6	1
30	50	0.6	1
50	80	0.8	1.2
80	120	1	1.5
120	180	1.2	2
180	250	2	3
250	315	2.5	4
315	400	3	5
400	500	4	6

二、基本偏差系列

1. 基本偏差的定义

基本偏差是国标表列的用以确定公差带相对于零线位置的上偏差或下偏差，一般情况下为靠近零线的那个偏差。也就是说，当尺寸公差带在零线上方时，规定其下偏差（EI或ei）作为基本偏差；当尺寸公差带在零线下方时，规定其上偏差（ES或es）作为基本偏差；当尺寸公差带跨在零线上时，规定其靠近零线的上偏差（ES 或 es）或下偏差（EI 或 ei）作为基本偏差，如图 2-12 所示。

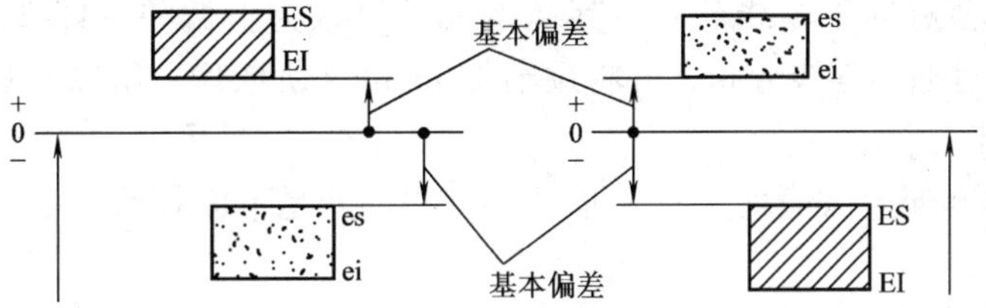

图 2-12　基本偏差示意图

2. 基本偏差代号

为了满足不同配合性质的需要，在国标《极限与配合》中，对孔、轴公差带的位置予以标准化。标准中规定了孔、轴各 28 种公差带的位置，分别用不同的拉丁字母表示。

基本偏差代号是用拉丁字母按顺序排列表示，大写的字母为孔的基本偏差代号，小写的字母为轴的基本偏差代号。在 26 个拉丁字母中，为避免混淆，去掉了其中的 5 个字母：I、L、O、Q、W（i、1、o、q、w），同时又增加了 CD、EF、FG、JS、ZA、ZB、ZC（cd、ef、fg、js、za、zb、zc）7 个双字母，这样，孔、轴各有 28 个基本偏差代号。孔、轴的 28 个基本偏差形成了如图 2-13 所示的基本偏差系列图。其主要特点如下：

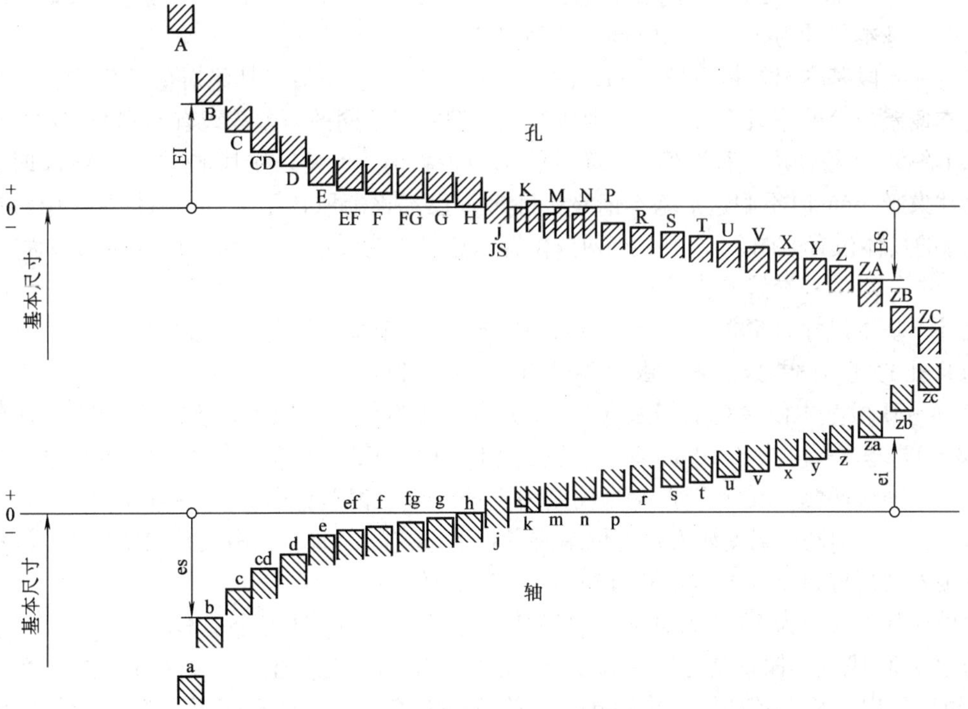

图 2-13　基本偏差系列图

1）孔的基本偏差，从 A 到 H 规定为下偏差 EI，其绝对值依次逐渐减小，且公差带都在零线上方；从 J 到 ZC 规定为上偏差 ES，从 N 到 ZC 其绝对值依次逐渐增大，且公差带都在零线下方。

2）轴的基本偏差，从 a 到 h 规定为上偏差 es，其绝对值依次逐渐减小，且公差带都在零线下方；从 j 到 zc 规定为下偏差 ei，从 k 到 zc 其绝对值依次逐渐增大，且公差带都在零线上方。

3）JS 和 js 完全对称于零线分布，其基本偏差可以为上偏差 +IT/2，也可以为下偏差 -IT/2。J 和 j 近似对称于零线分布，并将逐渐被 JS 和 js 所取代，所以孔只保留 J6、J7、J8，轴只保留 j5、j6、j7、j8。

4）H、h 的基本偏差数值均为零，即 H 的基本偏差是下偏差 EI=0，h 的基本偏差为上偏差 es=0。

5）基本偏差的大小，除了 JS 和 js 以外，原则上与公差等级无关，但 j、k 和 J、K、M、N 等则随着公差等级的不同而有不同的基本偏差值。

3. 基本偏差表

在国标《极限与配合》中，对轴、孔的基本偏差值也作了规定，这里仅对常用尺寸的基本偏差列表说明。轴的基本偏差数值见表 2-3，孔的基本偏差数值见表 2-4。

（1）轴的基本偏差数值表　由图 2-13 和表 2-3 可以看出：

1）a～h 段基本偏差是上偏差 es，并且为负值，其绝对值依次减小，其中 h 的上偏差 es=0。基本尺寸大于 10mm 时未列出 cd、ef、fg 三个基本偏差。js 的标准公差带对称分布在零线两侧，因此 js 的基本偏差为上偏差或下偏差，即 es=+IT/2 或 ei=-IT/2。因此，在图 2-13 中的 js 并没标出基本偏差的位置封线（两端都开口）；在表 2-3 中偏差 = $\pm IT_n/2$。

此外，基本尺寸为 500～3150mm，只列出 d、e、f、g、h 五个基本偏差。

2）j～zc 段基本偏差是下偏差 ei，j 是负值，k～zc 是正值，其绝对值依次增大。原则上，基本偏差与公差等级无关，但有少数的基本偏差对不同的公差等级有不同的基本偏差数值。如 j 在 5、6 级使用一种数值，7 级时使用一种数值，8 级只在基本尺寸为 3mm 时有数值，尺寸大于 3mm 时不用这个基本偏差。目前 js 已经逐渐取代了 j，故在图 2-13 中没有单独列出 j 的具体位置，图 2-13 中 k 有两个位置，这是因为 k 在 4～7 级范围内使用一种数值，而其他公差等级的基本偏差值是零。

此外，基本尺寸为 500～3150mm，只列出 k～u 八个基本偏差。

（2）孔的基本偏差数值表　由图 2-13 和表 2-4 可以看出：

1）A～H 段基本偏差是下偏差（EI），并且为正值，其绝对值依次减小，其中 H 的下偏差 EI=0。基本尺寸大于 10mm 时，未列出 CD、EF、FC 三个基本偏差。JS 的标准公差带对称分布在零线两侧，因此 JS 的基本偏差为上偏差或下偏差，即 ES=+IT/2 或 EI=-IT/2。所以代号 JS 的基本偏差认为是上偏差或者是下偏差。因此，在图 2-13 中的 JS 并没有标出基本偏差的位置封线（两端都开口）；在表 2-4 中偏差 = $\pm IT_n/2$

此外，基本尺寸为 500～3150mm，只列出 D、E、F、G、H 五个基本偏差。

2）J～ZC 段基本偏差是上偏差 ES，J 是正值，K～ZC 是负值，其绝对值依次增大。从表 2-4 可以看出，从 J～ZC 段，孔的基本偏差数值随着公差等级不同而不相同。由于 JS 将取代 J，故只保留 6、7、8 三个公差等级。

此外，基本尺寸为 500～3150mm，只列出 K～U 八个基本偏差。

基本偏差系列图只表示公差带的位置，并不能表示出公差带的大小，因此，在图 2-13 中只画出公差带基本偏差一端（用直线封堵），而另一端是开口的。显然公差带的另一端取决于各级标准公差的大小。

三、公差带代号

1. 孔、轴的公差带组成

公差带的位置由基本偏差确定，公差带的大小由标准公差确定，因此孔、轴公差带代号是用基本偏差代号与公差等级代号表示，并且采用同一号字体书写。例如 ϕ60H6、ϕ30F8、10M6 等为孔的公差带；ϕ30h7、ϕ50f8、15n7 等为轴的公差带。标注公差尺寸可用三种方法：

ϕ60H6、$\phi 60^{+0.019}_{0}$、ϕ60H6（$^{+0.019}_{0}$）

ϕ30g8、$\phi 30^{-0.007}_{-0.040}$、$\phi$30g8（$^{-0.007}_{-0.040}$）

根据给定的孔、轴基本尺寸和公差带代号，就可以从标准公差数值表和基本偏差数值表中，查出标准公差和基本偏差的数值。例如查 ϕ50H7 的标准公差及基本偏差时，在表 2-1 中，横行的 30～50 尺寸段与纵行的 IT7 交汇处的对应数值为 25μm，将其换算成 mm 单位，即标准公差为 0.025mm。由于基本偏差代号为 H，故应从表 2-4 查出基本偏差数值。查表时，应查横行的 40～50 尺寸段与纵行基本偏差代号 H 交汇处数值为 0，又从表中可以看出基本偏差是下偏差，即 EI＝0。同样利用表 2-1 和表 2-3 可以查出 ϕ60f6 的标准公差和基本偏差。在表 2-1 中，横行的 50～80 尺寸段与纵行的 IT7 交汇处的对应数值为 30μm，即标准公差为 30μm＝0.030mm；再从表 2-3 查得横行的 50～65 尺寸段与纵行基本偏差代号 f 交汇处数值为 －30μm＝－0.030mm，即上偏差 es＝－0.030mm。

2. 孔、轴公差带中另一极限偏差的确定

基本偏差只是公差中的一个极限偏差，而另一个极限偏差要根据已知的标准公差和基本偏差进行计算的结果来定。

基本偏差是下偏差（EI 或 ei）的计算公式为

$$ES(es)=EI(ei)+IT \tag{2-22}$$

基本偏差是上偏差（ES 或 es）的计算公式为：

$$EI(ei)=ES(es)-IT \tag{2-23}$$

例 8　试确定 ϕ50H7 的极限偏差。

解　由孔的基本偏差数值表查得：基本偏差 H 是下偏差，且 EI＝0。

由标准公差数值表查得：基本尺寸 $D=50$mm 时，IT6＝25μm＝0.025mm。

根据公式 ES＝EI＋IT＝0＋0.025mm＝＋0.025mm

写成标准形式为 ϕ50H6＝$\phi 50^{+0.025}_{0}$mm。

例 9　试确定 ϕ50g6 的极限偏差。

解　由轴的基本偏差数值表查得：基本偏差 g 是上偏差，且 es＝－9μm＝－0.009mm。

由标准公差表查得：基本尺寸 $d=50$mm 时，IT6＝16μm＝0.016mm。

根据公式 ei＝es－IT＝－0.009mm－0.016mm＝－0.025mm

写成标准形式为 ϕ50f5＝$\phi 50^{-0.009}_{-0.025}$mm。

3. 未注公差的线性和角度尺寸的公差

未注公差尺寸是指图样上只标注基本尺寸而不标注极限偏差的尺寸，通常也称作“自由尺寸”。其实所谓的自由尺寸并非是没有极限偏差的，只是为了简化制图，使图面清晰，并突出重要的尺寸，而对一些非配合尺寸、完全可由工艺方法保证的尺寸以及一些要求不高的尺寸，在图样上不注明公差值。

表 2-3　尺寸≤500mm 的轴的基本偏差

基本尺寸 /mm	基本偏差/μm																
	上偏差(es)												下偏差(ei)				
	所有公差等级												5~6	7	8	4~7	≤3 >7
大于~至	a	b	c	cd	d	e	ef	f	fg	g	h	js	j			k	
≤3	-270	-140	-60	-34	-20	-14	-10	-6	-4	-2	0	偏差等于 $\pm\frac{IT_n}{2}$	-2	-4	-6	0	0
3~6	-270	-140	-70	-46	-30	-20	-14	-10	-6	-4	0		-2	-4	—	+1	0
6~10	-280	-150	-80	-56	-40	-25	-18	-13	-8	-5	0		-2	-5	—	+1	0
10~14	-290	-150	-95	—	-50	-32	—	-16	—	-6	0		-3	-6	—	+1	0
14~18																	
18~24	-300	-160	-110	—	-65	-40	—	-20	—	-7	0		-4	-8	—	+2	0
24~30																	
30~40	-310	-170	-120	—	-80	-50	—	-25	—	-9	0		-5	-10	—	+2	0
40~50	-320	-180	-130	—													
50~65	-340	-190	-140	—	-100	-60	—	-30	—	-10	0		-7	12	—	+2	0
65~80	-360	-200	-150	—													
80~100	-380	-220	-170	—	-120	-72	—	-36	—	-12	0		-9	-15	—	+3	0
100~120	-410	-240	-180	—													
120~140	-460	-260	-200	—	-145	-85	—	-43	—	-14	0		-11	-18	—	+3	0
140~160	-520	-280	-210	—													
160~180	-580	-310	230	—													
180~200	-660	-340	-240	—	-170	-100	—	-50	—	-15	0		-13	-21	—	+4	0
200~225	-740	-380	-260	—													
225~250	-820	-420	-280	—													
250~280	-920	-480	-300	—	-190	-110	—	-56	—	-17	0		-16	-26	—	+4	0
280~315	-1050	-540	-330	—													
315~355	-1200	-600	-360	—	-210	-125	—	-62	—	-18	0		-18	-38	—	+4	0
355~400	-1350	-680	-400	—													
400~450	-1500	-760	-440	—	-230	-135	—	-68	—	-20	0		-20	-32	—	+5	0
450~500	-1650	-840	-480	—													

注：1. 基本尺寸小于或等于 1mm 时，基本偏差 a 和 b 均不采用。

2. js 的数值规定：对于 IT7 ~ IT11，若 IT_n 的数值为奇数，则取偏差 $= \pm\frac{IT_n - 1}{2}$

数值（摘自 GB/T1800.3—1998）

基本偏差/μm													
下偏差（ei）													
所有公差等级													
m	n	p	r	s	t	u	v	x	y	z	za	zb	zc
+2	+4	+6	+10	+14	—	+18	—	+20	—	+26	+32	+40	+60
+4	+8	+12	+15	+19	—	+23	—	+28	—	+35	+42	+50	+80
+6	+10	+15	+19	+23	—	+28	—	+34	—	+42	+52	+67	+97
+7	+12	+18	+23	+28	—	+33	—	+40	—	+50	+64	+90	+130
							+39	+45	—	+60	+77	+108	+150
+8	+15	+22	+28	+35	—	+41	+47	+54	+63	+73	+98	+136	+188
					+41	+48	+55	+64	+75	+88	+118	+160	+218
+9	+17	+26	+34	+43	+48	+60	+68	+80	+94	+112	+148	+200	+274
					+54	+70	+81	+97	+114	+136	+180	+242	+325
+11	+20	+32	+41	+53	+66	+87	+102	+122	+144	+172	+226	+300	+405
			+43	+59	+75	+102	+120	+146	+174	+210	+274	+360	+480
+13	+23	+37	+51	+71	+91	+124	+146	+178	+214	+258	+335	+445	+585
			+54	+79	+104	+144	+172	+210	+254	+310	+400	+525	+690
+15	+27	+43	+63	+92	+122	+170	+202	+248	+300	+365	+470	+620	+800
			+65	+100	+134	+190	+228	+280	+340	+415	+535	+700	+900
			+68	+108	+146	+210	+252	+310	+380	+465	+600	+780	+1000
+17	+31	+50	+77	+122	+166	+236	+284	+350	+425	+520	+670	+880	+1150
			+80	+130	+180	+258	+310	+385	+470	+575	+740	+960	+1250
			+84	+140	+196	+284	+340	+425	+520	+640	+820	+1050	+1350
+20	+34	+56	+94	+158	+218	+315	+385	+475	+580	+710	+920	+1200	+1550
			+98	+170	+240	+350	+425	+525	+650	+790	+1000	+1300	+1700
+21	+37	+62	+108	+190	+268	+390	+475	+590	+730	+900	+1150	+1500	+1900
			+114	+208	+294	+435	+530	+660	+820	+1000	+1300	+1650	+2100
+23	+40	+68	+126	+233	+330	+490	+595	+740	+920	+1100	+1450	+1850	+2400
			+132	+252	+360	+540	+660	+820	+1000	+1250	+1600	+2100	+2600

表 2-4 尺寸≤500mm 的孔的基本偏差

基本尺寸/mm	基本偏差/μm																		
	下偏差（EI）												上偏差（ES）						
	所有公差等级												6	7	8	≤8	>8	≤8	>8
大于~至	A	B	C	CD	D	E	EF	F	FG	G	H	JS	J			K		M	
≤3	+270	+140	+60	+34	+20	+14	+10	+6	+4	+2	0	偏差等于 $\pm\frac{IT_n}{2}$	+2	+4	+6	0	0	-2	-2
3~6	+270	+140	+70	+46	+30	+20	+14	+10	+6	+4	0		+5	+6	+10	-1+△	—	-4+△	-4
6~10	+280	+150	+80	+56	+40	+25	+18	+13	+8	+5	0		+5	+8	+12	-1+△	—	-6+△	-6
10~14	+290	+150	+95	—	+50	+32	—	+16	—	+6	0		+6	+10	+15	-1+△	—	-7+△	-7
14~18																			
18~24	+300	+160	+110	—	+65	+40	—	+20	—	+7	0		+8	+12	+20	-2+△	—	-8+△	-8
24~30																			
30~40	+310	+170	+120	—	+80	+50	—	+25	—	+9	0		+10	+14	+24	-2+△	—	-9+△	-9
40~50	+320	+180	+130																
50~65	+340	+190	+140	—	+100	+60	—	+30	—	+10	0		+13	+18	+28	-2+△	—	-11+△	-11
65~80	+360	+200	+150																
80~100	+380	+220	+170	—	+120	+72	—	+36	—	+12	0		+16	+22	+34	-3+△	—	-13+△	-13
100~120	+410	+240	+180																
120~140	+460	+260	+200	—	+145	+85	—	+43	—	+14	0		+18	+26	+41	-3+△	—	-15+△	-15
140~160	+520	+280	+210																
160~180	+580	+310	+230																
180~200	+660	+340	+240	—	+170	+100	—	+50	—	+15	0		+22	+30	+47	-4+△	—	-17+△	-17
200~225	+740	+380	+260																
225~250	+820	+420	+280																
250~280	+920	+480	+300	—	+190	+110	—	+56	—	+17	0		+25	+36	+55	-4+△	—	-20+△	-20
280~315	+1050	+540	+330																
315~355	+1200	+600	+360	—	+210	+125	—	+62	—	+18	0		+29	+39	+60	-4+△	—	-21+△	-21
355~400	+1350	+680	+400																
400~450	+1500	+760	+440	—	+230	+135	—	+68	—	+20	0		+33	+43	+66	-5+△	—	-23+△	-23
450~500	+1650	+840	+480																

注：1. 基本尺寸小于 1 时，各级的 A 和 B 及大于 8 级 N 均不采用。

2. JS 的基本偏差数值：对 IT7 ~ IT11，若 IT_n 的数值（μm）为奇数，则取 JS 的偏差 = $\pm\frac{IT_n}{2}$。

3. 特殊情况，当基本尺寸在 250 ~ 315mm 区间时，M6 的 ES 等于 -9（不等于 -11）。

4. 对小于或等于 IT8 的 K、M、N 和小于或等于 IT7 的 P ~ ZC，所需值从表内右栏选取。

数值（摘自 GB/T1800.3—1998）

基本偏差/μm															△/μm					
上偏差（ES）																				
≤8	>8	≤7	>7												3	4	5	6	7	8
N		P～	P	R	S	T	U	V	X	Y	Z	ZA	ZB	ZC						
-4	-4	在大于IT7的相应数值上加上一个△	-6	-10	-14	—	-18	—	-20	—	-26	-32	-40	-60	0	0	0	0	0	0
-8	0		-12	-15	-19	—	-23	—	-28	—	-35	-42	-50	-80	1	1.5	1	3	4	6
-10	0		-15	-19	-23	—	-28	—	-34	—	-42	-52	-67	-97	1	1.5	2	3	6	7
-12 + △	0		-18	-23	-28	—	-33	—	-40	—	-50	-64	-90	-130	1	2	3	3	7	9
								-39	-45	—	-60	-77	-108	-150						
-15 + △	0		-22	-28	-35	—	-41	-47	-54	-65	-73	-98	-136	-188	1.5	2	3	4	8	12
						-41	-48	-55	-64	-75	-88	-118	-160	-218						
-17 + △	0		-26	-35	-43	-48	-60	-68	-80	-94	-112	-148	-200	-274	1.5	3	4	5	9	14
						-54	-70	-81	-95	-114	-136	-180	-242	-325						
-20 + △	0		-32	-41	-53	-66	-87	-102	-122	-144	-172	-226	-300	-400	2	3	5	6	11	16
				-43	-59	-75	-102	-120	-146	-174	-210	-274	-360	-480						
-23 + △	0		-37	-51	-71	-91	-124	-146	-178	-214	-258	-335	-445	-585	2	4	5	7	13	19
				-54	-79	-104	-144	-172	-210	-254	-310	-400	-525	-690						
-27 + △	0		-43	-63	-92	-122	-170	-202	-248	-300	-365	-470	-620	-800	3	4	6	7	15	23
				-65	-100	-134	-190	-228	-280	-340	-415	-535	-700	-900						
				-68	-108	-146	-210	-252	-310	-380	-465	-600	-770	-1000						
-31 + △	0		-50	-77	-122	-166	-236	-284	-350	-425	-520	-670	-880	-1150	3	4	6	9	17	26
				-80	-130	-180	-258	-310	-385	-470	-575	-740	-960	-1250						
				-84	-140	-196	-284	-340	-425	-520	-640	-820	-1050	-1350						
-34 + △	0		-56	-94	-158	-218	-315	-385	-475	-580	-710	-920	-1200	-1550	4	4	7	9	20	29
				-98	-170	-240	-350	-425	-525	-650	-790	-1000	-1300	-1700						
-37 + △	0		62	-108	-190	-268	-390	-475	-590	-730	-900	-1150	-1500	-1900	4	5	7	11	21	32
				-114	-208	-294	-435	-530	-660	-820	-1000	-1300	-1650	-2100						
-40 + △	0		68	-126	-232	-330	-490	-595	-740	-920	-1100	-1450	-1850	-2400	5	5	7	13	23	34
				-132	-252	-360	-540	-660	-820	-1000	-1250	-1600	-2100	-2600						

对功能上无特殊要求的要素可给出一般公差。一般公差是指在车间通常加工条件下可保证的公差。采用一般公差的尺寸，在该尺寸后不需注出其极限偏差数值。

(1) 未注公差尺寸的适用范围　一般公差适用于线性尺寸（例如外尺寸、内尺寸、阶梯尺寸、直径、半径、距离、倒圆半径和倒角高度）、角度尺寸（包括通常不注出角度值的角度尺寸）和机械加工组装的线性和角度尺寸。

(2) 一般公差的公差等级和极限偏差数值　一般公差分为精密 f、中等 m、粗糙 c、最粗 v 共四个公差等级。按未注公差的线性尺寸和角度尺寸分别给出了各公差等级的极限偏差数值。

表 2-5 给出了线性尺寸的极限偏差值；表 2-6 给出了倒圆半径和倒角高度的极限偏差值；表 2-7 给出了角度尺寸的极限偏差值。

表 2-5　线性尺寸的极限偏差数值（摘自 GB/T1804—2000）　　（单位：mm）

公差等级	基本尺寸分段							
	0.5~3	>3~6	>6~30	>30~120	>120~400	>400~1000	>1000~2000	>2000~4000
精密 f	±0.05	±0.05	±0.1	±0.15	±0.2	±0.3	±0.5	—
中等 m	±0.1	±0.1	±0.2	±0.3	±0.5	±0.8	±1.2	±2
粗糙 c	±0.2	±0.3	±0.5	±0.8	±1.2	±2	±3	±4
最粗 v	—	±0.5	±1	±1.5	±2.5	±4	±6	±8

表 2-6　倒圆半径和倒角高度尺寸的极限偏差数值（摘自 GB/T1804—2000）　　（单位：mm）

公差等级	基本尺寸分段			
	0.5~3	>3~6	>6~30	>30
精密 f	±0.2	±0.5	±1	±2
中等 m				
粗糙 c	±0.4	±1	±2	±4
最粗 v				

表 2-7　角度尺寸的极限偏差数值（摘自 GB/T1804—2000）

公差等级	长度尺寸分段/mm				
	~10	>10~50	>50~120	>120~400	>400
精密 f	±0.1°	±30′	±20′	±10′	±5′
中等 m					
粗糙 c	±1°30′	±1°	±30′	±15′	±10′
最粗 v	±3°	±2°	±1°	±30′	±20′

极限偏差的具体数值是根据公差等级和基本尺寸的大小在一般公差的极限偏差列表中查取，例如，公差等级为 m，尺寸为 100mm，查得其线性尺寸的极限偏差为 ±0.3mm。

表 2-7 给出的角度尺寸的极限偏差数值，其值按角度短边长度确定，对圆锥角按圆锥母线长度确定。

(3) 一般公差的图样表示方法　国标规定，一般公差应在图样标题栏附近或技术要求、技术文件（如企业标准）中注出标准代号及公差等级代号。例如选取精密级时，标注为

GB/T1804—f，其中 GB/T1804 为标准代号，f 为公差等级代号。

四、配合公差带代号

在国标《极限与配合》中，把配合代号标准化，用相同基本尺寸孔、轴公差带代号的组合形式表示，写成分数形式，其中分子为孔公差带代号，分母为轴公差带代号，例如$\phi 50\frac{H8}{f7}$，$\phi 60\frac{M7}{h6}$，也可写成 ϕ50H8/ f7，ϕ60M7/h6。

五、公差带与配合的标注方法

通过查表和计算可以确定孔、轴的上、下偏差，从而就可以在图样上进行尺寸标注，但标注时必须按照国标的规定方法进行。

1. 孔、轴公差带的标注

如前所述，国标中规定了孔、轴公差带标注有三种方法，其正确标注如图例 2-14 所示。

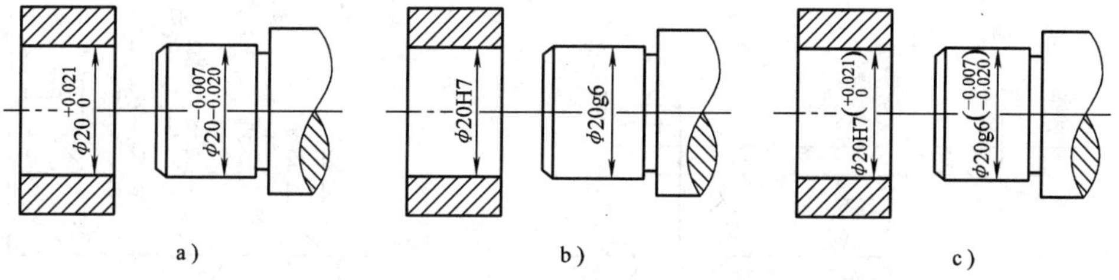

图 2-14

a）标注偏差值　b）标注公差带代号　c）标注公差带代号和偏差值

标注时注意事项：

1）上、下偏差的字号要比基本尺寸的字号小一号。上偏差注在基本尺寸的右上方，下偏差注在基本尺寸的右下方，下偏差的数字必须与基本尺寸数字处在同一底线上。

2）上、下偏差的数字部分相同时，在基本尺寸后面标注“ ± ”符号，其后只写一个偏差数值。

3）上或下偏差为零时，必须标出数值“0”。

4）上、下偏差的小数点必须对齐。

5）标注的公差带代号与基本尺寸数字采用同一号字体书写。

6）同时标注公差带代号和偏差值时，应把上、下偏差值加上圆括号。

2. 配合代号的标注

如前所述，国标中规定了配合代号在装配图上标注有两种方法，其正确标注如图例 2-15 所示。

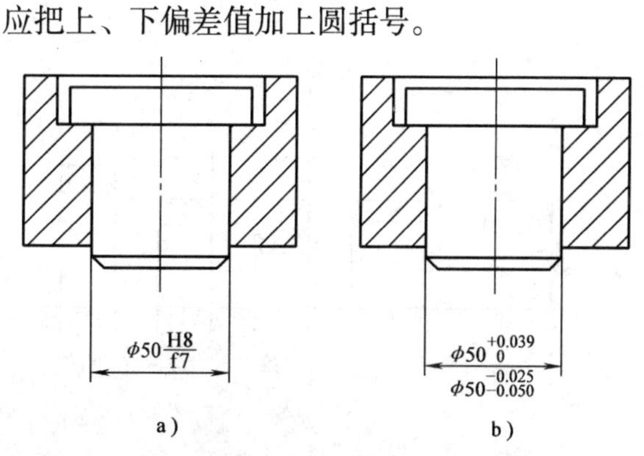

图 2-15　配合代号的标注方法

标注说明：

（1）标注配合代号　在基本尺寸后面标注配合代号，这样标注便于判断配合性质和公差等级。

（2）标注极限偏差　在基本尺寸后面标注极限偏差，这样标注，数字直接清晰，便于判断配合的松紧程度，方便生产。

六、配合的组成原则

极限与配合制度中，规定出松紧不同的配合，用来满足各类机器零件配合性质的要求，以实现孔、轴的三种配合。为了简化和有利于标准化，以尽可能少的标准公差带形成最多的配合，国标对组成配合的原则规定了两种基准制：即基孔制配合和基轴制配合。

1. 基孔制

所谓的基孔制，是孔的基本偏差为一定，并与不同基本偏差轴的公差带形成各种配合的一种制度。在基孔制配合中选作基准的孔称为基准孔，基本偏差代号“H”，其下偏差 EI = 0。例如 ϕ50H8/f7、16H6/s5 即为基孔制配合。

基孔制中，孔与轴的公差带位置如图 2-16 所示。

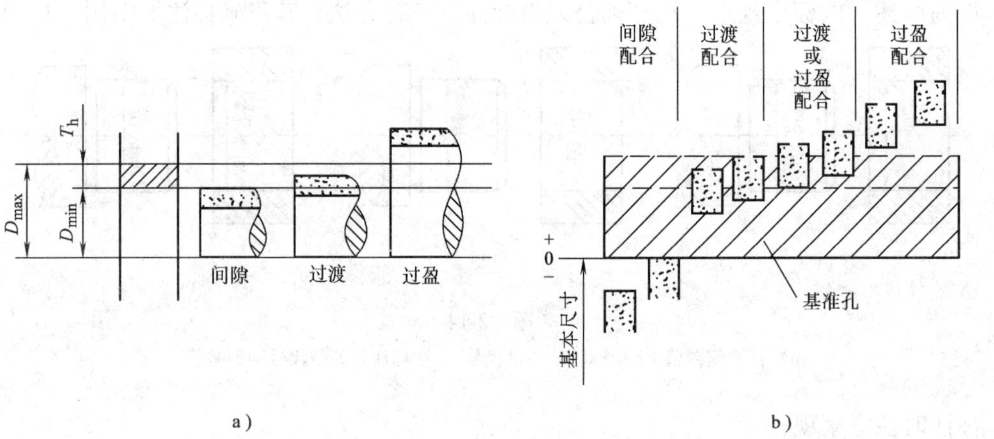

图 2-16　基孔制孔和轴公差带位置

2. 基轴制

所谓的基轴制，是轴的基本偏差为一定，并与不同基本偏差孔的公差带形成各种配合的一种制度。在基轴制配合中选作基准的轴称为基准轴，基本偏差代号为“h”，其上偏差 es = 0。例如 ϕ50F8/ h7、8D9/h9 即为基轴制配合。

基轴制中，孔与轴的公差带位置如图 2-17 所示。

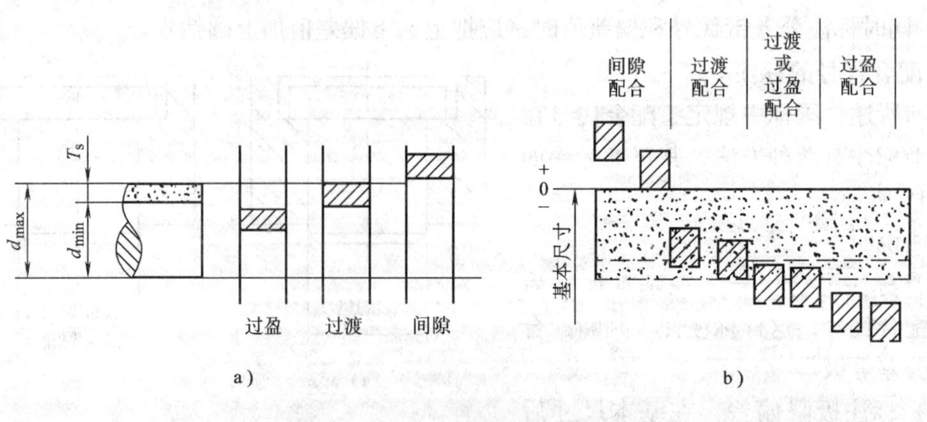

图 2-17　基轴制轴和孔公差带位置

第三节　公差与配合代号的识别

一、概述

识别极限与配合代号的含义，是阅读图样、技术文件和技术要求的必备知识。为了控制尺寸、保证加工质量、强调配合性质，往往在标注尺寸的后面标注公差或配合代号。如 ϕ20h6、ϕ50g7、ϕ30H7、ϕ40F9、ϕ40H7/f6、ϕ60M7/h6 等。

1. 公差带代号的识别

识别的主要内容是：公差带代号是代表孔还是代表轴；是属于什么配合性质的孔或轴。具体识读按如下顺序进行：基本尺寸是多少，基本偏差是多少，公差等级是多少，是什么基准制。

2. 配合代号的识别

识别的主要内容是：相互配合的孔和轴公差带之间的位置关系。具体识读按如下顺序进行：基本尺寸是多少，是什么基准制的配合，孔的公差带代号、轴的公差带代号分别是什么，配合性质是什么。

二、极限与配合代号的意义

为了更好地掌握极限与配合的基本概念，正确识读极限与配合，表 2-8 列出了部分极限与配合代号的含义。

三、配合性质的识别

配合是结合的孔和轴公差带之间的关系，因此配合性质不仅取决于孔和轴的基本偏差，还与公差等级有关。当配合件与基准件配合时，大致可归纳为：a ~ h(A ~ H)与基准件配合，孔的公差带始终在轴的公差带之上，因此是间隙配合，与公差等级无关。如 ϕ30H7/f6、ϕ40H7/g6、ϕ30D9/h9 都是间隙配合。j ~ zc(J ~ ZC)与基准件配合，孔的公差带可能在轴的公差带之上，也可能与轴的公差带相互交叠，主要与公差等级有关，因此同一公差带在不同的使用系列中，其配合可能是过盈配合也可能是过渡配合。但在国标规定的优先配合系列中，一般 j ~ n(J ~ N)为过渡配合，p ~ zc(P ~ ZC)为过盈配合。

表 2-8　极限与配合代号的含义

实　例	含　义
10c6	基本尺寸 10，基本偏差 c，公差等级 6 级的基孔制间隙配合的轴
ϕ20k5	基本尺寸 ϕ20，基本偏差 k，公差等级 5 级的基孔制过渡配合的轴
ϕ30u6	基本尺寸 ϕ30，基本偏差 u，公差等级 6 级的基孔制过盈配合的轴
ϕ10h8	基本尺寸 ϕ10，基本偏差 h，公差等级 8 级的基孔制间隙配合的轴 基本尺寸 ϕ10，基本偏差 h，公差等级 8 级的基轴制的基准轴
ϕ60JS7	基本尺寸 ϕ60，基本偏差 JS，公差等级 7 级的基轴制过渡配合的孔
ϕ50T6	基本尺寸 ϕ50，基本偏差 T，公差等级 6 级的基轴制过盈配合的孔
ϕ30F9	基本尺寸 ϕ30，基本偏差 F，公差等级 9 级的基轴制间隙配合的孔
ϕ40H7	基本尺寸 ϕ40，基本偏差 H，公差等级 7 级的基轴制间隙配合的孔 基本尺寸 ϕ40，基本偏差 H，公差等级 7 级的基孔制的基准孔
ϕ30H7/f6	基本尺寸 ϕ30，基孔制（分子是 H），孔基本偏差 H，公差等级 7 级，轴基本偏差 f，公差等级 6 级的间隙配合

（续）

实　例	含　义
ϕ40H7/k6	基本尺寸 ϕ40，基孔制（分子是 H），孔基本偏差 H，公差等级 7 级，轴基本偏差 k，公差等级 6 级的过渡配合
ϕ50H7/s6	基本尺寸 Φ50，基孔制（分子是 H），孔基本偏差 H，公差等级 7 级，轴基本偏差 s，公差等级 6 级的过盈配合
ϕ60H11/h11	基本尺寸 ϕ60，基孔制（分子是 H），孔基本偏差 H，公差等级 11 级，轴基本偏差 h，公差等级 11 级的间隙配合 基本尺寸 ϕ60，基轴制（分母是 h），孔基本偏差 H，公差等级 11 级，轴基本偏差 h，公差等级 11 级的间隙配合 基本尺寸 ϕ60，基轴制（分母是 h），孔基本偏差 H，公差等级 11 级，轴基本偏差 h，公差等级 11 级的基准件配合（间隙配合性质）
ϕ70U6/h5	基本尺寸 ϕ70，基轴制（分母是 h），孔基本偏差 U，公差等级 6 级，轴基本偏差 h，公差等级 5 级的过盈配合
ϕ20D9/h9	基本尺寸 ϕ20，基轴制（分母是 h），孔基本偏差 D，公差等级 9 级，轴基本偏差 h，公差等级 9 级的间隙配合
ϕ30JS10/h10	基本尺寸 ϕ30，基轴制（分母是 h），孔基本偏差 JS，公差等级 10 级，轴基本偏差 h，公差等级 10 级的过渡配合

四、配合等级

根据国标，当基轴制中孔的基本偏差代号与基孔制中轴的基本偏差相当时，按下列原则形成基轴制的配合，与基孔制配合具有相同的效果，即具有相同的极限间隙或过盈。如 H7/s6 与 S7/h6 配合，也叫等效配合。

在基本尺寸小于 500mm 范围内，以孔的 IT8 为界，公差等级高于 IT8 的孔均与高一级的轴配合。如 H7/s6、H7/h6 等；公差等级低于 IT8 的孔均与同级的轴配合，如 H9/d9、H11/k11 等，而公差等级为 IT8 的孔可与同级或高一级的轴配合，如 H8/f8 或 H8/g8。根据上述原则可以判断配合代号的使用是否正确。

基本尺寸在 500 ~ 3150mm 范围内，国标《极限与配合》中没有作详细规定，仅规定孔、轴公差带，但是目前一些生产厂家基本上是采用孔、轴同级配合。

五、基准件的配合

基孔制中的基准孔是用“H”表示，基轴制中的基准轴是用“h”表示。因此，凡是在配合代号中分子是 H 的就是基孔制配合，如 ϕ30H7/s6、ϕ30H8/f8 等；凡是在配合代号中分母是 h 的就是基轴制配合，如 ϕ30M7/h6、ϕ40U7/h6 等。但也有的配合代号中分子是 H，分母是 h，如 ϕ30H7/h6、ϕ30H11/h11 等，此种配合可以有三种解释：即基孔制、基轴制或基准件配合。此外，还有的在配合代号中，分子不是 H，分母也不是 h，这是一种无基准件的配合，称为无基准件配合，或非基准制配合，如 ϕ40M7/f6、ϕ50K7/s6 等。

第四节　公差与配合的应用

掌握和应用国标《极限与配合》的规定，是机器设计和制造的重要基础知识，尺寸和配合精度的选择是否合理，对机器的使用性能和制造成本影响很大，有时甚至起决定性作用。因此学习国标《极限与配合》的目的是在于了解、掌握和应用标准的规定，解决生产的实际问题。

一、标准温度

国标规定的数值均以标准温度（20℃）时的数值为准。在实际生产中，常以常温测得的数值来评定零件尺寸是否合格，但对于孔、轴温度相差较大或其线膨胀系数相差较大时，应考虑热变形对配合性质的影响，尤其精密测量应在20℃的恒温室进行。

二、极限与配合的选用

在机械设计中，确定了孔、轴的基本尺寸后，还需要进行尺寸精度设计，即正确地选用极限与配合。极限与配合选用是否合理，对机械产品的使用性能、使用寿命和经济性都至关重要。极限与配合的选用方法主要有以下三种：

计算法：即通过理论计算确定极限间隙或极限过盈，然后确定孔、轴公差带。此方法科学，但比较麻烦。

类比法：参考工作条件和使用要求相似的、经过大量实践验证的、工作情况良好的相关极限与配合，以确定需要的配合。这种方法目前应用最为广泛。

试验法：对于机器工作性能影响很大而又特别重要的配合，需要用专门的试验方法来确定其最佳的极限与配合。这种方法可靠、合理，但成本较高。

极限与配合的选用包括基准制的选择、公差等级的选择和配合种类选择三方面的内容。

1. 基准制的选用

国标规定配合制度有两种：基孔制和基轴制。

（1）优先采用基孔制　从工艺上看，加工中小尺寸的孔通常使用价格昂贵的钻头、铰刀、拉刀等定尺寸刀具，且每把刀具只能加工一种尺寸的孔；而车刀或砂轮则可以加工不同尺寸的轴。此外孔在加工和测量上比轴要难些，因此，为减少加工孔时所用的刀具、量具的规格和数量，减少加工和测量孔的调整工作量，降低生产成本，在条件允许的情况下尽量采用基孔制。

（2）基轴制的应用　在某种情况下，由于受结构和原材料的限制，需要采用基轴制。

1）直接采用冷拉钢材作轴，其表面不再切削加工，宜采用基轴制配合。如纺织机械和农业机械中，常采用精度为IT8～IT11的冷拉棒料作轴，因其外径不需要切削加工就能满足使用要求，故采用基轴制可获得明显的经济效益。

2）有些零件由于结构或工艺上的原因，必须采用基轴制。如图2-18所示为活塞销与连杆及活塞的配合。根据使用要求，活塞销与活塞销孔无相对运动，采用过渡配合，活塞销与连杆的衬套有相对运动，采用间隙配合。若三段配合都采用基孔制，则应为ϕ34H6/m5、ϕ34H6/g5、ϕ34H6/m5，其公差带如图2-18b所示，活塞销做成两头大中间小的阶梯轴，不利于加工，且装配困难，甚至刮伤连杆的衬套孔。如果采用基轴制，则应为ϕ34M6/h5、ϕ34G6/h5、ϕ34M6/h5，其公差带如图2-18c所示，活塞销是一根光轴，便于加工和装配。

3）与标准件配合时，应根据标准件确定基准制。例如滚动轴承内圈内孔与轴颈的配合应选用基孔制；滚动轴承外圈外径与支承座孔的配合应选用基轴制。

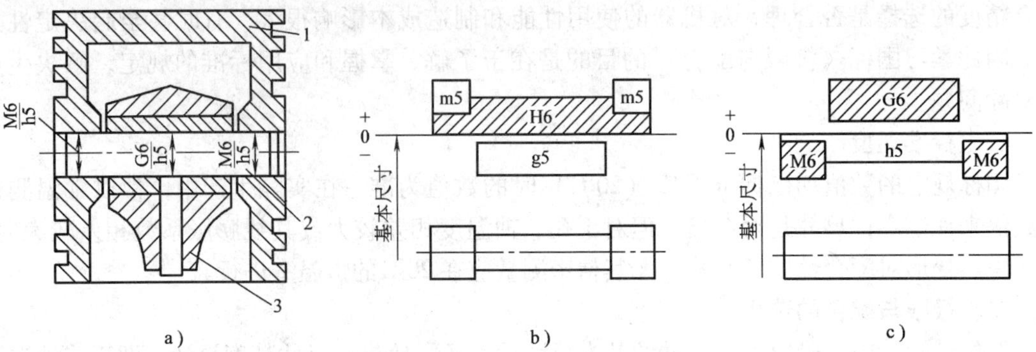

图 2-18 活塞连杆机构

a）活塞连杆机构 b）基孔制配合 c）基轴制配合

1—活塞 2—活塞销 3—连杆

（3）非基准制的应用 有时，为了满足配合的特殊需要，允许选用任一孔、轴公差带组成非基准制配合。如图 2-19 所示为基座孔与轴承盖的配合。滚动轴承外圈与基座孔的配合规定采用基轴制，孔公差带 J7，而轴承盖与基座孔的配合如果也选用基轴制，则形成过渡配合，不能满足使用要求，因此选用 $\phi32J7/f9$ 的配合，即非基准制配合，这种配合应用很少。

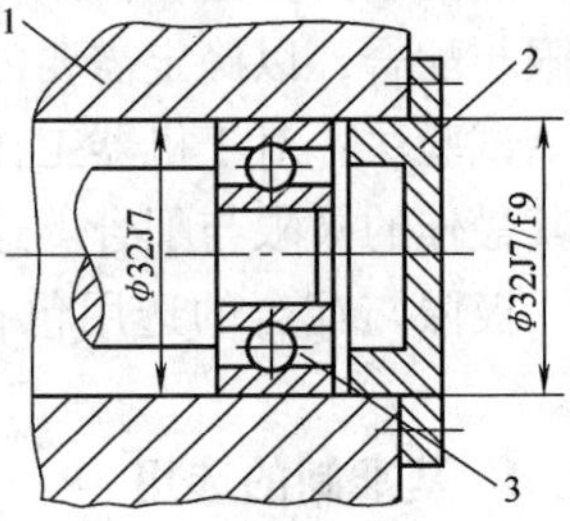

图 2-19 基座孔与轴承盖的配合

1—基座孔 2—轴承盖 3—滚动轴承

2. 公差等级的选择

公差等级的高低直接影响产品的使用性能和经济性。公差等级过低，将不能满足使用要求；反之，不合理地提高公差等级，将使成本成倍增加。因此选用公差等级的基本原则是在满足零件使用要求的前提下，尽可能选择较低的公差等级。

通常用类比法来确定公差等级。用类比法确定公差等级时，首先应掌握各个公差等级的应用范围和公差等级与加工方法之间的关系，并以此作为选用公差等级的依据。

常用配合精度为 IT5 ~ IT13，其中 IT5 ~ IT7 为高级精度，IT8 ~ IT10 为中等精度，IT11 ~ IT13 则属于低级精度。

各公差等级与加工方法之间的关系见表 2-9。

表 2-9 加工方法与公差等级的关系

加工方法	公差等级																	
	01	0	1	2	3	4	5	6	7	8	9	10	11	12	13	14	15	16
研磨	—	—	—	—	—	—	—											
珩磨						—	—	—	—									
圆磨、平磨、拉削							—	—	—	—								
金刚石车、金刚石镗								—	—	—								
铰孔								—	—	—	—	—						
车、镗									—	—	—	—	—					

（续）

加工方法	公差等级																	
	01	0	1	2	3	4	5	6	7	8	9	10	11	12	13	14	15	16
铣										—	—	—	—					
刨、插、滚压、挤压												—	—					
钻孔												—	—	—	—			
冲压												—	—	—	—	—		
压铸													—	—	—	—		
粉末冶金成形								—	—	—								
粉末冶金烧结									—	—	—							
铸造、气割																		—
铸造																	—	

3. 配合的选择

（1）常用尺寸段的极限与配合（基本尺寸≤500mm）孔、轴公差带由基本偏差和标准公差等级组成。国标规定基本偏差 28 种，标准公差 20 级，它们可以组成大量的孔、轴公差带，其中孔有 20×27+3(J6、J7、J8)=543 种；轴有 20×27+4(j5、j6、j7、j8)=544 种。由这些孔、轴公差带又可以组成近 30 万种配合。如果将如此多的公差带和配合全部投入生产上使用，既起不到标准化的作用也不利于生产。

综合考虑在能够满足生产要求的前提下，对公差带与配合作了选择与限制的规定，提出了常用尺寸段、大尺寸段、仪器仪表和钟表工业用尺寸段的孔、轴公差带。大尺寸段、仪器仪表和钟表工业用尺寸段的孔、轴公差带可查阅有关标准，这里仅介绍国标规定的常用尺寸段中优先、常用和一般用途的孔、轴公差带，以及基孔制和基轴制优先、常用配合。

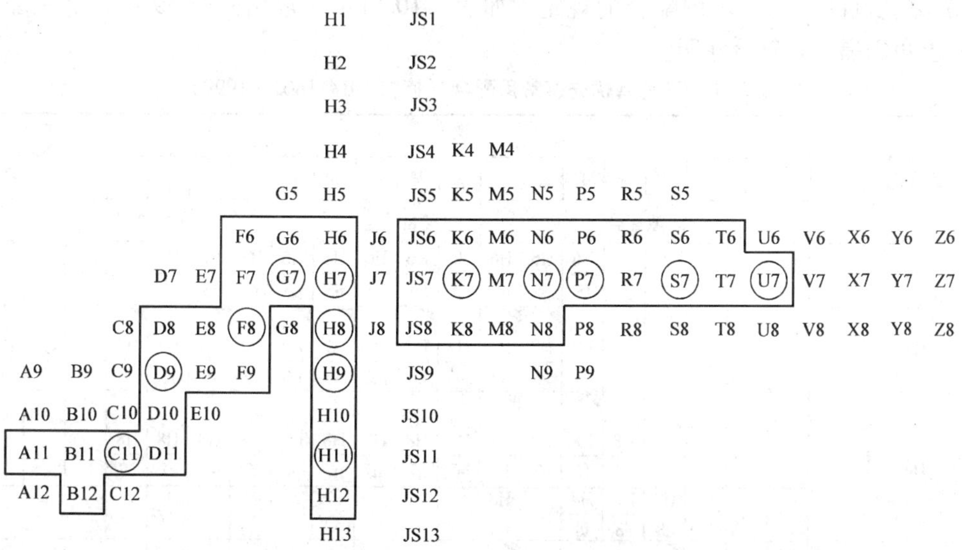

图 2-20　优先、常用和一般用途的孔的公差带

1）优先、常用和一般用途的孔的公差带规定。孔的公差带如图 2-20 所示。由图中可知，孔公差带分为三类：一般用途（包括优先、常用）公差带 105 种；常用（包括优先）公差带 44 种，图中用方框标明；优先的公差带 13 种，图中用圆圈标明。

2）优先、常用和一般用途的轴的公差带规定。轴的公差带如图 2-21 所示。由图中可知，轴的公差带也可分为三类：一般用途（包括优先、常用）公差带 116 种；常用（包括优先）公差带 59 种，图中用方框标明；优先选用公差带 13 种，图中用圆圈标明。

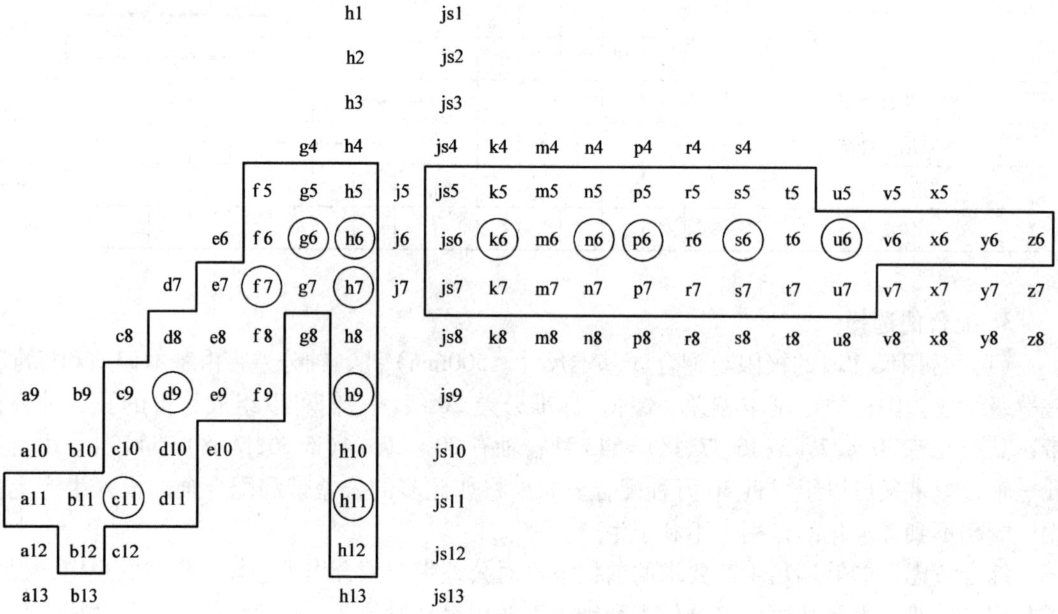

图 2-21 优先、常用和一般用途的轴的公差带规定

3）基孔制的优先和常用配合的规定。如表 2-10 所示，常用配合 59 种；优先配合 13 种，左上角用黑三角符号注明。

表 2-10 基孔制优先、常用配合（摘自 GB/T1801—1999）

基准孔	轴																				
	a	b	c	d	e	f	g	h	js	k	m	n	p	r	s	t	u	v	x	y	z
	间隙配合								过渡配合			过盈配合									
H6						H6/f5	H6/g5	H6/h5	H6/js5	H6/k5	H6/m5	H6/n5	H6/p5	H6/r5	H6/s5	H6/t5					
H7						H7/f6	◤H7/g6	◤H7/h6	H7/js6	◤H7/k6	H7/m6	◤H7/n6	◤H7/p6	H7/r6	◤H7/s6	H7/t6	◤H7/u6	H7/v6	H7/x6	H7/y6	H7/z6
H8					H8/e7	◤H8/f7	H8/g7	◤H8/h7	H8/js7	H8/k7	H8/m7	H8/n7	H8/p7	H8/r7	H8/s7	H8/t7	H8/u7				
				H8/d8	H8/e8	H8/f8		H8/h8													
H9			H9/c9	◤H9/d9	H9/e9	H9/f9		◤H9/h9													

（续）

基准孔	轴																				
	a	b	c	d	e	f	g	h	js	k	m	n	p	r	s	t	u	v	x	y	z
	间隙配合								过渡配合			过盈配合									
H10			$\frac{H10}{c10}$	$\frac{H10}{d10}$				$\frac{H10}{h10}$													
H11	$\frac{H11}{a11}$	$\frac{H11}{b11}$	◤$\frac{H11}{c11}$	$\frac{H11}{d11}$				◤$\frac{H11}{h11}$													
H12		$\frac{H12}{b12}$						$\frac{H12}{h12}$													

注：1. $\frac{H6}{n5}$、$\frac{H7}{p6}$在基本尺寸小于或等于 3mm 和$\frac{H8}{r7}$在基本尺寸小于或等于 100mm 时，为过渡配合。

2. 带◤的配合为优先配合。

4）基轴制的优先和常用配合的规定。如表 2-11 所示，常用配合 47 种；优先配合 13 种，左上角用黑三角符号注明。

表 2-11　基轴制优先、常用配合（摘自 GB/T1801—1999）

基准轴	孔																				
	A	B	C	D	E	F	G	H	JS	K	M	N	P	R	S	T	U	V	X	Y	Z
	间隙配合								过渡配合			过盈配合									
h5						$\frac{F6}{h5}$	$\frac{G6}{h5}$	$\frac{H6}{h5}$	$\frac{JS6}{h5}$	$\frac{K6}{h5}$	$\frac{M6}{h5}$	$\frac{N6}{h5}$	$\frac{P6}{h5}$	$\frac{R6}{h5}$	$\frac{S6}{h5}$	$\frac{T6}{h5}$					
h6						$\frac{F7}{h6}$	◤$\frac{G7}{h6}$	◤$\frac{H7}{h6}$	$\frac{JS7}{h6}$	◤$\frac{K7}{h6}$	$\frac{M7}{h6}$	◤$\frac{N7}{h6}$	◤$\frac{P7}{h6}$	$\frac{R7}{h6}$	◤$\frac{S7}{h6}$	$\frac{T7}{h6}$	◤$\frac{U7}{h6}$				
h7					$\frac{E8}{h7}$	◤$\frac{F8}{h7}$		◤$\frac{H8}{h7}$	$\frac{JS8}{h7}$	$\frac{K8}{h7}$	$\frac{M8}{h7}$	$\frac{N8}{h7}$									
h8				$\frac{D8}{h8}$	$\frac{E8}{h8}$	$\frac{F8}{h8}$		$\frac{H8}{h8}$													
h9				◤$\frac{D9}{h9}$	$\frac{E9}{h9}$	$\frac{F9}{h9}$		◤$\frac{H9}{h9}$													
h10				$\frac{D10}{h10}$				$\frac{H10}{h10}$													
h11	$\frac{A11}{h11}$	$\frac{B11}{h11}$	◤$\frac{C11}{h11}$	$\frac{D11}{h11}$				◤$\frac{H11}{h11}$													
h12		$\frac{B12}{h12}$						$\frac{H12}{h12}$													

注：带◤的配合为优先配合。

（2）配合类别的选择　机械产品设计时，选用哪类配合，主要取决于使用要求。各种机械产品对于配合的使用要求可归纳为三个方面：

1）是否靠配合面维持孔、轴之间的相对运动。

2）是否靠配合面确定孔、轴之间的相对位置。

3）是否靠配合面传递扭矩或其他载荷。

具体可按照表 2-12 选取配合类别。

表 2-12 配合类别的选用

<table>
<tr><td rowspan="4">无相对运动</td><td rowspan="3">要传递扭矩</td><td rowspan="2">要精确定位</td><td>永久结合</td><td>过盈配合</td></tr>
<tr><td>可拆结合</td><td>过渡配合或 H/h 间隙配合加紧固件</td></tr>
<tr><td colspan="2">不要精确定位</td><td>间隙配合加紧固件</td></tr>
<tr><td>不传递扭矩</td><td colspan="2">要精确定位</td><td>过渡配合或小过盈的过盈配合</td></tr>
<tr><td colspan="4">有 相 对 运 动</td><td>间隙配合（要精确定位选用 H/h 间隙配合）</td></tr>
</table>

（3）基本偏差的选择及应用实例

1）国标中规定：应首先选用优先公差带及优先配合；其次选用常用公差带及常用配合；再次选用一般用途公差带。必要时可按标准规定的标准公差与基本偏差自行组成孔、轴公差带及配合。

现将优先配合的配合特性及应用举例列于表 2-13 中供选用参考。

表 2-13 基本尺寸≤500mm 优先配合的配合特性

优先配合		配合特性及应用举例
基孔制	基轴制	
H11/c11	C11/h11	间隙非常大。用于很松的、转动很慢的动配合；要求大公差与大间隙的外露组件；要求装配方便的很松配合
H9/d9	D9/h9	间隙很大的自由转动配合。用于精度非主要要求时，或有大的温度变动，高转速或大的轴颈压力时
H8/f7	F8/h7	间隙不大的转动配合。用于中等转速与中等轴颈压力的精确转动；也用于装配较容易的中等定位配合
H7/g6	G7/h6	间隙很小的滑动配合。用于不希望自由转动，但可以自由移动和滑动，并精密定位的配合；也可用于要求明确定位配合
H7/h6 H8/h7 H9/h9 H11/h11	H7/h6 H8/h7 H9/h9 H11/h11	均为间隙定位配合。零件可自由装拆，而工作时一般相对静止不动。在最大实体条件下的间隙为零；在最小实体条件下的间隙由公差等级决定
H7/k6	K7/h6	过渡配合，用于精确定位
H7/n6	N7/h6	过渡配合，允许有较大过盈的更精确定位
H7/p6	P7/h6	过盈定位配合，即小过盈的过盈配合，用于定位精度特别高时，靠最好的定位精度达到部件刚性和对中性要求，而对内孔承受的压力并无特殊要求，不依靠配合的紧固性传递摩擦载荷
H7/s6	S7/h6	中等压入配合。适合用于一般钢件或用于薄壁件的冷缩配合；用于铸铁件可得到最紧的配合
H7/u6	U7/h6	压入配合。适用于可以承受最大压入力的零件或不宜承受大压入力的冷缩配合

2）极限与配合应用实例。以图 2-22 所示蜗轮减速机的极限与配合为例，来说明极限与配合选用的原则。

减速机是用于减速和传递扭矩的常用设备。

①蜗轮、轮毂与蜗轮轴配合的选用。减速机属于精密配合设备，故轴用 IT6、孔用 IT7。

蜗轮轮缘 3 和轮毂 2 与蜗轮轴 7 的配合，均无相对运动，要求定心精度高，能传递动力。它们之间可选用过渡配合或小过盈配合，加紧固件。确定采用基孔制。蜗轮轮缘 3 与轮毂 2 的配合，采用过盈配合，用螺钉紧固，轮毂选用 s6，其配合为 ϕ90H7/s6。轮毂 2 与蜗轮轴 7 的配合，选用过渡配合，加键联结，选用 n6，其配合为 ϕ40H7/n6。

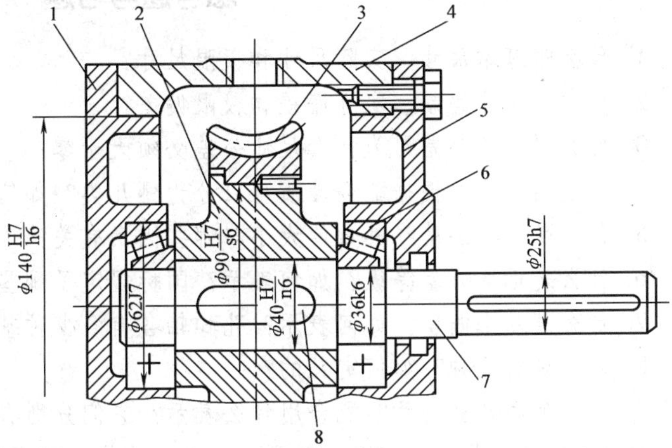

图 2-22 蜗轮减速机部分配合装置

1、5—端盖 2—轮毂 3—蜗轮轮缘 4—蜗轮箱体 6—圆锥滚子轴承 7—蜗轮轴 8—键

②轴承与蜗轮轴和端盖配合的选用。在轴的两端轴颈处（ϕ36）分别装有圆锥滚子轴承 6，轴承的外圈与两端的端盖 1、5 配合。轴承的内圈与轴颈的配合为基孔制，采用过渡配合，轴选 k6。因为轴承是标准件，所以在图上只标注轴的公差带代号 k6，而不标注孔的公差带代号，即只标 ϕ36k6。轴承与端盖 1、5 的配合，为基轴制、端盖 1、5 的孔选 J7（通常轴承外圈配合比内圈松一级），同样在图上只标注孔的公差带代号，即只标注 ϕ62J7。

③端盖与箱体的配合选用。端盖 1、5 与箱体 4 的配合，有较高的同轴度要求，以保证蜗杆与蜗轮的正确啮合。此外，为方便装配和拆卸，选用基准件配合，其配合为 ϕ140H7/h6。

例 10 设孔、轴配合的基本尺寸为 ϕ60mm，要求极限间隙为 +30μm ~ +80μm 之间，试用计算法确定孔、轴的公差等级和配合种类。

解

1. 选择基准制

由于没有特殊要求，一般选择基孔制。

2. 确定孔、轴公差等级

$$T_f = T_h + T_s = X_{max} - X_{min} = (+80\mu m) - (+30\mu m) = 50\mu m$$

从满足使用要求出发，一般应满足 $T_h + T_s \leqslant T_f$

查表 2-1 得：IT6 = 19μm，IT7 = 30μm，若孔取 IT7，轴取 IT6，则 $T_h + T_s$ = 30mm + 19mm = 49μm < 50μm，满足要求。

3. 确定配合种类

根据最小间隙为 +30μm 来确定轴的基本偏差代号，查表 2-3 得基本偏差 f 的上偏差 es = −30μm，因此轴的基本偏差代号为 f。所以孔、轴的配合代号为 ϕ30H7/f6，其最大间隙为 +79μm，最小间隙为 +30μm。

注意：在实际选择基本偏差代号时，只要选择的基本偏差使得实际间隙或过盈量不超出要求的极限间隙或过盈量的 10%，就认为所选的基本偏差代号是合适的。

思考题与习题

1. 什么叫基本尺寸、实际尺寸和极限尺寸？
2. 什么叫尺寸偏差、实际偏差和极限偏差？
3. 什么叫尺寸公差？为什么尺寸公差必须大于零？
4. 什么叫配合？根据配合性质可以分为哪几类？如何定义的？
5. 什么是标准公差？其数值大小与哪些因素有关？
6. 什么是标准公差等级？如何表示？国标规定了哪些标准公差等级？
7. 什么是基本偏差？如何表示？孔和轴各有多少种基本偏差？
8. 基准制有几种？如何定义的？
9. 公差带用什么表示？配合用什么表示？它们分别有几种标注方法？请举例说明。
10. 未标注公差尺寸有无公差要求？对它的使用有哪些规定？
11. 根据已经提供的数据填写下列各空白处：

零件图上的要求						测量的结果		结论
序号	基本尺寸	极限尺寸	极限偏差	公差	尺寸标注	实际尺寸	实际偏差	合格与否
1	轴 $\phi30$		es = −0.040 ei = −0.092			29.935		
2	轴 $\phi40$		es = ei =		$\phi40_{-0.034}^{-0.009}$		0	
3	轴 $\phi50$	50.015 49.990	es = ei =				−0.010	
4	孔 $\phi60$		ES = EI = 0	0.060		60.020		
5	孔 $\phi70$	70.015 69.985	ES = EI =				+0.010	
6	孔 $\phi90$		ES = EI = +0.036	0.035			+0.072	
7	孔 $\phi125$		ES = +0.148 EI =	0.063		125.080		

12. 有一孔 $\phi60_{\ 0}^{+0.030}$ mm 和轴 $\phi60_{-0.035}^{-0.010}$ mm，试计算 D_{max}、D_{min}、d_{max}、d_{min}、T_h、T_s 和 T_f，并用 500∶1 的比例画出该孔、轴的公差带图。

13. 有一孔、轴配合，孔 $\phi200_{-0.177}^{-0.131}$ mm，轴 $\phi200_{-0.029}^{\ 0}$ mm，试求：

1）画出公差带图，判断其配合性质。

2）计算极限间隙或过盈，平均间隙或平均过盈，并标注在公差带图上。

14. 试计算 $\phi50_{\ 0}^{+0.025}$ mm 孔与 $\phi50_{+0.002}^{+0.018}$ mm 轴配合的极限间隙或极限过盈、配合公差，并判断基准制和配合类别。

15. 利用查表和计算方法，标注下列尺寸的极限偏差数值 $\phi30S7$、$\phi160U6$、$\phi35F8$、

ϕ55H8、 ϕ100N7、 ϕ30f7、 ϕ50m8、 ϕ60js6、 ϕ55H8/s7、 ϕ23N6/h5、 ϕ50R8/h7、ϕ100H7/js6。

16. 解释下列公差带与配合的含义：ϕ95F8、ϕ55js7、ϕ25u6、ϕ30H7/n6、ϕ80F7/h6、ϕ70H6/s5。

17. 下列标注是否正确？如有错误请改正。

1）$\phi25^{+0.015}_{-0.021}$　2）$\phi30^{+0.033}$　3）$\phi60^{-0.025}_{-0.009}$　4）$\phi100^{+0.027}_{-0.027}$　5）$\phi43_{-0.013}$

6）55 ±0.008

18. 根据下列已知条件，求孔、轴极限偏差与配合公差，并画出公差带图。

1）孔、轴的基本尺寸为 ϕ25，EI = 0，$T_s = 13\mu m$，$X_{max} = +74\mu m$，$X_a = +57\mu m$。

2）孔、轴的基本尺寸为 ϕ14，EI = 0，$T_s = 11\mu m$，$Y_{max} = -12\mu m$，$X_a = +2.5\mu m$。

3）孔、轴的基本尺寸为 ϕ45，es = 0，$T_h = 25\mu m$，$Y_{max} = -50\mu m$，$Y_a = -29.5\mu m$。

19. 某孔、轴的基本尺寸为 ϕ35mm，已知孔的公差带为 H7，要求与轴的配合过盈为 $-10 \sim -55\mu m$，试确定轴的公差等级并选用适当的公差带。

20. 某零件如图 2-23 所示，未注公差尺寸的公差等级规定为中等级，试确定各未注公差尺寸的极限偏差。

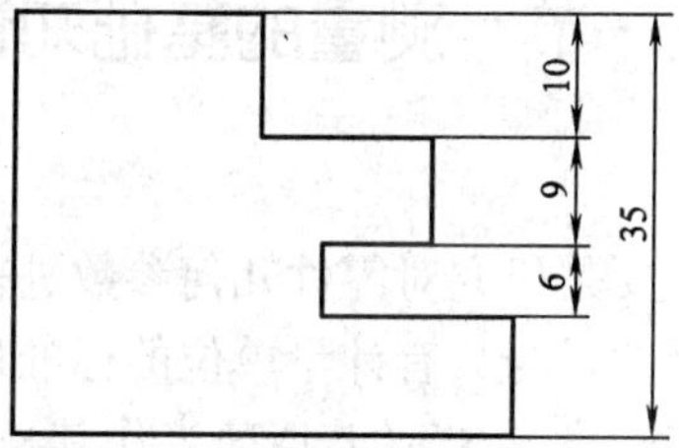

图 2-23

第三章　技术测量基础

【学习目标】

1）掌握技术测量的基础知识。
2）掌握常用计量器具的结构、工作原理和使用方法。
3）掌握计量器具的选用，并能确定验收极限。
4）能够正确分析误差，并判别零件的合格性。

【本章内容提要】

介绍技术测量基础知识、计量器具的基本知识、分析误差判别零件的合格性。

第一节　测量的基础知识

一、测量的基本概念

在机械制造中，技术测量主要是研究对零件几何参数进行测量和检验的问题。

所谓的测量，就是把被测量的量与具有计量单位的标准量进行比较，从而确定被测量量值的过程。例如：用 L 表示被测长度，与 u（若以毫米作其长度单位）进行比较，得比值 q。这种关系可用测量基本方程式表达，即

$$L = qu \tag{3-1}$$

式中　L——被测值；
u——测量单位；
q——比值。

所谓的检验，就是把测量的结果与图样上或技术文件上的要求进行比较，以判断零件是否合格的过程。检验是与测量相似的概念，但通常只判断被测量的对象是否合格，不一定要确定其量值。

测量技术包括“测量”和“检验”两个方面的内容。因为测量工作是实现互换性的重要保证，所以在实际生产中测量技术被广泛地应用，同时对测量技术也提出了一些基本要求：即合理地选用计量器具与计量方法、保证一定的测量精度、具有高的测量效率、具有正确的操作方法等。

机械制造业的技术测量是属于度量学的范畴。任何一个测量过程都包括四个方面内容：测量对象、计量单位、测量方法和测量精度，也称为测量过程四要素。测量对象主要指几何量，包括长度、角度、表面粗糙度、形状和位置以及其他复杂零件中的几何参数（如齿轮、螺纹）等。测量方法是指测量时所采用的测量原理、计量器具以及测量条件的总和。测量精度是指测量结果与真值的一致程度，它体现了测量结果的可靠性。

在现代机械制造业中，对零件的质量提出了越来越高的要求，通过技术测量的手段可以

保证零件的质量。

技术测量是实践性较强的工作，在认真学习本章内容的基础上，通过实验课的操作训练，才能更好地掌握。

二、长度单位

国际单位制的基本长度单位是米（m），它也是我国法定的计量单位。而在机械制造业中通常规定以毫米（mm）和微米（μm）作为计量长度的单位。m、mm、μm之间的换算关系如下：1m = 1000mm，1mm = 1000μm。

米制始于法国。1791 年法国国民议会决定“把通过巴黎的地球子午线的四千万分之一的长度定义为一米”，并用铂铱合金制成实物基准为一米的原器，存放在巴黎国际计量局。1875 年在巴黎缔结米制公约，各参加国复制了米原器作为本国家的基准米原器。1889 年第一届国际计量大会上批准了米原器的使用，并定义“1 米为在标准大气压和 0°C 时，国际米原器上两条规定刻线间的距离。”使用中发现，由于金属内部不稳定，各国需经常往返巴黎校对本国家的基准米原器，很不方便。因此，1960 年召开的第十一届国际计量大会决定采用氪的同位素氪 86(K_r86) 的光波波长作为长度基准，规定“一米等于氪 86(K_r86) 原子的 $2p_{10}$与 $5d_5$ 能级之间跃迁所对应的辐射在真空中的 1650763. 73 个波长的长度。”采用辐射波长作为长度基准，不仅提高了长度基准的稳定性和可靠性，而且使用方便，也是一次从建立在实物基准（米原器）到建立在自然基准（辐射线波长）上的重大变革。由于激光技术的发展，研究发现激光的稳定性和复现准确度比氪 86 基准高 100 倍以上，于是 1983 年第 17 届国际计量大会审议并批准通过了米的新定义：“一米是光在真空中在 1/299792458 秒时间间隔内所行程的长度。”与此同时废除了以前各种对米的定义。这又是一次将米的定义从建立在自然基准上到建立在基本物理常数（光速）上的重大变革，进一步提高了长度基准的复现准确度。

三、计量器具的分类

测量过程中，计量器具是测量时不可缺少的工具。技术操作人员不仅要认识各种计量器具，学会合理地选用计量器具，还必须能正确地使用和保养计量器具。

计量器具按照用途可分为

（1）标准计量器具　测量中体现标准量的计量器具，如量块、激光光电比长仪等。

（2）通用量具和量仪　具有较大的通用性，可以用来测量一定范围的任一值。按结构特点，通用量具和量仪又可分为以下几种：

1）固定刻线量具，如钢直尺等。

2）游标量具，如游标卡尺、游标量角器等。

3）螺旋测微量具，如千分尺等。

4）机械式量仪，如百分表、扭簧比较仪等。

5）光学量仪，如万能测长仪、干涉仪等。

6）气动量仪，如水柱式气动量仪等。

7）电动量仪，如光电式量仪等。

（3）专用计量器具　用于专门测量某个或某种特定集合参数的计量器具，它包括量规、专用量仪和专用检测装置。

四、计量器具的主要度量指标

计量器具的度量指标是选择和使用计量器具的依据，如图 3-1 所示，其主要度量指标有

（1）标尺间距 标尺间距是指计量器具标尺上相邻两条刻线中心线之间的实际距离或圆周弧长。通常是等距刻度，间距为 1～2.5mm。

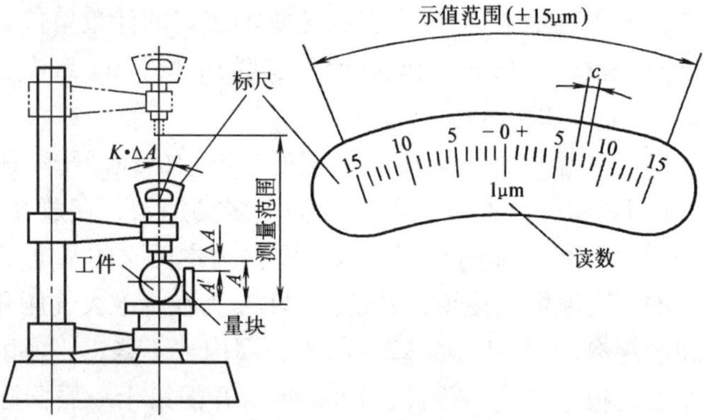

图 3-1 主要度量指标

$\Delta A = A - A'$

A—工件尺寸 A'—量块尺寸 K—放大比 c—标尺间距

（2）分度值 分度值是指计量器具标尺上每一刻度所代表的被测量值，俗称刻度值。

（3）测量范围 测量范围是指在允许误差限内，计量器具所能测量的下限值到上限值的范围。

（4）示值范围 示值范围是指由计量器具所显示或指示的最小值到最大值的范围。如图 3-1 所示，比较仪的测量范围是 0～180mm，而其示值范围为 −0.015～+0.015mm。

（5）示值误差 示值误差是指计量器具的示值减去被测量真值所得的差值。示值误差有正、负之分。真值是无法得到的，实际常常用标准量代替。例如用尺寸为 21.500mm 的专用量块检定千分尺，若读数为 21.502mm，则该千分尺的示值误差为 21.502mm − 21.500mm = +0.002mm。

（6）回程误差 回程误差是指在相同条件下，计量器具沿正、反行程在同一测量点上所指示的最大差值。

（7）示值变动量 在相同条件下，对同一被测量进行多次（一般为 5～10 次）重复测量时，计量器具所指示的最大差值。

（8）灵敏限（灵敏阈） 灵敏限是指引起计量器具示值变化的被测量的最小变动量。

（9）灵敏度 灵敏度是指计量器具对被测量变化的反应能力。对于指针示量仪，灵敏度即等于量仪指针的移动量与被测尺寸变动量的比值，也等于标尺间距与分度值的比值，称为放大比；对于光学量仪，放大比等于光学系统的总放大倍数。

（10）测量力 测量力是指测量过程中测头与被测表面的接触力。测量力小，测头与被测表面接触不好，影响测量结果；测量力大将会引起计量器具和被测零件的弹性变形，影响测量精度。

（11）计量器具的不确定度 计量器具的不确定度是指由计量器具内在误差引起的对测

量结果不能肯定的误差范围，通常用一个误差极限表示。计量器具内在误差是由设计、加工、装调等因素引起的，一般包括计量器具的示值误差和校正零位用的标准器误差。

第二节 常用长度量具

一、钢直尺

钢直尺是常用量具中最简单的一种量具，可用来测量工件的长度、宽度、高度和深度等。测量长度的范围取决于钢直尺的规格，规格按钢直尺的长度划分有 150mm、300mm、500mm、1000mm 四种。所谓的测量范围就是所能测定的最大长度。

钢直尺一般用不锈钢制成，最小标尺间距为 0. 5mm 或 1mm，如图 3-2 所示。

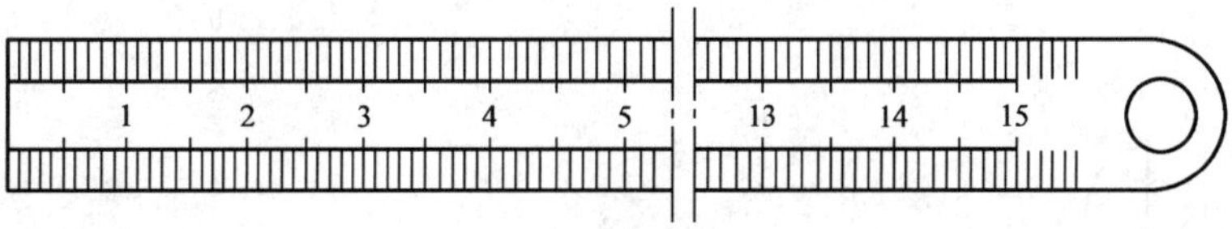

图 3-2 钢直尺

二、卡钳

卡钳是一种间接测量的简单量具，不能直接测出尺寸数值，必须与钢直尺或其他带有分度值的量具一起使用。

卡钳分为内卡钳和外卡钳两种。内卡钳测量内尺寸，外卡钳测量外尺寸。

卡钳的使用方法如图 3-3 所示，其中，图 3-3a 表示用外卡钳测量外圆直径尺寸；图 3-3b 表示用内卡钳测量内孔直径尺寸；图 3-3c 表示用钢直尺调对卡钳的尺寸；图 3-3d 表示用

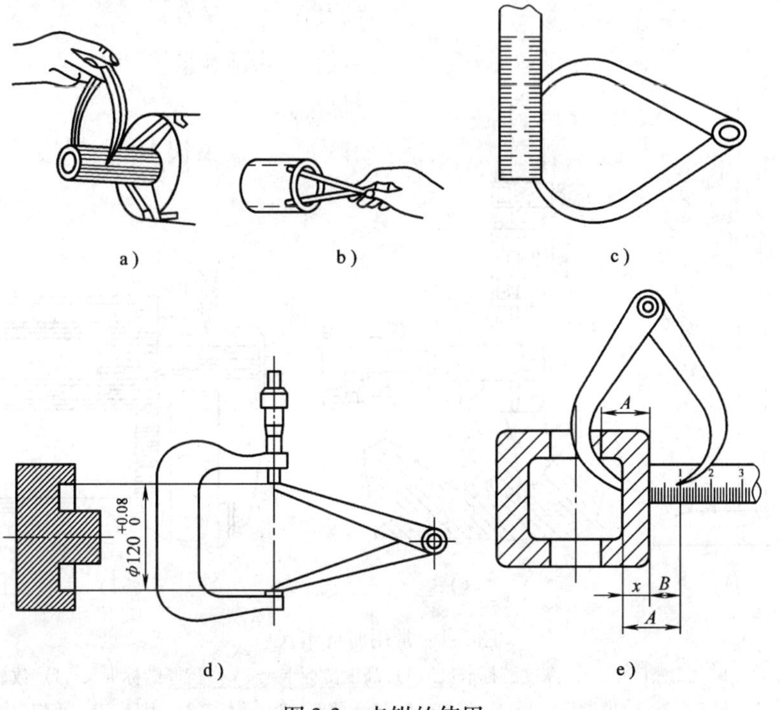

图 3-3 卡钳的使用

千分尺调对卡钳尺寸；图 3-3e 表示用卡钳测量壁厚尺寸。

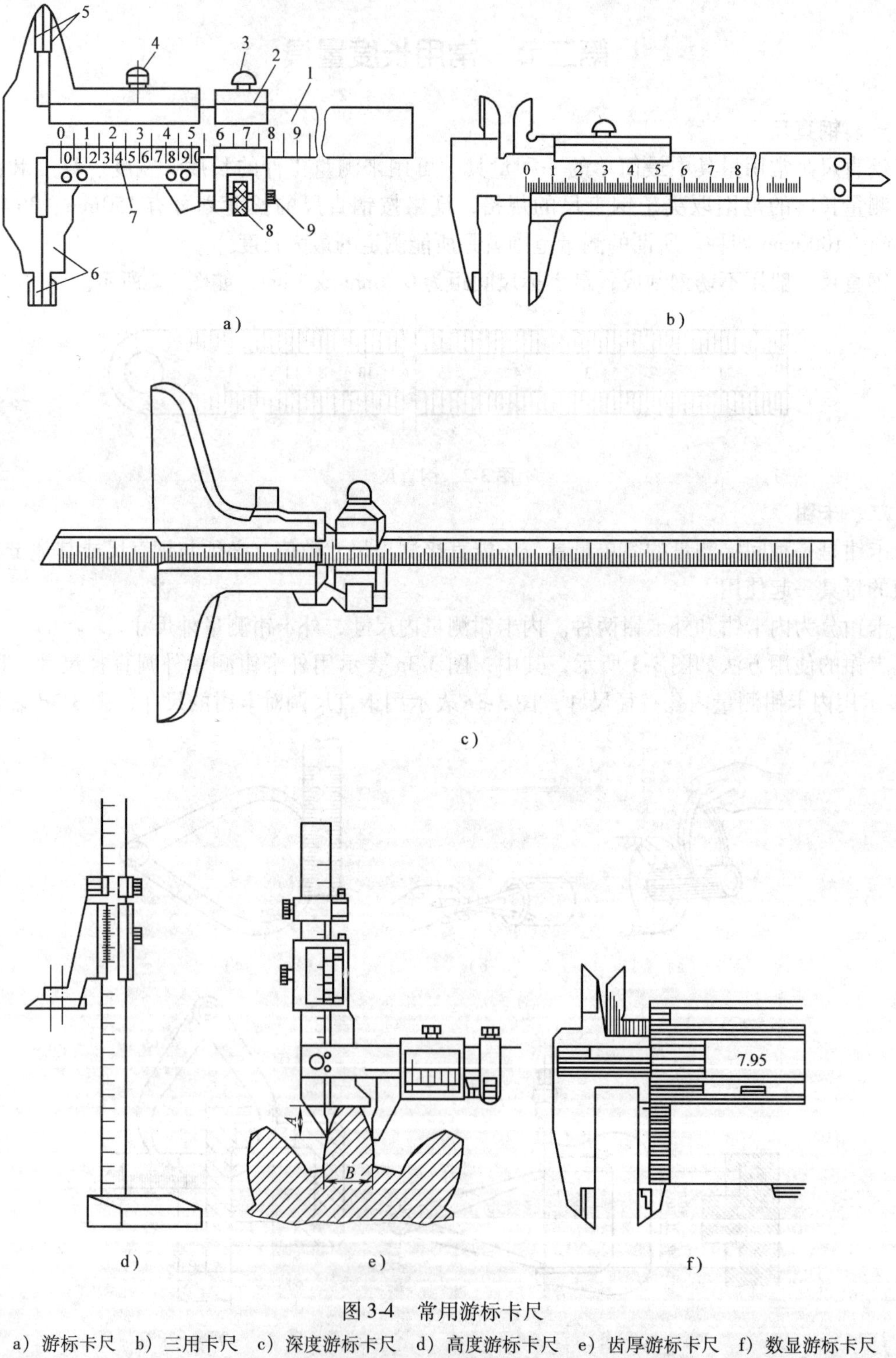

图 3-4 常用游标卡尺

a）游标卡尺 b）三用卡尺 c）深度游标卡尺 d）高度游标卡尺 e）齿厚游标卡尺 f）数显游标卡尺

1—尺身 2—辅助游标 3、4—螺钉 5、6—量爪 7—游标 8—螺母 9—小螺杆

三、游标量具

应用游标读数原理制成的量具叫游标量具。游标量具是应用较广泛的通用量具，具有结构简单、使用方便、测量范围大等优点。根据用途不同，游标量具可分为游标卡尺、深度游标卡尺、高度游标卡尺三种。游标卡尺用来测量内、外尺寸（如长度、宽度、厚度、内径和外径）、孔距、高度和深度等，如图 3-4 所示。下面主要介绍游标卡尺。

1. 游标卡尺的结构

游标卡尺由尺身 1 和游标 7 组成，2 是辅助游标，如图 3-4a 所示。当游标需要移动较大距离时，只要把螺钉 3 和 4 松开推动游标即可。如果游标只作微小的移动，可将螺钉 3 紧固，松开螺钉 4，用手转动螺母 8，通过小螺杆 9 移动游标，测得尺寸后再把螺钉 4 拧紧。

游标卡尺上端的两个量爪 5，叫内卡爪，可用来测量工件内表面尺寸；下端的两个量爪 6，叫外卡爪，可用来测量工件外表面尺寸。

2. 游标卡尺的刻线原理及读数方法

游标卡尺按其游标读数值可分为 0. 10mm、0. 05mm 和 0. 02mm 三种。其中游标读数值为 0. 02mm 的游标卡尺在机械加工中应用最为广泛。

这三种精度的游标卡尺，其读数原理可用图 3-5 说明。主尺上的标尺间距 $a=1$mm，游标上的标尺间距 b 比主尺的标尺间距 a 要小。若主尺刻度 $(n-1)$ 格的长度等于游标刻度 n 格的长度，则游标上的刻度计算公式为

$$b=(n-1)a/n \tag{3-2}$$

以游标读数值为 0. 1mm 的游标卡尺为例：主尺上的标尺间距 $a=1$mm，游标上的标尺间距 $b=0.9$mm，则游标上 $n=10$ 格的长度与主尺上的 $n-1=9$ 格的长度相等，主尺、游标上的标尺间距之差为 $i=a-b=a/n=0.1$mm。i 称为游标卡尺的精度。因此，当主尺刻线与游标零线对齐时，除游标上最后一条刻线与主尺的一条刻线对齐外，游标上的其余刻线都不与主尺上刻线对齐，如图 3-5 所示。若将游标向右移动 0. 1mm，则游标上零线后的第一条刻线与主尺上的刻线对齐；若将游标向右移动 0. 2mm，则游标上零线后的第二条线与主尺上的刻线对齐；依次类推。所以游标在主尺标尺间距 1mm 内向右移动的距离，可由游标刻线与主尺刻线对齐时游标上刻线的序号决定。如游标上零线后的第 8 条刻线与主尺上刻线对齐，则表示游标向右移动了 8 ×0. 1mm =0. 8mm。

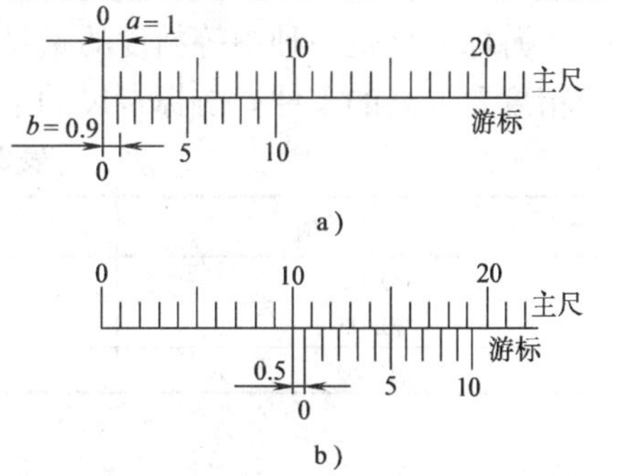

图 3-5　游标卡尺的读数原理

根据游标卡尺的刻线原理，可知游标卡尺的读数方法可以分为三个步骤：

第一步，读主尺。在主尺上读出游标零线左面的毫米（mm）数，作为测量结果的整数部分。

第二步，读游标。读出游标上与主尺上刻线对齐的刻线间距数，

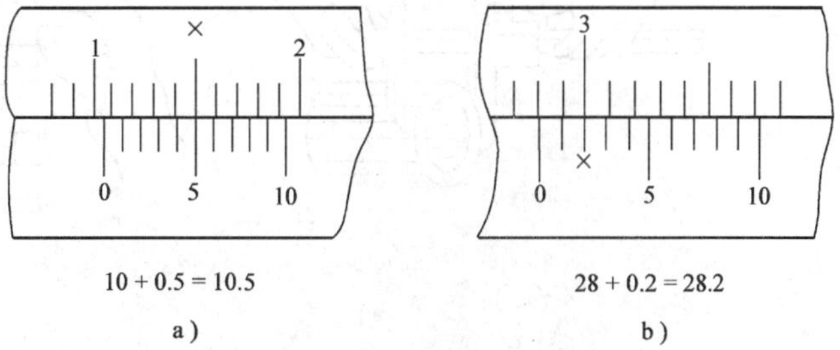

图 3-6　0. 1 游标卡尺读数方法

用此数值和间隔差值 i 的乘积作为测量结果的小数部分。

第三步，把整数部分与小数部分相加即为尺寸测量的结果，如图 3-6 所示。

对于游标读数值为 0. 05mm 的游标卡尺，主尺上的标尺间距为 1mm，游标上标尺间距为 0. 95mm。当主尺刻线与游标零线对齐时，主尺上的 19mm 刚好等于游标上的 20 格长度，显然，主尺与游标标尺间距差值为 1mm－0. 95mm＝0. 05mm。因此，当游标向右移动 0. 05mm 时，则游标上零线后的第一根刻线与主尺刻线对齐，其读数原理同上。

对于游标读数值 0. 02mm 的游标卡尺，主尺上的标尺间距为 1 mm，游标上标尺间距为 0. 98mm。当主尺刻线与游标零线对齐时，主尺上的 49mm 刚好等于游标上的 50 格长度，显然，主尺与游标标尺间距差值为 1mm－0. 98mm＝0. 02mm。因此，当游标向右移动 0. 02mm 时，则游标上零线后的第一条刻线与主尺刻线对齐，其读数原理亦同上。

3. 游标卡尺的测量范围和精度

游标卡尺按所能测量的零件尺寸范围，制造出不同规格的游标卡尺。一个规格的游标卡尺只适用于一定的尺寸范围。游标卡尺的测量范围和游标读数值见表 3-1。

表 3-1 游标卡尺的测量范围和游标读数值 （单位：mm）

测量范围	游标读数值	测量范围	游标读数值
0～125	0. 02、0. 05、0. 10	300～800	0. 05、0. 10
0～200	0. 02、0. 05、0. 10	400～1000	0. 05、0. 10
0～300	0. 02、0. 05、0. 10	600～1500	0. 10
0～500	0. 05、0. 10	800～2000	0. 10

游标卡尺是一种中等精度的量具，只能用于测量和检验中等精度尺寸，不能测量毛坯件和精度要求高的零件。游标卡尺的示值误差和适用尺寸公差等级见表 3-2。

表 3-2 游标卡尺的示值误差 （单位：mm）

游标读数值	示值总误差	被测件的尺寸公差等级
0. 02	±0. 02	12～16
0. 05	±0. 05	13～16
0. 10	±0. 10	14～16

4. 游标卡尺的使用方法

图 3-7 所示是用游标卡尺测量外径和宽度的方法。测量前，应使卡口宽度尺寸大于被测量尺寸，然后推动游标，使测量脚平面与被测量的直径垂直或与被测平面平行接触。

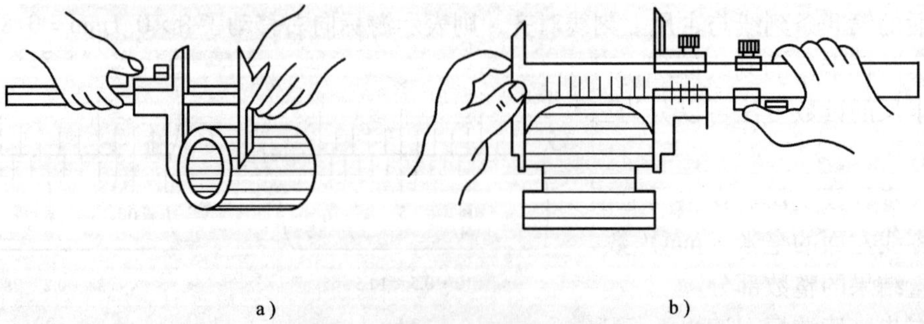

a） b）

图 3-7 测量外径和宽度的方法

5. 用游标卡尺测量内孔时的注意事项

1）测量前，应使游标卡尺的卡爪开口尺寸小于被测孔径尺寸（图3-8a），然后推动游标，使卡爪测量面与被测平面吻合。

2）测量内孔直径时，应把游标卡尺的卡爪放在直径位置处防止偏斜。

3）在测量孔距时，除保证用正确方法测量外，还应注意中心距数值的计算（图3-8b、c）。

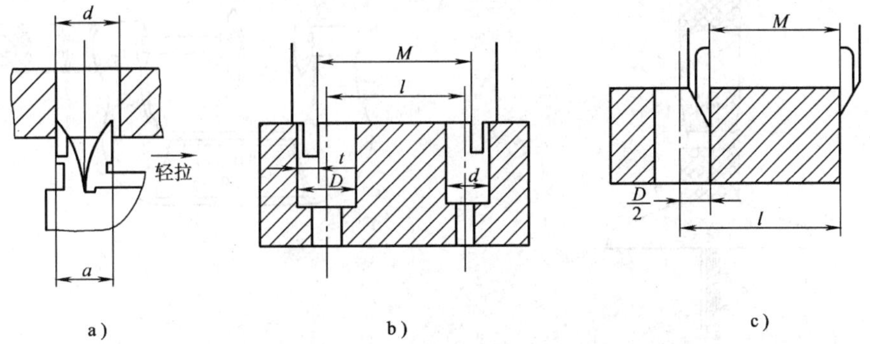

图3-8　测量孔径和孔距方法

a）$a<d$，正确　b）$l=M+2t-\frac{1}{2}(D+d)$　c）$l=M+\frac{D}{2}$

6. 游标卡尺的维护保养

1）游标卡尺作为较精密量具不得随意乱作他用，以免造成损坏或降低精度。

2）移动卡尺的尺框和微动装置时，要先松开紧固螺钉。

3）测量结束后要把卡尺放平，尤其是大尺寸规格的卡尺，否则会造成尺身弯曲变形。

4）带深度尺的游标卡尺，用完后，要把量爪合拢，较细的深度尺若露在外面容易变形甚至折断。

5）卡尺用完后，要擦净上油、放到卡尺盒内，注意防锈和防尘。

四、螺旋测微量具

应用螺旋微动原理制成的量具叫测微量具，这类量具结构形式多样，是一种较为精密的量具。

根据用途不同，螺旋测微量具可分为以下十一种：

（1）外径千分尺　外径千分尺是用来测量工件的各种外形尺寸（如外圆直径、长度、厚度等），如图3-9所示。

（2）杆式内径千分尺　杆式内径千分尺用来测量孔径的尺寸，如图3-10所示。

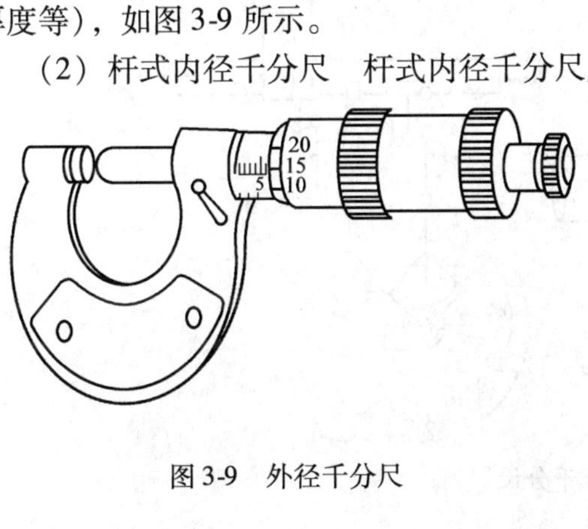

图3-9　外径千分尺

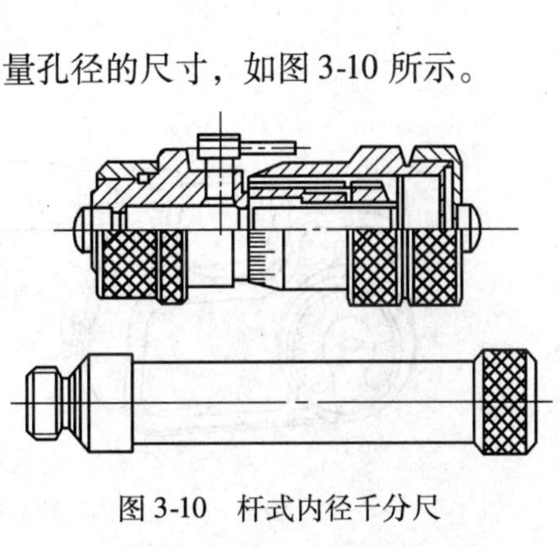

图3-10　杆式内径千分尺

（3）深度千分尺　深度千分尺是用来测量孔深、槽深等尺寸，如图 3-11 所示。

（4）公法线千分尺　公法线千分尺用来测量齿轮的公法线长度，如图 3-12 所示。

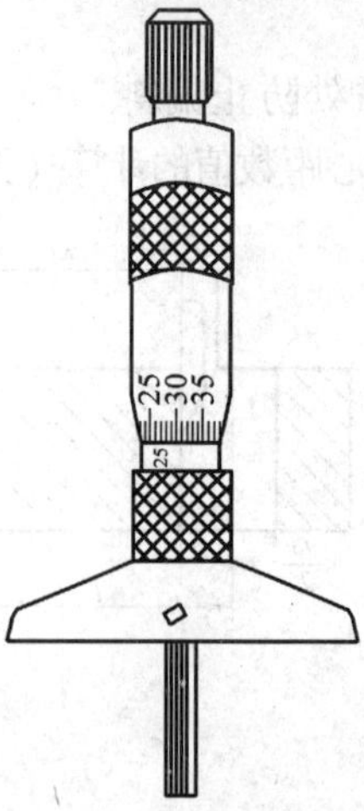

图 3-11　深度千分尺

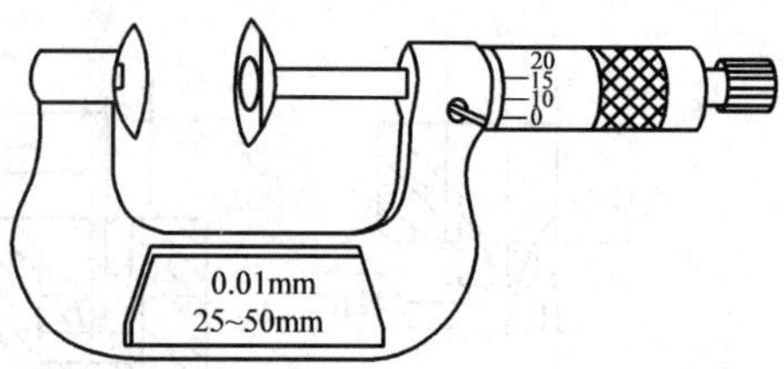

图 3-12　公法线千分尺

（5）螺纹千分尺　螺纹千分尺是用来测量螺纹中径尺寸，如图 3-13 所示。

（6）壁厚千分尺　壁厚千分尺用来测量精度较高的管形零件的壁厚，如图 3-14 所示。

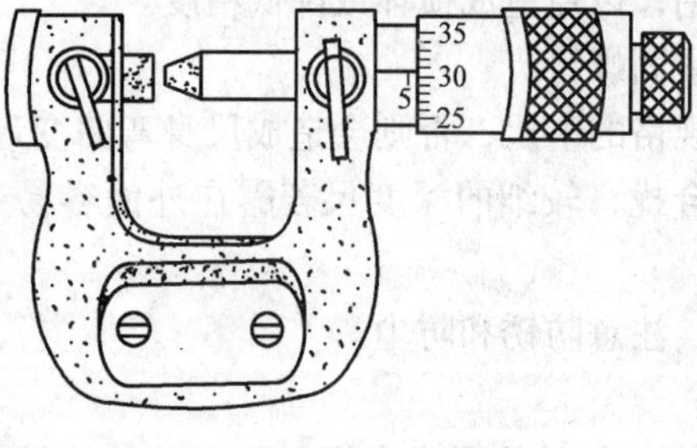

图 3-13　螺纹千分尺

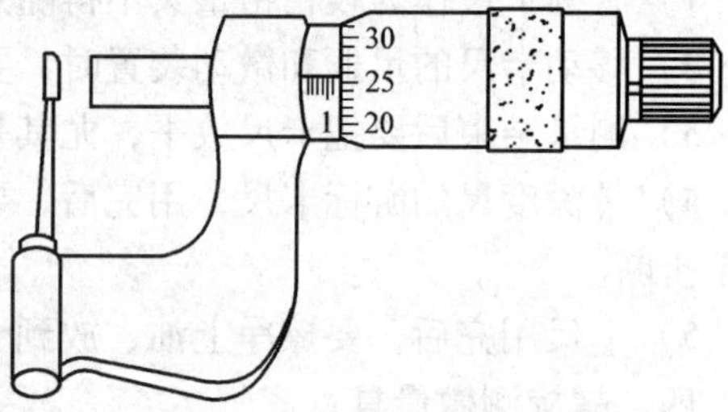

图 3-14　壁厚千分尺

（7）杠杆千分尺　杠杆千分尺是用来测量批量大、精度较高的中小型零件，如图 3-15 所示。

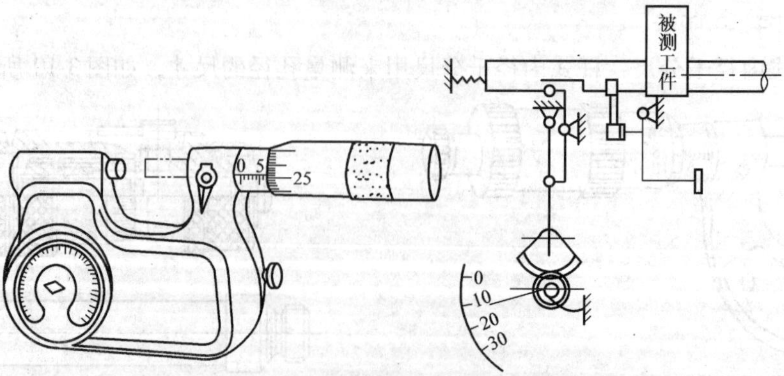

图 3-15　杠杆千分尺

（8）内测千分尺　内测千分尺用来测量中小孔径的尺寸、槽宽等内尺寸，如图 3-16 所示。

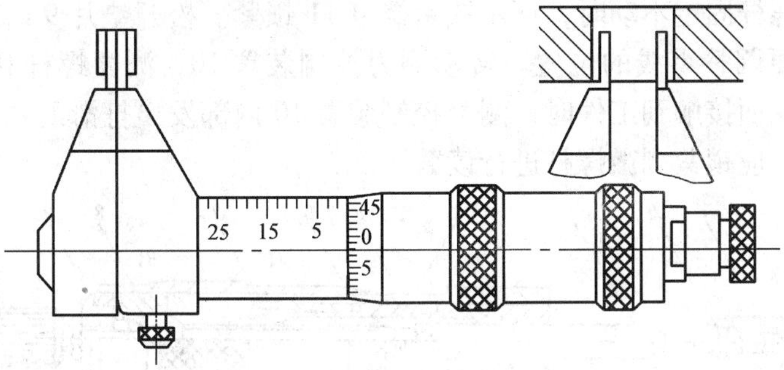

图 3-16　内测千分尺

（9）三爪内径千分尺　三爪内径千分尺是用来测量中小孔径尺寸，如图 3-17 所示。

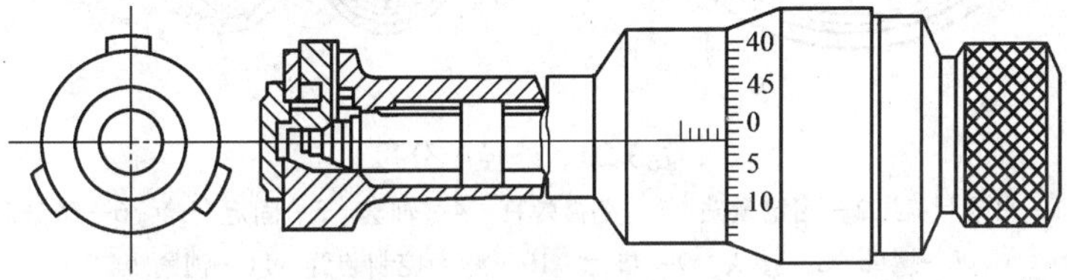

图 3-17　三爪内径千分尺

（10）尖头千分尺　尖头千分尺是用来测量一般游标卡尺难测量到的尺寸（如丝锥的沟槽直径尺寸），如图 3-18 所示。

（11）新型千分尺　新型千分尺是能直接显示测得值的千分尺（如数显千分尺、量表千分尺等），如图 3-19 所示。

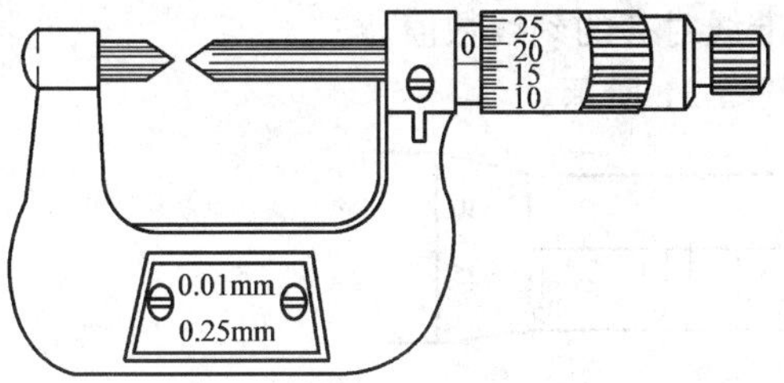

图 3-18　尖头千分尺

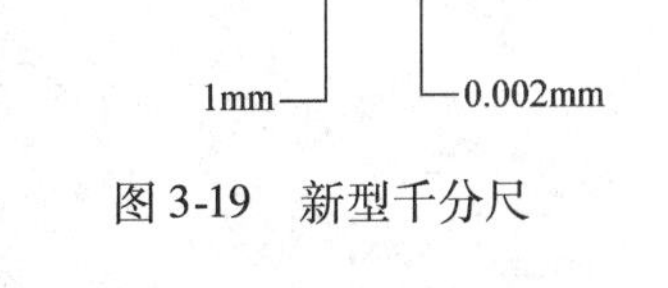

图 3-19　新型千分尺

千分尺的种类繁多，其中应用最广的是外径千分尺，下面仅对外径千分尺和内径千分尺作重点介绍。

1. 外径千分尺

（1）外径千分尺的构造　常用的外径千分尺（以下简称千分尺）的构造如图 3-20 所示。固定套筒 5 刻有刻度，内有螺纹轴套 4，其螺距为 0. 5mm。测微螺杆 3 右端的外螺纹螺距也为0.5mm，并与轴套4的内螺纹相配合。固定套筒5外表面有带刻度的微分筒6，它通过带锥度孔的接头8与测微螺杆后端的外锥体相连接。螺母7用来调节测微螺杆3转动时的松紧度。当测微螺杆固定不动时，可用锁紧螺钉11锁紧。松开垫片9时，可使测微螺杆与微分筒分离，以便调整零线的位置。转动测力控制装置10，测微螺杆和微分筒随之转动。当测微螺杆3左端面接触到工件时，测力控制装置10内部发出打滑的“咔、咔”两声，此时，测量力合适，应锁紧测微螺杆进行读数。

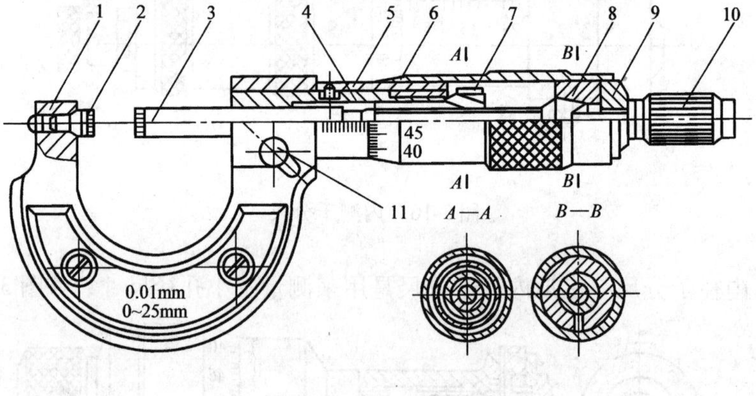

图3-20 外径千分尺

1—弓形尺架 2—固定量砧 3—测微螺杆 4—轴套 5—固定套筒 6—微分筒 7—螺母 8—接头 9—垫片 10—测力控制装置 11—锁紧螺钉

(2) 千分尺的刻线原理及读数方法 在微分筒6左端圆锥面上的圆周位置刻有50条等分刻线。当微分筒6旋转一周时，带动测微螺杆3轴向移动0.5mm；当微分筒旋转一格时，测微螺杆轴向移动0.5mm×1/50=0.01mm。因此，千分尺的分度值为0.01mm，即测量精度为0.01mm。在千分尺上读数步骤如下：

第一步，在固定套筒上读出其与微分筒边缘靠近的刻线数值（包括整毫米数和半毫米数）。

第二步，在微分筒上读出其与固定套筒的基准线对齐的刻线数值。

第三步，尺寸读数是把以上两个数相加，如图3-21所示。

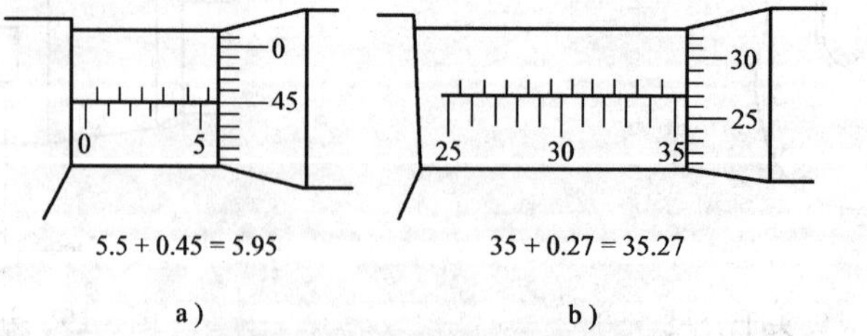

图3-21 千分尺读数方法

(3) 千分尺的测量范围和精度 千分尺是一种测量精度比较高的通用量具。按制造精度可分为0级和1级两种，0级精度较高，1级次之。千分尺的制造精度主要由它的示值误差和测量面平行度误差及尺架受力时变形量的大小来决定。常用千分尺的测量范围与精度要求见表3-3。

表 3-3　千分尺的精度要求　（单位：mm）

测量范围	示值误差		两测量面平行度	
	0 级	1 级	0 级	1 级
0 ~ 25	±0.002	±0.004	0.001	0.002
25 ~ 50	±0.002	±0.004	0.0012	0.0025
50 ~ 75、75 ~ 100	±0.002	±0.004	0.0015	0.003
100 ~ 125、125 ~ 150		±0.005		
150 ~ 175、175 ~ 200		±0.006		
200 ~ 225、225 ~ 250		±0.007		
250 ~ 275、275 ~ 300		±0.007		

测量不同公差等级工件时，应首先检验标准规定，合理地选用千分尺。千分尺一般可用来测量尺寸公差等级 IT9 ~ IT11 的工件。不同精度千分尺的适用范围见表 3-4。

表 3-4　外径千分尺的使用范围

千分尺的精度级别	被测件的公差等级	
	适用范围	合理使用范围
0 级	IT8 ~ IT16	IT8 ~ IT9
1 级	IT9 ~ IT16	IT9 ~ IT10
2 级	IT10 ~ IT16	IT10 ~ IT11

（4）千分尺的使用方法和注意事项　使用千分尺可用单手，如图 3-22a 所示；也可用双手，如图 3-22b 所示。

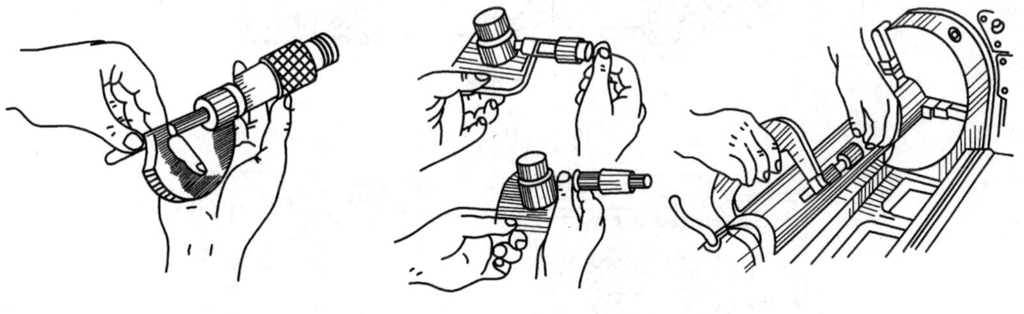

a）　b）

图 3-22　千分尺正确使用方法

a）单手使用千分尺　b）双手使用千分尺

使用千分尺时注意事项如下：

1）应保持测量面的清洁。

2）使用前检查微分筒零线，使其与固定套筒的基准线对齐。

3）测量时，先直接转动微分筒。当测量面接近工件时，改用测力装置，直到发出“咔、咔”声为止。

4）测量时要握持隔热手柄处，将千分尺放正并注意温度的影响。

5）不能把千分尺测量毛坯件及未加工表面。

6）不能在工件转动时进行测量。

7）不能把千分尺当锤子使用，击打其他物品。

（5）千分尺的维护保养

1）使用时或使用后都要避免发生摔碰。

2）不允许用砂纸或硬的金属刀具去污或除锈。

3）千分尺不能与其他工具混放，且使用后要擦净、上油，放进盒内，防锈防尘。

4）大型的千分尺要平放在盒内，以免引起变形。

2. 内径千分尺

（1）内径千分尺的构造　内径千分尺的构造如图3-23所示。固定测头1带有球面的测量面，被压入固定套筒3的左端孔中，测微螺杆5的右端是一个带球面形测量面的活动测头。拧紧后盖8，使微分筒6和测微螺杆5连成一体，旋转微分筒，则在活动测头转动的同时还要沿轴面移动。活动测头的移动量只有13mm，为了扩大测量范围，可用各种长度的接长杆。连接接长杆时，首先将保护螺母除去，再把接长杆的右端旋在内径千分尺的左端。接长杆是成套的，每套内径千分尺还附有校对微分头零位的卡规。

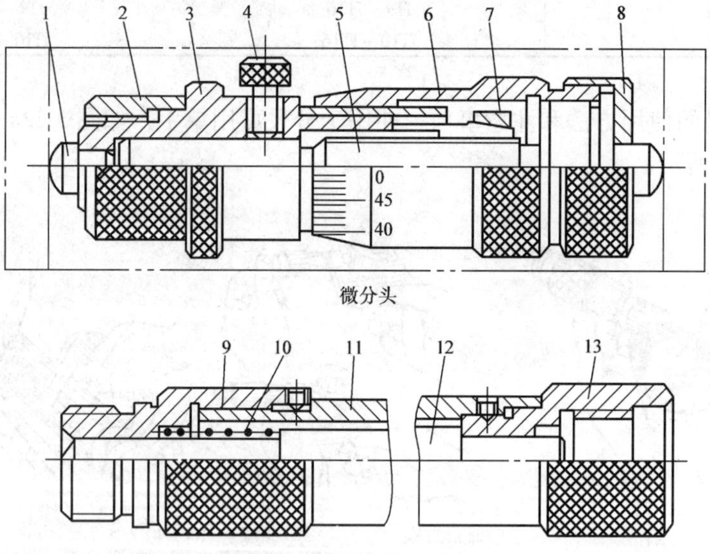

图3-23　内径千分尺

1—固定测头　2—螺母　3—固定套筒　4—紧固装置　5—测微螺杆　6—微分筒　7—调节螺母　8—后盖　9、13—管接头　10—弹簧　11—套筒　12—量杆

（2）内径千分尺的精度及测量范围　内径千分尺的测量范围为50～250mm、50～600mm、150～1400mm、150～2000mm、1000～3000mm、1000～4000mm、1000～5000mm。内径千分尺的分度值是0.01mm，其示值误差见表3-5。

表 3-5 内径千分尺的示值误差 （单位：mm）

测量范围	示值误差	测量范围	示值误差	测量范围	示值误差
由 50 ~ 125	±0.006	>500 ~ 800	±0.020	>2000 ~ 2500	±0.040
>125 ~ 200	±0.009	>800 ~ 1250	±0.025	>2500 ~ 3150	±0.050
>200 ~ 325	±0.012	>1250 ~ 1600	±0.030	>3150 ~ 4000	±0.060
>325 ~ 500	±0.015	>1600 ~ 2000	±0.035	>4000 ~ 5000	±0.070

（3）内径千分尺的使用方法和注意事项 测量前要校准零位。测量时，先将内径千分尺调整到比孔径略小一些，再把内径千分尺放入被测孔内，左手握住固定套筒或接长杆套筒，把固定测头轻轻地压在被测孔壁上不动。然后用右手慢慢转动微分筒，让活动测头在被测孔壁上的轴向和圆周方向摆动，直到在轴向找到最小值和在径向找到最大值为止，即得到正确的测得值。一般长度孔应在不同方向上进行测量，长孔还应在不同轴向截面上进行测量。

使用内径千分尺的注意事项如下：

1）接长杆由长到短顺序排列，使用数量越少越好，以便减小累积误差。

2）被测面的曲率半径不宜太小。

3）防止温度的影响，温度过高或过低都能引起被测件变形。

4）测量时，避免用力把内径千分尺压进孔内。防止测量面磨损或使接长杆变形。

5）大型内径千分尺使用后应平放或垂直吊挂，以防止变形。

五、百分表

1. 指示式（或机械式）量具简介

百分表是利用机械传动件，如齿轮、齿条、杠杆或扭簧等，将被测工件的尺寸数值放大，并由读数装置指示出来的一种测量工具。这种量具回程误差较大，但由于其具有体积小、结构简单、使用方便和价格便宜等优点，在计量室和车间中得到广泛的应用。

指示式量具的结构形式是多种多样的，但其工作原理相同，主要用于长度的相对测量以及表面形位误差的测量，百分表的种类很多，根据结构和用途不同，可分为

（1）百分表（分度值为 0.01mm）和千分表（分度值为 0.001mm） 百分表和千分表如图 3-24 所示。主要用于测量长度尺寸、形位误差，检验机床的几何精度等，是机械加工生产和机械设备维修中不可缺少的量具。

（2）杠杆式百分表和杠杆式千分表 杠杆式百分表和杠杆式千分表如图 3-25 所示。主要是用来测量零件的几何精度或调整工件的装夹位置以及用比较法测量尺寸等。

（3）内径百分表和内径千分表 内径百分表和内径千分表如图 3-26 所示。主要用比较法测量孔或糟宽的形状误差及尺寸大小。

（4）杠杆齿轮比较仪 杠杆齿轮比较仪如图 3-27 所示。主要用于测量外表面尺寸的形状和位置误差（如径向跳动和端面跳动等），也可用做其他精密测量的指示表头。

（5）扭簧比较仪 扭簧比较仪如图 3-28 所示。主要用比较法测量高精度被测件长度尺寸、形位误差。扭簧比较仪的分度值有 0.01mm、0.0005mm、0.0002mm、0.0001mm 四种，其标尺的标尺范围分别在 ±0.030mm、±0.015mm、±0.006mm、±0.003mm 的区间内。

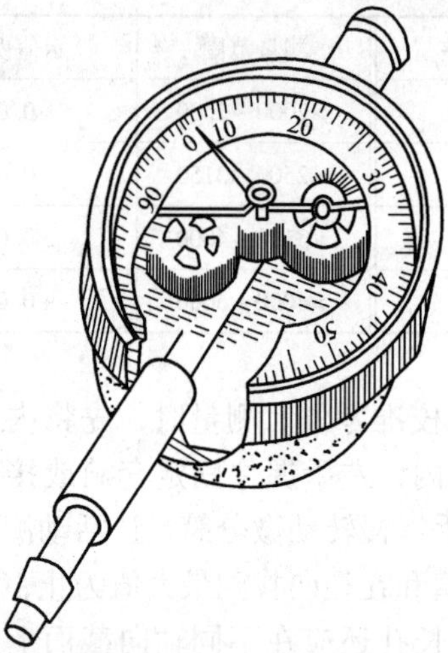

图 3-24 百分表

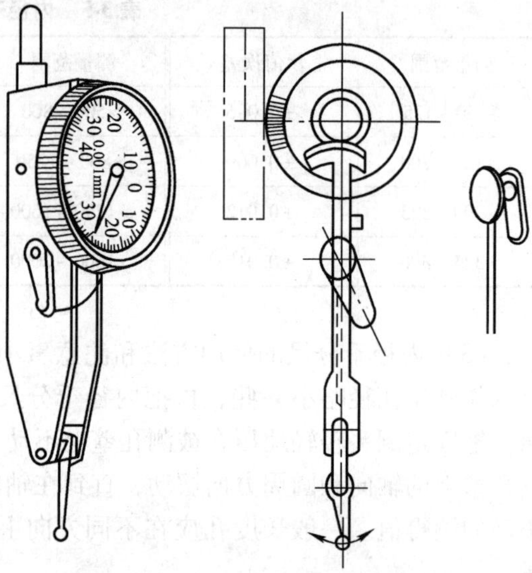

图 3-25 杠杆式百分表

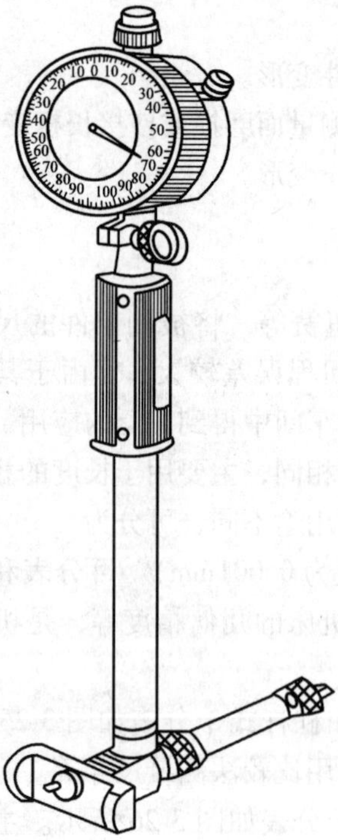

图 3-26 内径百分表

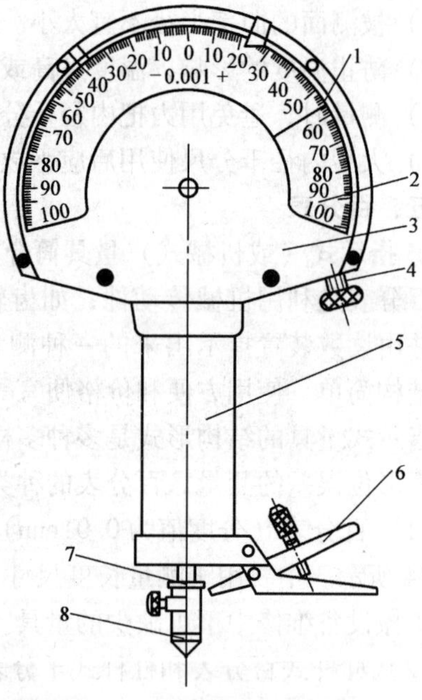

图 3-27 杠杆齿轮比较仪

1—指针 2—表盘 3—表壳 4—调零旋钮

5—套筒 6—拨叉 7—测量杆 8—测头

2. 百分表的结构、刻线原理和读数方法

(1) 百分表结构及传动　百分表结构及传动如图 3-29 所示。

当带有齿条的量杆 1 上下移动时，带动与齿条啮合的小齿轮 5 转动，此时与小齿轮 5 固定在同一轴上的大齿轮 4 也跟着一起转动。通过大齿轮 4，即可带动小齿轮 3 及与小齿轮 3

固定在同一轴上的长指针 8。这样通过齿轮传动机构，就可以将量杆的微小位移扩大转变为指针的偏转。

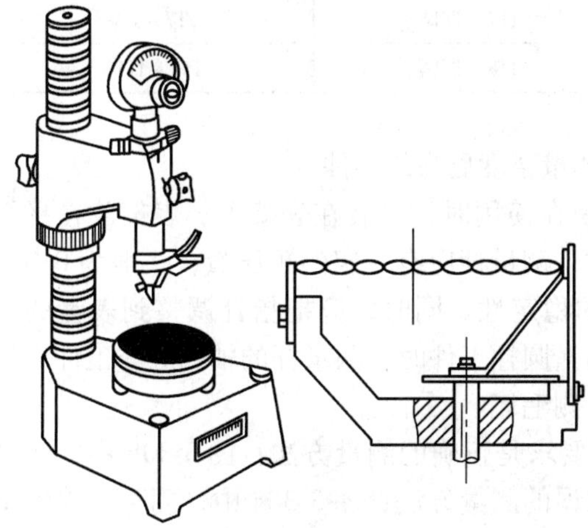

图 3-28 扭簧比较仪

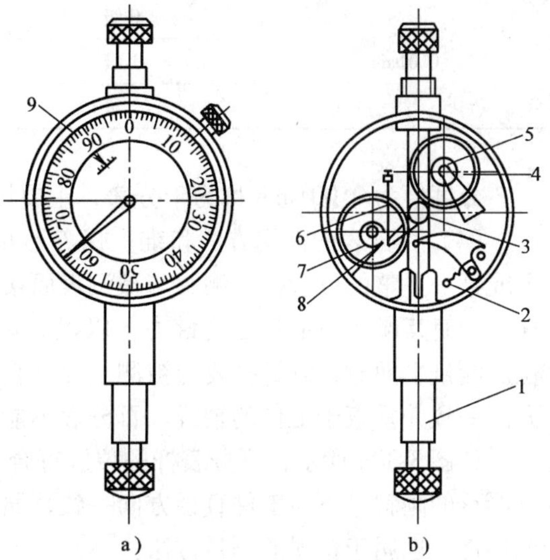

图 3-29 百分表结构及传动原理

1—量杆 2—弹簧 3、5—小齿轮

4、7—大齿轮 6—游丝 8—长指针 9—短指针

游丝 6 用于消除齿轮传动机构中由于齿侧间隙而引起的测量误差。游丝产生的扭矩作用在与小齿轮 3 啮合的大齿轮 7 上。因为大齿轮 4 也与小齿轮 3 啮合，这样可以保证在正反转时，都能在同一齿侧面啮合。弹簧 2 起到控制百分表测量力的作用。

（2）百分表刻线原理和读数方法 百分表的分度值为 0. 01mm，表面刻度盘上共有 100 等分格。按百分表的齿轮传动机构的传动原理，量杆移动 1mm 时，指针回转一圈。当指针偏转 1 格时，量杆移动的距离为 $L = 1\text{mm} \times 1/100\text{mm} = 0.01\text{mm}$。

读数方法是：先读短指针 9 与起始位置“0”之间的整数，再读长指针 8 在表盘上所指的小数部分值，两个数值等单位相加就是被测尺寸。

（3）百分表的测量范围和精度 百分表的测量范围是指测量杆的最大移动量，一般有 0 ~3mm、0 ~5mm、0 ~10mm 三种。

百分表制造精度可分为 0 级和 1 级两种，0 级精度较高，1 级次之。使用时应根据被测量零件的精度要求选用，见表 3-6 和表 3-7。

表 3-6 百分表的主要技术参数 （单位：μm）

精度等级	示值误差			任意 1mm 内的示值误差	示值变化	回程误差
	0 ~3mm	0 ~5mm	0 ~10mm			
0 级	9	11	14	6	3	4
1 级	14	17	21	10	3	6
（2 级）	20	25	30	18	5	10

表 3-7 百分表的使用范围

分 度 值	精度等级	被测件的公差等级	
		适用范围	合理使用范围
0.01mm	0 级	IT7 ~ IT14	IT7 ~ IT8
	1 级	IT7 ~ IT16	IT7 ~ IT9
	（2 级）	IT8 ~ IT16	IT8 ~ IT10

分度值为 0.001mm 称为千分表，主要用于测量精度更高的零件。

（4） 百分表的使用方法和维护保养 百分表在使用时，可装在表架上。表架放在平板上或某一平整的位置上。测头与被测表面接触时，测量杆应有一定的预压量，一般为 0.3 ~ 1mm，使其保持一定初始测量力，以提高示值的稳定性。同时，应把指针调整到表盘的零位。测量平面时，测量杆要与被测表面垂直。测量圆柱工件时，测量杆的轴线应与工件直径方向一致并垂直于工件的轴线。百分表不能用来测毛坯。

如图 3-30a 所示，百分表杆的位置符合上述要求是正确的测量方法；图 3-30b 中，测量杆严重的倾斜，不与工件直径方向一致，属于错误的测量方法；图 3-30c 中，用百分表测量毛坯件，也属于错误的测量方法。

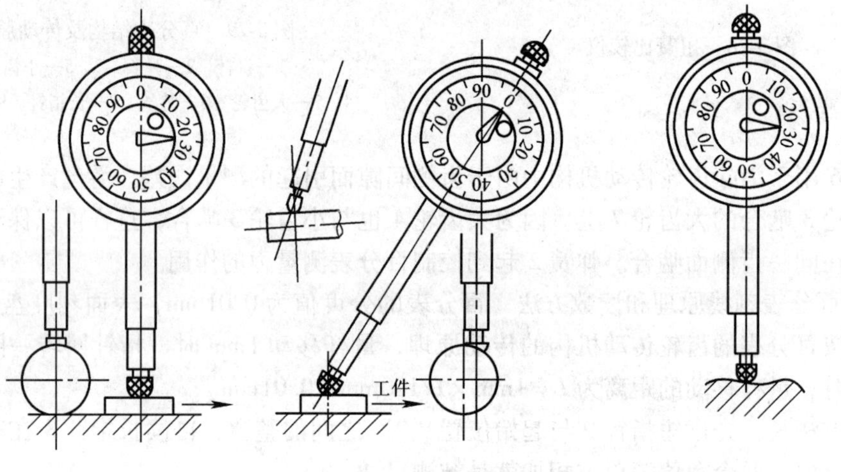

图 3-30 测量平面及圆柱形工件时的测量杆位置
a）正确 b）错误 c）错误

百分表的维护保养如下：

1） 拉压测量杆的次数不宜过频，距离不要过长，测量杆的行程不要超出它的测量范围。

2） 使用百分表测量工件时，不能使测头以某一冲击力落在工件的表面上。

3） 不能用手握测量杆，也不要把百分表同其他工具混放在一起。

4） 使用表座时，要放稳安牢。

5） 严防水、油液、灰尘等进入表内。

6）用后擦净、擦干放入盒内，使测量杆处于非工作状态，避免表内弹簧失效。

3. 内径百分表

（1）内径百分表的构造　图3-31所示是一种杠杆式的内径百分表，主体件3是一个三通管，在一端装有活动测头1，另一端装可换测头2，管口的一端通过直管4安装百分表7，弹簧6是控制测力的。百分表7的量杆与传动杆5始终接触，通过弹簧6经传动杆5，杠杆8向外顶紧活动测头1。测量时，活动测头1被工件压缩而移动，使等臂杠杆8回转，并通过传动杆5推动百分表7的量杆，使百分表指针回转。由于杠杆8是等臂的，当活动测头移动1mm时，传动杆5也移动1mm，推动百分表指针回转一圈。因此活动测头的移动量可以在百分表上读出。

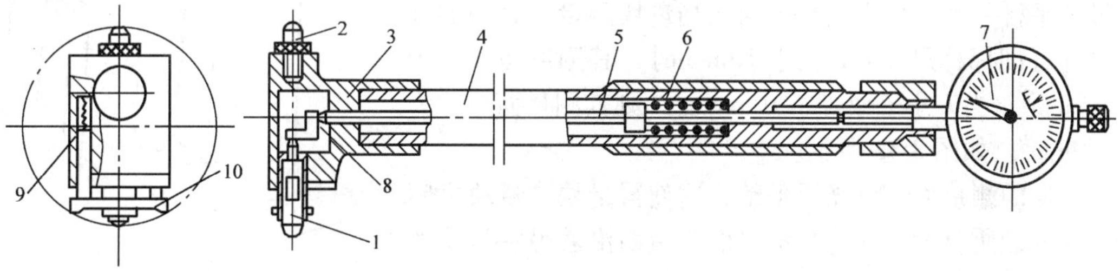

图3-31　内径百分表

1—活动测头　2—可换测头　3—主体件　4—直管　5—传动杆
6—弹簧　7—百分表　8—杠杆　9—弹簧　10—定位护桥

弹簧9对活动测头起控制作用，定位护桥10起找正直径位置的作用，它保证了活动测头1和可换测头2的轴线位于被测孔的直径位置。

（2）内径百分表测量范围　内径百分表的测量范围是由可换测头来确定的。内径百分表的分度值为0.01mm，主要技术参数见表3-8。

表3-8　内径百分表的主要技术参数　（单位：mm）

测量范围		10～18	18～35	35～50	50～100	100～160	160～250	250～450
活动测头工作行程		0.8	1.0	1.2	1.6	1.6	1.6	1.6
测孔深度 H	Ⅰ型	≤70	≤80	≤90	≤100	≤150	≤200	≤250
	Ⅱ型	>130	>135	>150	>200	>300	>400	>500
示值误差		0.012	0.015	0.015	0.020	0.020	0.020	0.020

（3）内径百分表使用方法及注意事项　用内径百分表测量孔径是一种相对的测量方法。测量前应根据被测孔径的尺寸大小，在千分尺或其他量具上调整好尺寸后才能进行测量。所以在内径百分表上的数值是被测孔径的实际尺寸与标准孔径尺寸之差。使用内径百分表时，当指针正好指在零刻线上时，说明被测孔径与标准孔径相等；若指针顺时针方向偏转，表示被测孔径小于标准孔径，反之大于标准孔径。

在使用内径百分表时，除遵守一般百分表使用时的注意事项外，还必须注意以下两点：

1）调整好尺寸的内径百分表，在测量孔径时，先定心，再使测量头轴线与孔壁垂直，在孔的轴线方向微微地摆动，找出最小的读数值。

2）测量时，按压测头要小心，不能用力过大或过快，不要使活动测头受到剧烈振动。

六、量块

1. 量块的用途和结构简介

量块又称块规，是一种没有刻度的端面量具，也是保持度量统一的重要量具。量块用耐磨材料（一般为 CrWMn 钢）制成，硬度高，尺寸稳定性好，线膨胀系数小，在工厂使用的量具中，量块常作为长度的基准；也用作检定和校准量具与量仪的基准量具，在相对测量时用来调整测量器具的零位；在某些情况下，量块可用于精密测量，也可用于机床的调整。

量块的结构很简单，其形状有长方体和圆柱体两种，其中长方体量块应用广泛。长方体量块有两个经过精密加工过的平行平面，作为测量平面。当量块测量面之间的基本尺寸（即标称尺寸）L 大于 10mm 时，其测量面尺寸为 $35\times9mm^2$；当 L 小于或等于 10mm 时，则其测量面尺寸为 $30\times9mm^2$。如图 3-32 所示。

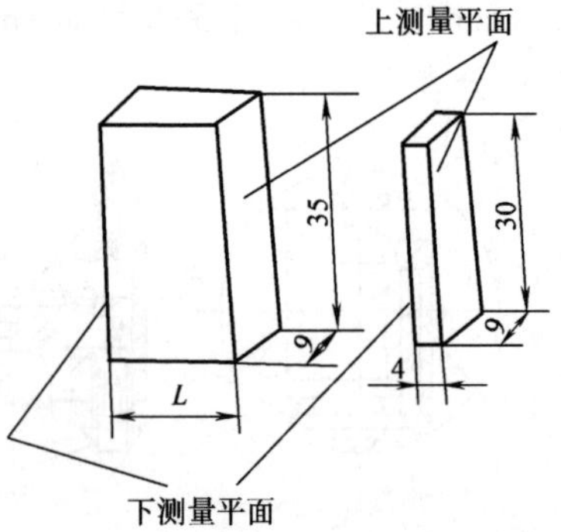

图 3-32 量块

量块的测量面十分光滑平整，这使得量块与量块之间具有良好的研合性。如将一量块的测量面沿着另一量块的测量面滑动，同时用手稍加压力，两块量块便能研合在一起。量块的这种通过分子吸力的作用而粘合的性能就叫做量块的研合性。利用这种研合的特性，在使用时可以把尺寸不同的量块组合成量块组，以提高利用率。

为了能够把量块组成各种尺寸，量块是成套制造的，形成系列尺寸，把量块装在特制的盒子里。常用成套量块的尺寸见表 3-9。

表 3-9 成套量块尺寸

套别	总块数	级别	公称尺寸/mm	间隔/mm	块数
1	83	0,1,2,3	0.5	—	1
			1	—	1
			1.005	—	1
			1.01,1.02,…,1.49	0.01	49
			1.5,1.6,…,1.9	0.1	5
			2.0,2.5,…,9.5	0.5	16
			10,20,…,100	10	10
2	46	0,1	1	—	1
			1.001,1.002,…,1.009	0.001	9
			1.01,1.02,…,1.09	0.01	9
			1.1,1.2,…,1.9	0.1	9
			2,3,…,9	1	8
			10,20,…,100	10	10
3	38	1,2,3	1	—	1
			1.005	—	1
			1.01,1.02,…,1.09	0.01	9
			1.1,1.2,…,1.9	0.1	9
			2,3,…,9	1	8
			10,20,…,100	10	10

把量块组合成一定尺寸时的方法：先从所给定的尺寸最后一位数字考虑，每选一块应使尺寸的位数减少1~2位，使量块数量尽可能少，以减小累积误差。

例如，要组成38.935mm的尺寸，若采用83块一套的量块，其选用的方法是：

38.935
- 1.005 ——————第一块量块尺寸为1.005mm
37.93
-1.43 ——————第二块量块尺寸为1.43mm
36.5
- 6.5 ——————第三块量块尺寸为6.5mm
30 ——————第四块量块尺寸为30mm

2. 量块的精度

量块的尺寸按制造精度分为0、1、2、3四级，其中0级精度最高，3级精度最低。各级量块的允许偏差见表3-10。

表3-10 各级量块的允许偏差

公称尺寸/mm	0级		1级		2级		3级	
	中心长度偏差	平面平行度偏差	中心长度偏差	平面平行度偏差	中心长度偏差	平面平行度偏差	中心长度偏差	平面平行度偏差
	±μm							
~10	0.10	0.10	0.20	0.20	0.5	0.20	1.0	0.4
>10~18	0.15	0.10	0.25	0.20	0.6	0.20	1.0	0.4
>18~30	0.15	0.10	0.30	0.20	0.6	0.20	1.0	0.4
>30~50	0.20	0.12	0.35	0.25	0.7	0.25	1.5	0.5
>50~80	0.25	0.12	0.45	0.25	0.8	0.25	1.5	0.5
>80~120	0.30	0.15	0.6	0.3	1.0	0.3	2.0	0.6

表3-10中的中心长度，是指量块的一个测量平面的中心到与量块的另一个测量平面相研合的平晶（平晶是一块厚度为25mm，直径为80~100mm的圆柱形光学玻璃）表面间的垂直距离，如图3-33所示。制造高精度的量块工艺要求高，成本也很高。在量块使用中又不可避免地会产生磨损，造成尺寸精度的下降。因此在实际使用时，常把量块的实际尺寸检定出来，按量块的实际尺寸使用，这样量块的使用尺寸精度就比较高。

量块按检定精度可分为1、2、3、4、5、6共六等。各等精度量块的允许偏差见表3-11。

例如，标称尺寸为10mm的2级量块，查表3-10得其中心长度的极限偏差是±0.5μm，如按级使用，其误差不大于±0.5μm。若检定该量块，按表3-11，最高可检定为4等量块，其测量的不确定度为±0.20μm。若检定所得实际中心长度为9.9996mm，如按等使用，即按9.9996mm使用，其不可避免地带有检定时的测量误差，

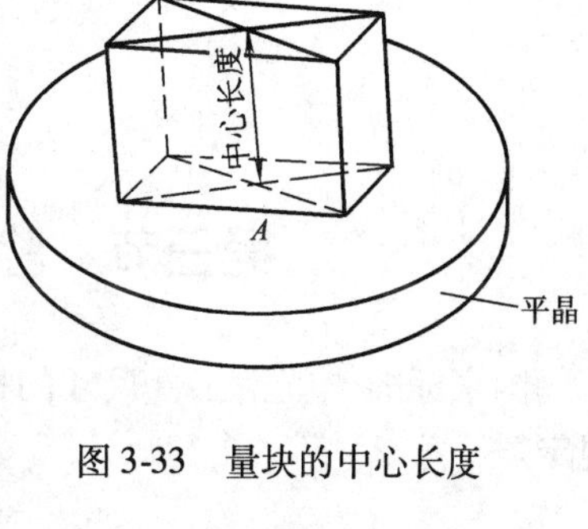

图3-33 量块的中心长度

但该测量误差不大于±0.20μm。因此，按等使用比按级使用更精确。可见，按“级”使用量块时，是根据量块上的基本尺寸，而不考虑制造误差；按“等”使用时，是根据量块的实际尺寸，而不考虑检定量块实际尺寸时的测量误差。

表 3-11　各等量块的允许偏差

公称尺寸/mm	1等		2等		3等		4等		5等		6等	
	中心长度测定误差	平面平行度偏差	中心长度测定误差	平面平行度偏差	中心长度测定误差	平面平行度偏差	中心长度测定误差	平面平行度偏差	中心长度测定误差	平面平行度偏差	中心长度测定误差	平面平行度偏差
	±μm											
~3	0.05	0.10	0.07	0.10	0.10	0.20	0.20	0.20	0.5	0.4	1.0	0.4
>3~6	0.05	0.10	0.07	0.10	0.10	0.20	0.20	0.20	0.5	0.4	1.0	0.4
>6~10	0.05	0.10	0.08	0.10	0.10	0.20	0.20	0.20	0.5	0.4	1.0	0.4
>10~18	0.06	0.10	0.08	0.10	0.15	0.20	0.25	0.20	0.6	0.4	1.0	0.4
>18~30	0.06	0.10	0.09	0.10	0.15	0.20	0.30	0.20	0.6	0.4	1.0	0.4
>30~50	0.07	0.12	0.10	0.12	0.20	0.25	0.35	0.25	0.7	0.5	1.5	0.5
>50~80	0.08	0.12	0.12	0.12	0.25	0.25	0.45	0.25	0.8	0.5	1.5	0.5
>80~120	0.10	0.15	0.15	0.15	0.30	0.30	0.60	0.30	1.0	0.6	2.0	0.6

3. 量块使用范围的扩大

采用量块附件扩大量块的使用范围，附件主要包括夹持器和各种量爪图3-34a。将量块和附件一起装配，可以用来测量外径、内径尺寸和划线，如图3-34b所示。

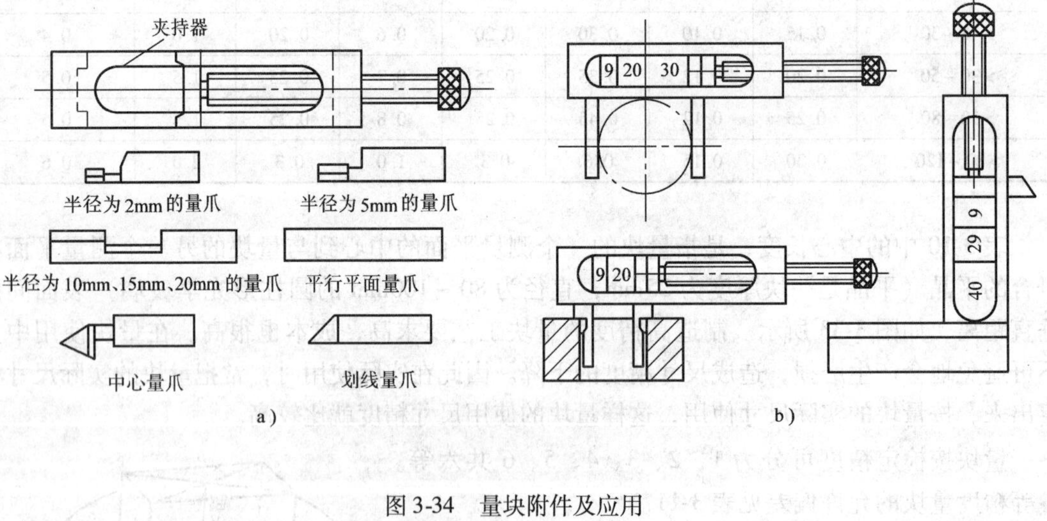

图3-34　量块附件及应用

第三节　验收极限与计量器具的选择原则

国家标准《光滑工件尺寸的检验》GB/T 3177—1997 对验收极限、计量器具的选用作了规定。

一、验收极限

验收极限是检验工件尺寸时判断其是否合格的尺寸界限。在测量工件时，不论选用何种量具，都有测量误差。为保证零件的测量质量，实际尺寸可靠，验收标准规定：验收测量极限从技术要求规定的极限尺寸向零件的公差带内移动一个不确定度的允许值 A。A 值称为安全裕度，如图 3-35 所示。

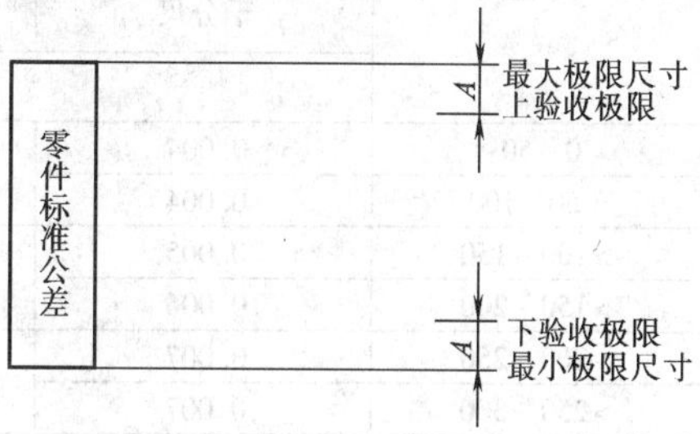

图 3-35　验收极限与公差关系图

上验收极限 = 最大极限尺寸 $-A$

下验收极限 = 最小极限尺寸 $+A$

为了保证零件的使用质量和互换性，防止“误收”，A 值应控制在规定的范围内。A 值过大，会产生公差过小，给生产带来困难；A 值过小，要求测量精度提高。A 值与零件的公差关系见表 3-12。

表 3-12　安全裕度及计量器具不确定度的允许值　（单位：mm）

零件公差		安全裕度 A	计量器具不确定度允许值 U_1
大于	至		
0.009	0.018	0.001	0.0009
0.018	0.032	0.002	0.0018
0.032	0.058	0.003	0.0027
0.058	0.100	0.006	0.0054
0.100	0.180	0.010	0.0090
0.180	0.320	0.018	0.0160
0.320	0.580	0.032	0.0290
0.580	1.000	0.060	0.0540
1.000	1.800	0.100	0.0900
1.800	3.200	0.180	0.1600

为了方便应用，可以认为不确定度是由两部分组成，主要部分是测量器具的不确定度，其值用 U_1 表示，大小不超过 $0.9A$；次要部分是由测量温度、零件的形状误差及压陷效应等因素所引起的不确定度，其值用 U_2 表示。

按照随机不确定度的合成规则，得

$$\sqrt{U_1^2+U_2^2}=\sqrt{(0.9A)^2+(0.54A)^2}\approx 1.00A \tag{3-3}$$

零件公差 T 和测量器具不确定的允许值见表 3-13 和表 3-14。

二、计量器具的选用

测量零件时，测量器具的选择是根据被测零件的数量、材质特性、公差值大小及几何形状特点等来确定的。在确保测量精度的前提下，应考虑测量工具的度量指标，以及测量工艺的实施可能性和经济指标。这些都是选择计量器具的基本原则。

量具的精度应与被测零件的公差大小相适应。被测零件的公差等级高，公差值小，选择的量具精度也相应较高。

表3-13　普通计量器具的不确定度　（单位：mm）

<table>
<tr><th rowspan="3">尺寸范围</th><th colspan="4">测量器具类型</th></tr>
<tr><th>分度值0.01外径千分尺</th><th>分度值0.01内径千分尺</th><th>分度值0.02游标卡尺</th><th>分度值0.05游标卡尺</th></tr>
<tr><th colspan="4">不确定度 U_1</th></tr>
<tr><td>0~50</td><td>0.004</td><td rowspan="2">0.006</td><td rowspan="6">0.020</td><td rowspan="6">0.050</td></tr>
<tr><td>>50~100</td><td>0.004</td></tr>
<tr><td>>100~150</td><td>0.005</td><td rowspan="2">0.009</td></tr>
<tr><td>>150~200</td><td>0.006</td></tr>
<tr><td>>200~250</td><td>0.007</td><td rowspan="2">0.012</td></tr>
<tr><td>>250~300</td><td>0.007</td></tr>
<tr><td>>300~350</td><td>0.008</td><td rowspan="4">0.016</td><td rowspan="4">0.040</td><td rowspan="4">0.070</td></tr>
<tr><td>>350~400</td><td>0.008</td></tr>
<tr><td>>400~450</td><td>0.010</td></tr>
<tr><td>>450~500</td><td>0.010</td></tr>
<tr><td>>500~600</td><td>0.012</td><td rowspan="3">0.020</td><td rowspan="5">0.060</td><td rowspan="5">0.100</td></tr>
<tr><td>>600~700</td><td>0.014</td></tr>
<tr><td>>700~800</td><td>0.016</td></tr>
<tr><td>>800~900</td><td>0.018</td><td rowspan="2">0.025</td></tr>
<tr><td>>900~1000</td><td>0.020</td></tr>
</table>

表3-14　比较仪及指示表的不确定度　（单位：mm）

<table>
<tr><th rowspan="2">零件尺寸 / 零件公差</th><th colspan="9">不确定度 U_1</th><th rowspan="2">所使用的器具</th></tr>
<tr><th>≤25</th><th>≤40</th><th>≤60</th><th>≤90</th><th>≤115</th><th>≤165</th><th>≤215</th><th>≤265</th><th>≤315</th></tr>
<tr><td>>0.009~0.018</td><td>0.0006</td><td>0.0007</td><td colspan="2">0.0008</td><td>0.0009</td><td>0.0010</td><td>0.0012</td><td>0.0014</td><td>0.0016</td><td>比较仪，放大率2000倍</td></tr>
<tr><td>>0.018~0.032</td><td colspan="2">0.0010</td><td colspan="2">0.0011</td><td>0.0012</td><td>0.0013</td><td>0.0014</td><td>0.0016</td><td>0.0017</td><td>比较仪，放大率1000倍</td></tr>
<tr><td>>0.032~0.058</td><td>0.0017</td><td colspan="3">0.0018</td><td colspan="2">0.0019</td><td>0.0020</td><td>0.0021</td><td>0.0022</td><td>比较仪，放大率400倍</td></tr>
<tr><td>>0.058~0.100</td><td colspan="6">0.003</td><td colspan="3">0.0035</td><td>比较仪，放大率250倍</td></tr>
<tr><td>>0.100~0.180</td><td colspan="5">0.005</td><td colspan="4">0.006</td><td rowspan="3">分度值0.002的指示表</td></tr>
<tr><td>>0.180~0.320</td><td colspan="9">0.010</td></tr>
<tr><td>>0.320~0.580</td><td colspan="9">0.018</td></tr>
<tr><td>>0.058~1.000</td><td colspan="9">0.030</td><td rowspan="3">分度值0.001的指示表</td></tr>
<tr><td>>1.000~1.800</td><td colspan="9">0.05</td></tr>
<tr><td>>1.800~3.200</td><td colspan="9">0.10</td></tr>
</table>

例1　零件尺寸为 ϕ200h12，试确定验收极限和选择的量器。

解

（1）查表2-1确定尺寸公差IT12 =0.46mm

（2）查表3-12得测量不确定度的允许值 A 和计量器具不确定度 U_1

$A = 0.032\text{mm}$，$U_1 = 0.9 \times A = 0.029\text{mm}$

（3）由表3-13查出分度值为0.02mm的游标卡尺可以满足不确定度U_1的要求（$0.02 < 0.029$）。

（4）确定验收极限，根据图3-35可知：

上验收极限 = 最大极限尺寸 $- A = (200 - 0.032)\text{mm} = 199.968\text{mm}$

下验收极限 = 最大极限尺寸 − 工件公差 $+ A$

$= (200 - 0.46 + 0.032)\text{mm} = 199.572\ \text{mm}$

第四节　测量误差

一、概述

1. 测量误差的基本概念

任何一个测量过程，无论测量方法如何正确，采用的计量器具的精度如何高，其测得值都不可能是被测要素的几何真值。即使在同一条件下，对同一被测量要素重复测量，其测得结果也不一定完全相同，只能与其真值相近似。

这种由于计量器具本身的误差和测量条件的限制而使测量结果与被测量要素的真值之差，称为测量误差。

计量工作者的任务在于减少测量误差，获得比较可靠的测量结果，来满足检测需要。

测量误差常用绝对误差和相对误差两种指标评定。

（1）绝对误差δ　绝对误差是测量结果与被测量要素的真值之差，即

$$\delta = L - L_1 \tag{3-4}$$

式中　δ——测量误差；

L_1——被测量要素真值；

L——测量结果。

测量结果L可能大于或小于被测量要素真值L_1，所以误差δ可能是正值也可能是负值。即$L = L_1 \pm |\delta|$。

上式说明测量误差绝对值的大小，决定了测量的精确度。误差愈大，测量的精确度就愈低，反之则愈高。

（2）相对误差f　当被测要素的几何量大小不同时，就不能用绝对误差来评定测量精度，而应采取另一项指标——相对误差来评定。

所谓相对误差，是指测量的绝对误差与被测几何量真值之比，即

$$f = |\delta| / L_1 \tag{3-5}$$

由于真值是未知的，故在实际中就使用测量实际尺寸结果L代替L_1。

2. 测量误差的来源

（1）量具误差　量具误差是指计量器具本身的误差。如计量器具在设计、制造和使用中所产生的误差，这些误差将会集中反映在量具的示值和测量的重复性上，从而直接影响量具测量时的精确度。

（2）方法误差　方法误差是由于测量方法不当或不完善引起的误差。计算公式不准确、测量方法不当、工件的安装和定位不正确，都会引起测量误差。

（3）环境误差　环境引起的误差是由于测量时与规定的条件不一致所引起的误差。如温度、湿度、气压、振动、灰尘等不符合规定要求时产生的测量误差。

（4）人员误差　人员误差是指由于测量人员的主观因素和操作技术所引起的误差。如测量人员使用计量器不正确，读尺的姿势不正确存在读尺视差等造成的测量误差。

二、测量误差的分类

测量误差按误差的性质和误差出现的规律，可将测量误差分为三类：系统误差、随机误差和粗大误差。

1. 系统误差

在相同的条件下，多次重复测量同一量值时，误差的绝对值和符号保持不变（例如用比较仪测量零件时，调整仪器所用量块的误差）；或在条件改变时，按某一个确定的规律变化的误差。前者称为常值系统误差，后者称为变值系统误差。所谓的规律，是指这种误差可以归结为某一个因素或几个因素的函数。例如在长度测量中由于温度变化而引起的测量误差等。当测量条件一定，系统误差就获得一个客观上的定值，这种测量误差就称为系统误差。有时候也把系统误差按照对误差变化规律掌握的程度分为已定系统误差和未定系统误差，已定系统误差的规律是可以把握的，可以设法消除。未定系统误差的规律无法掌握，往往按随机误差处理。

2. 随机误差

在相同的条件下，多次重复测量同一量值时，误差绝对值和符号以不同的预定方式变化着的误差。所谓随机，是指在单次测量中，误差的出现没有规律可循。但若进行多次重复测量时，误差服从统计规律。随机误差主要是由一些随机因素（如环境变化等）引起的误差。

3. 粗大误差

粗大误差是指超出规律条件下预计的误差，即由于测量不正确等原因引起的严重超出规定条件下预计误差极限的误差。如测量时读错、算错、记错等，突然振动等客观条件剧变或经验不足等因素所引起的误差都是粗大误差。这种误差明显歪曲测量结果，容易剔出，因此，一个正确的测量不包括粗大误差。

三、随机误差的特性

实际测量过程中，各项误差合成后得到的总的极限误差称为测量的不确定度，它表示由于测量过程中各项误差影响而使测量结果不能肯定的误差范围。由于粗大误差能够被及时发现而剔出，已定系统误差可以消除或在测量结果中加以修正，因此测量的不确定度除了一些未定系统误差外，主要包含随机误差。误差越大，测量精度越低，应研究随机误差的特性。

我们可以做这样一个实验：对某一个零件在相同条件下进行150次重复测量，可得150个测得值，然后将测得值进行分组，从7.31mm，7.32mm，……，7.41mm，每隔0.01mm为一组，分十一组，各测得值及出现次数见表3-15。若以横坐标表示测得值 X_i，纵坐标表示相对出现次数 N_i/N（N_i 为某一测得值出现的次数，N 为测量的总次数），则得图3-36a所示的图形，称为实际分布曲线。如果测量总次数 N 无限多（$N \to +\infty$），而 ΔX 分得很细（$\Delta X \to 0$），则可得到如图3-36b所示的光滑曲线，即随机误差的正态分布曲线，也称为高斯曲线。

从上述测量结果和图中可以看出，服从正态分布规律的随机误差具有以下四大特性，表述如下：

（1）对称性　对称性是指绝对值相等的正负误差出现的概率相等。

（2）单峰性　单峰性是指绝对值小的误差出现的概率比绝对值大的误差出现的概率大。

（3）有界性　有界性是指在一定的测量条件下，误差的绝对值不会超过一定的界限。

（4）补偿性　补偿性是指在相同条件下，进行重复测量时各误差的算术平均值随测量次数的增加而趋近于零。

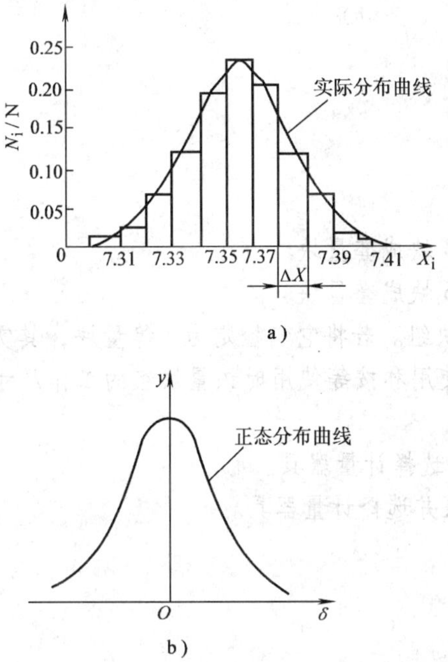

图　3-36

a）实际分布曲线　b）正态分布曲线

表 3-15　某零件测得值分组

测得值 X_i	出现次数 N_i	相对出现次数 N_i/N
7.31	1	0.007
7.32	3	0.020
7.33	8	0.053
7.34	18	0.120
7.35	28	0.187
7.36	34	0.227
7.37	29	0.193
7.38	17	0.113
7.39	9	0.060
7.40	2	0.013
7.41	1	0.007

思考题与习题

1. 长度单位有哪些？如何换算？
2. 游标卡尺有哪几种？各有什么用途？
3. 分度值、标尺间距与放大比三者有何关系？标尺范围与测量范围有何区别？
4. 测量误差按照误差的性质和误差出现的规律可分为哪几类？举例说明。
5. 常用千分尺有哪几种类型？各有哪些用途？
6. 说明千分尺的读数原理、读数方法。
7. 写出图 3-37 中量具所示的读数：

a）游标读数值为 0.02mm 的游标卡尺；b）微分筒读数值为 0.01mm 的外径千分尺

8. 画出用千分尺测量下列尺寸的示意图：45.90mm、27.47mm、32.60mm。
9. 千分尺的维护保养应注意哪些事项？
10. 试述百分表的传动机构工作原理及使用方法。
11. 百分表如何读数？应注意什么问题？
12. 内径百分表传动机构工作原理是什么？如何使用和调整？
13. 量块有什么主要用途？其使用方法如何？

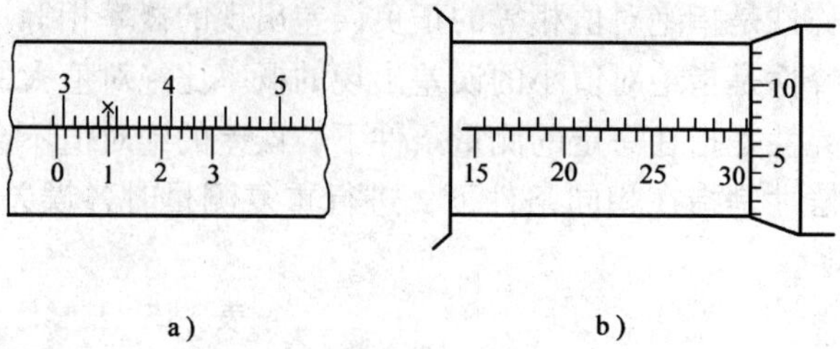

图 3-37

14. 产生测量误差有哪些原因?

15. 选择量块组成下列尺寸（mm）。

（1）28.785　　　　（2）58.375—用 83 块成套量块

（3）16.258　　　　（4）49.254—用 46 块成套量块

16. 由 20mm 和 1.5mm 两块二级量块组成量块组。若将它们检定为 4 等量块，其实际偏差分别为 +0.3μm 和 -0.2μm，试分别计算按级使用和按等使用时该量块组的工作尺寸和极限偏差。

17. 某轴的尺寸为 ϕ20h6，试确定验收极限并选择计量器具。

18. 某孔的尺寸为 ϕ100H11，试确定验收极限并选择计量器具。

第四章　形状和位置公差及检测

【学习目标】

1）熟记 14 个形位公差特征项目的名称及符号。

2）掌握形位公差的正确标注、识读和检测方法。

3）掌握标准中有关形位公差的公差等级和未注形位公差的规定。

【本章内容提要】

介绍形位公差项目、形位公差标注方法、形位公差原则、形位公差标准、形位公差识读及检测方法，并正确判断零件合格性。

第一节　形位公差的项目和标注方法

零件在加工过程中不仅有尺寸误差，而且还会产生形状误差和位置误差。形状误差和位置误差合称为形位误差。形位误差会影响机器、仪表、刀具、量具等各种机械产品的工作精度、连接强度，以及运动平稳性、密封性、耐磨性和使用寿命等。因此为了保证机器产品质量和零件的互换性，规定了形状公差和位置公差，用来限制形位误差。

一、零件的几何要素及其分类

形状公差和位置公差简称形位公差，是表示对零件某个要素的几何形状和要素与要素之间的相互位置的要求。形位公差的研究对象是零件的几何要素。几何要素简称要素，是构成零件几何特征的点、线、面。如图 4-1 所示零件的球面、圆锥面、圆柱面、平面、轴线和球心等。

零件几何要素可按不同角度分类。

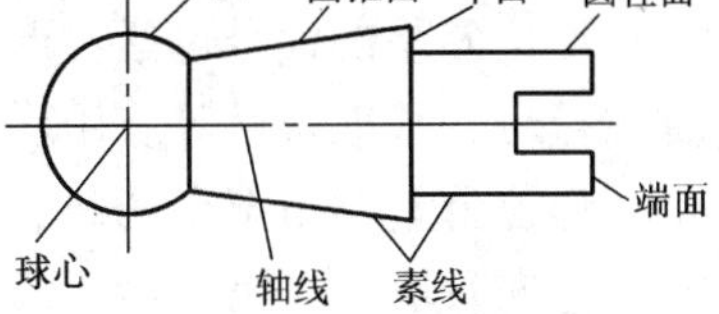

图 4-1　零件的几何要素

1. 按结构特征分

组成（轮廓）要素：指构成零件轮廓的线或面各要素。如图 4-1 中的球面、圆锥面、圆柱面、平面以及圆柱面和圆锥面的母线。

导出（中心）要素：指由一个或几个轮廓（组成）要素得到的中心点、中心线或中心面各要素。如图 4-1 中的球心、轴线等。导出要素是看不见、摸不着的，总依附于相应的组成要素而假想存在。

2. 按存在状态分

提取（实际）要素：指零件实际存在的要素。通常用测量得到的要素来代替。

拟合（理想）要素：指具有几何学意义的要素，即几何的点、线、面，它们不存在任何误差。图样上表示的要素均为拟合要素。

3. 按在形位公差中所处的地位分

被测要素：指图样上给出形状或（和）位置公差要求的要素，是检测的对象。

基准要素；指用来确定被测要素方向或（和）位置的要素。

4. 按被测要素的功能关系分

单一要素：指仅对要素本身提出功能要求，而给出形状公差的要素。

关联要素：指相对于基准要素有功能关系，而给出位置公差的要素。

二、形位公差的项目及符号

按国家标准规定，形位公差共十四个项目，分两大类，各个项目的名称及符号见表4-1。

表 4-1 形状和位置公差的项目及符号

公差		特征	符号	有或无基准要求	公差		特征	符号	有或无基准要求
形状	形状	直线度	⏤	无	位置	定向	平行度	∥	有
		平面度	▱	无			垂直度	⊥	有
		圆度	○	无			倾斜度	∠	有
		圆柱度	⌭	无		定位	位置度	⌖	有或无
形状或位置	轮廓	线轮廓度	⌒	有或无			同轴（同心）度	◎	有
							对称度	⌯	有
		面轮廓度	⌓	有或无		跳动	圆跳动	↗	有
							全跳动	⌰	有

三、形位公差的标注

在技术图样上，形位公差应采用代号标注。当无法采用代号标注时，允许在技术要求中用文字加以说明。

形位公差的代号包括：形位公差有关项目符号，形位公差框格和指引线，形位公差值及有关符号、基准符号等。用代号标注示例如图 4-2 所示。

形位公差框格至少两格，也有三格、四格或五格。框格自左向右填写：第一格，形位公差的项目符号；第二格，形位公差值及有关符号；第三格起为代表基准的字母。基准字母采用大写的拉丁字母，但为了避免混淆，不得采用字母 *E*、*I*、*J*、*M*、*O*、*P*、*L*、*R*、*F*。图 4-3 所示为公差框格的填写方法。图 4-3a 为两格填写法；图 4-3b 为三格填写方法，其中 *A-B* 表示由基准 *A* 和 *B* 共同组成的公共基准；图 4-3c 为五格填写方法，其中基准字母 *A*、*B*、*C* 依次为第一、第二、第三基准。

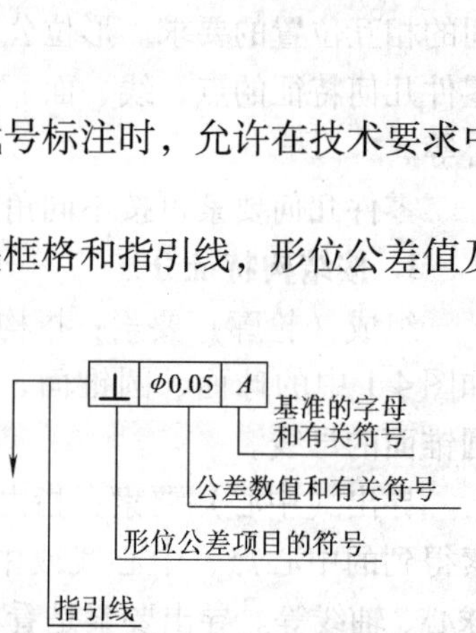

图 4-2 形位公差代号标注示例

公差框格中填写的公差值以 mm 为单位，公差值的大小为公差带的宽度或直径。当给定公差带为圆或圆柱形时，应在公差值前加注符号“ϕ”。当给定的公差带为球时，应在公差值前加注“$S\phi$”。公差框格应水平或垂直放置，不允许倾斜。公差框格用指引线与有关被测要素联系起来，指引线一般从框格的左端或右端引出，必须垂直于框格，而引向被测要素时可以弯折，但不得多于两次。

对于有方向、位置要求的要素，在图样上必须用基准符号，将被测要素与基准要素联系起来。基准符号由短粗横线、圆圈、连线和相应基准字母组成。注意，基准字母在任何情况下，都应水平书写。如图 4-4 所示。

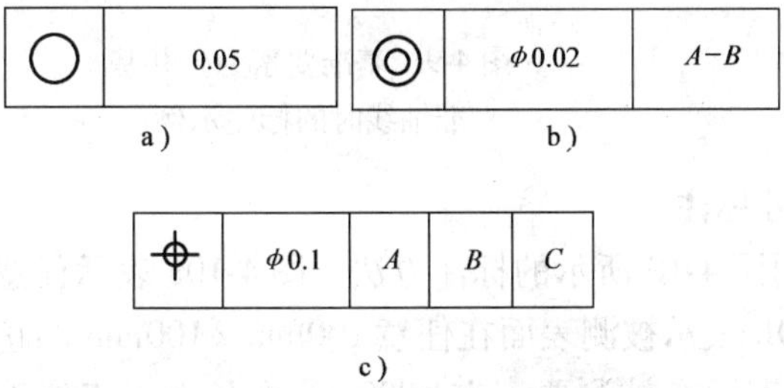

图 4-3　公差框格填写

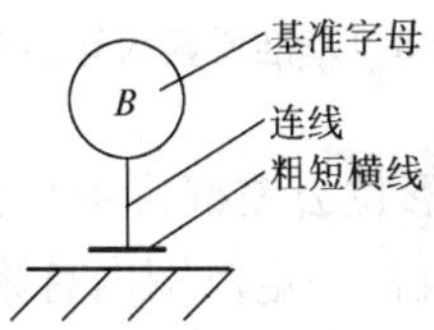

图 4-4　基准符号

四、形位公差标注应注意的事项

1. 被测要素或基准要素为组成要素时的标注

当被测要素为组成要素时，指引线的箭头指向该组成要素或其引出线上，并与尺寸线明显错开，如图 4-5 所示。当基准要素为组成要素时，基准符号应靠近该组成要素或其引出线，并与尺寸线明显错开，如图 4-6 所示。

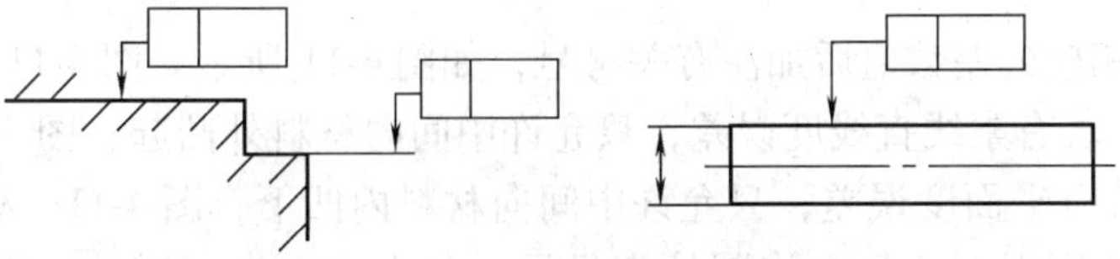

图 4-5　被测要素为组成要素时的标注示例

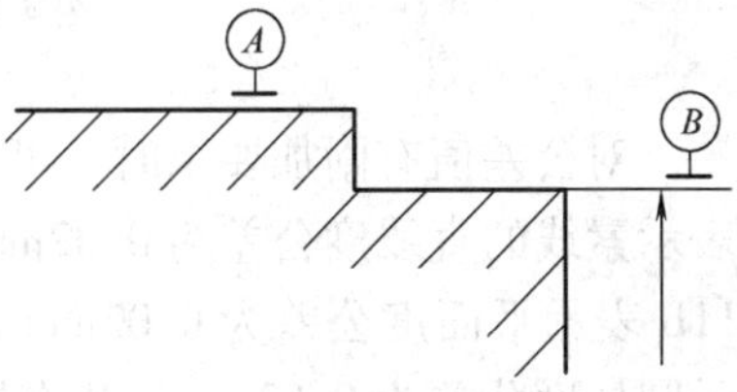

图 4-6　基准要素为组成要素时的标注示例

2. 被测要素或基准要素为导出要素时的标注

当被测要素为导出要素时，指引线的箭头应与该尺寸线对齐。如图 4-7 所示。

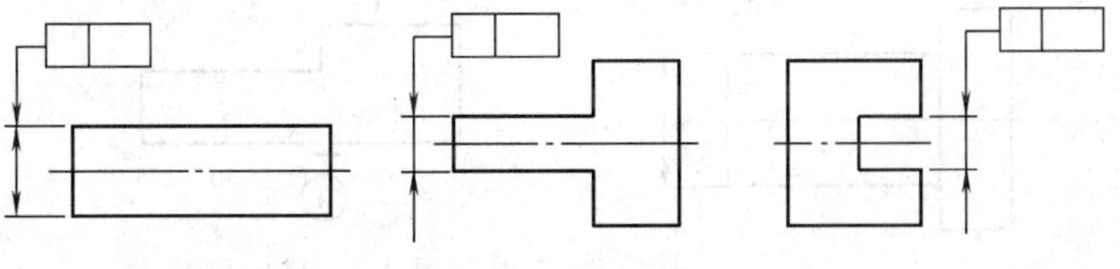

图 4-7　被测要素为导出要素时的标注示例

当基准要素为导出要素时，基准符号中的连线应与该尺寸线对齐，如图 4-8 所示，若基准要素为公共基准轴线时可采用图 4-9 所示的标注方法。

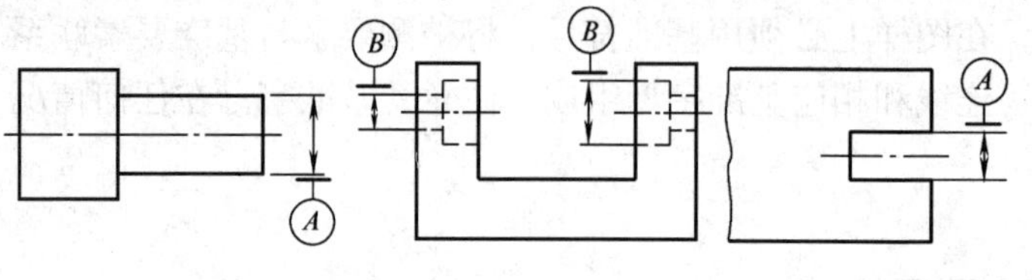

图 4-8 基准要素为导出要素时的标注示例

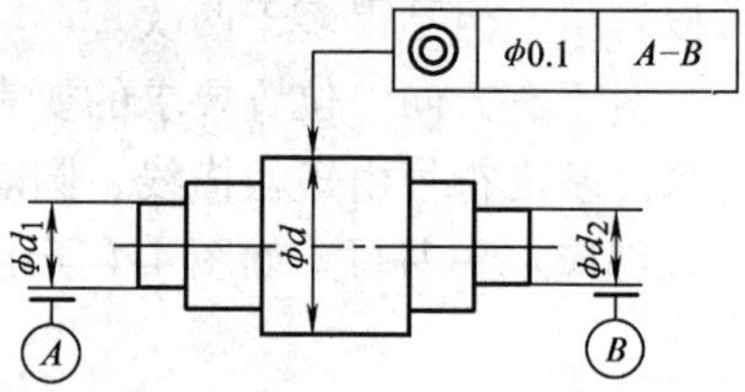

图 4-9 基准要素为公共基准轴线时的标注示例

3. 识别形位公差框格中与公差值有关的符号标注

对公差值在一定范围内有附加要求时，采用图 4-10 所示的标注方法。图 4-10a 表示任意 100mm 长度上，直线度公差为 0.02mm；图 4-10b 表示被测表面在任意 100mm × 100mm 的正方形表面上，平面度公差为 0.05mm；图 4-10c 表示在被测要素在 1000mm 全长上，直线度公差为 0.05mm，在任意 200mm 长度上，直线度公差为 0.02mm。

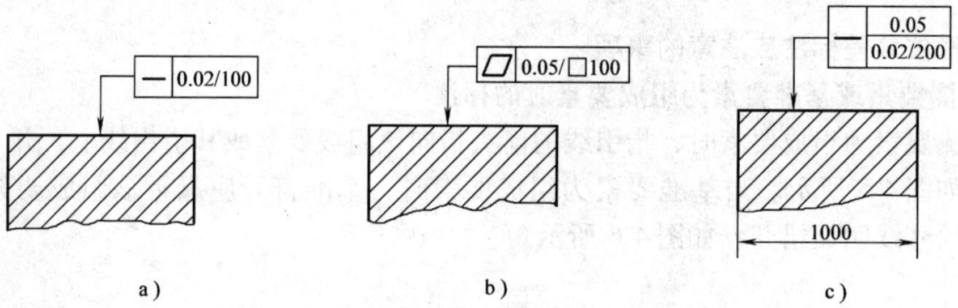

图 4-10 公差值有附加说明时的标注示例

对公差值有附加要求时，可在相应公差数值后加注有关符号，如图 4-11 所示。图 4-11a 表示素线的直线度公差为 0.02mm，若有素线直线度误差，只允许中间向材料外凸起；图 4-11b 表示平面度公差为 0.02mm，若有平面度误差，只允许中间向材料内凹下；图 4-11c 表示圆柱度公差为 0.03mm，若有圆柱度误差，只允许圆柱直径尺寸从左向右逐渐减小；图

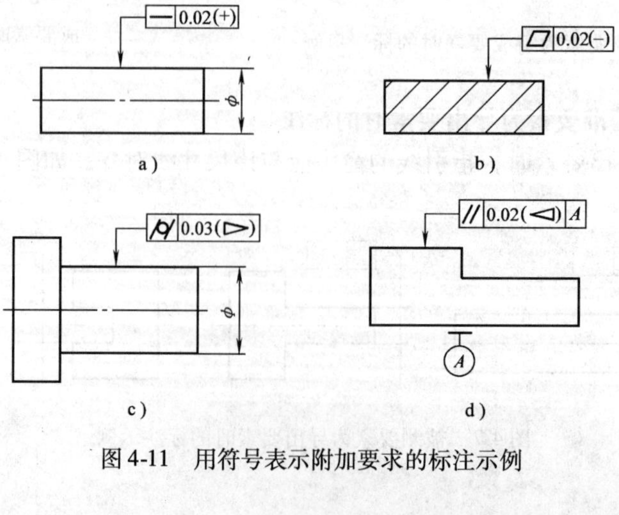

图 4-11 用符号表示附加要求的标注示例

4-11d表示平行度公差为0.02mm，若有平行度误差，只允许两平行面（或线）之间的距离从右向左逐渐减小。

4. 正确掌握形位公差的特殊标注

（1）同一被测要素有多项形位公差要求　对同一被测要素有一项以上的形位公差要求，且标注方法一致时，可将框格并在一起，用同一指引线指向被测要素，如图4-12b所示。如标注方法不完全一致时，则应将标注方法不同的项目分开标注，如图4-12a所示。

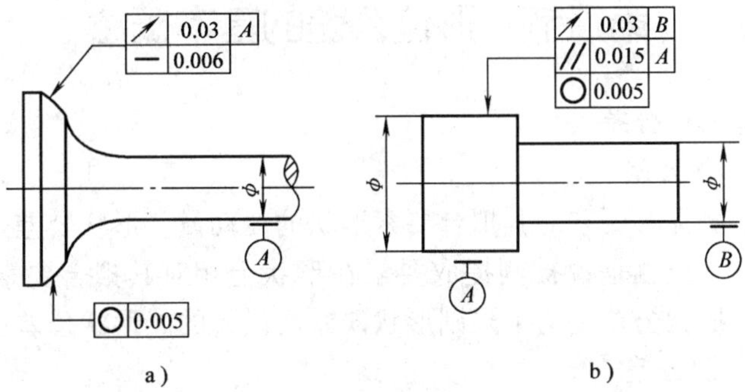

图4-12　同一被测要素有多项形位公差要求时的标注示例

（2）不同被测要素有相同的形位公差要求　不同的被测要素有相同的形位公差要求时，可从框格引出的指引线上绘制出多个指示箭头，分别指向被测要素。如图4-13所示。

（3）附加文字说明　为了说明公差框格中所标注的形位公差的其他附加要求，可以在公差框格上方或下方，附加文字说明。属于被测要素数量的说明，应写在公差框格的上方；属于解释性的说明，应写在公差框格的下方，如图4-14所示。

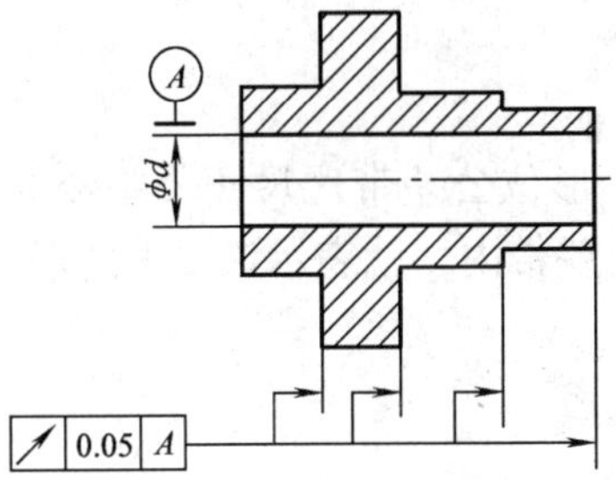

图4-13　不同被测要素有相同形位公差要求时的标注示例

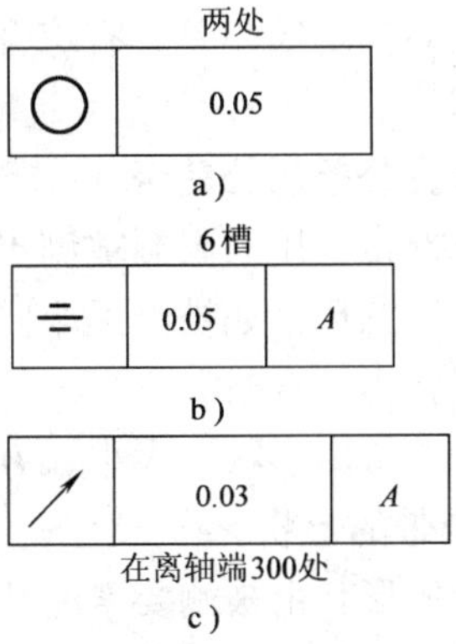

图4-14　附加文字说明

5. 全周符号

当被测要素为整个视图上的轮廓线（面）时，应在指引线的转折处加注全周符号，如图4-15所示。

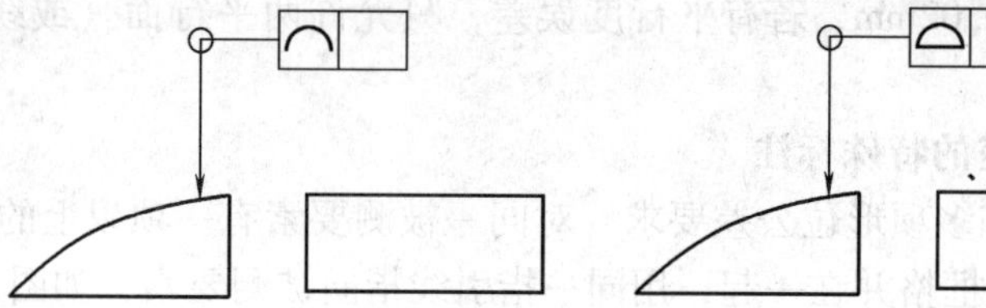

图 4-15 全周符号

第二节 形位公差的基本概念

一、形位误差与形位公差

1. 形状误差和形状公差

形状误差是指被测提取要素对其拟合要素形状的变动量。形状公差是单一提取要素的形状所允许的变动全量，也就是说被测提取要素在形状上相对其拟合要素所允许的最大变动量。由此可以看出，形状公差是为了限制形状误差而设置的。形状公差一般用于单一要素。

2. 位置误差和位置公差

位置误差是指被测提取要素对其拟合要素位置的变动量，而拟合要素的位置由或相对于基准而确定的。位置误差分定向误差、定位误差和跳动误差三类。

位置公差是关联提取要素的位置对基准所允许的变动全量。由此可见，位置公差是用来限制位置误差的。与位置误差相对应，位置公差也有三种：

定向公差：关联提取要素对基准在方向上允许的变动全量。用于控制定向误差，保证被测提取要素相对基准的方向精度。

定位公差：关联提取要素对基准在位置上允许的变动全量。用于控制定位误差，保证被测提取要素相对基准的位置精度。

跳动公差：关联提取要素绕基准轴线回转一周或连续回转时所允许的最大跳动量，用于控制跳动误差。跳动公差具有综合控制的能力，即保证被测提取要素的形状和位置两方面的综合精度。

二、形位公差的公差带

形位公差带是用来限制被测提取要素变动的区域。形位公差带比尺寸公差带复杂得多，它是一个几何图形，如被测提取要素全部落在给定的公差带内，就表示该要素的形状和位置合格，否则就为不合格。

形位公差带由形状、大小、方向和位置四个要素构成。

1. 公差带的形状

公差带的形状由被测要素的几何特征和设计要求来确定的。如为了限制给定平面内直线的直线度误差，其公差带为二条平行直线区域。而为了限制空间一条直线的直线度误差，若给定一个方向变动，其公差带为二平行平面区域；若在任意方向变动，其公差带为一个圆柱体区域。

总之，公差带的形状较多，常见形位公差带的形状如图 4-16 所示。

2. 公差带的大小

公差带的大小是用于体现形位精度的高低，是由图样上给定的形位公差值 t 确定的。一般指形位公差带的宽度和直径。

3. 公差带的方向和位置

形位公差带的方向和位置有两种情况：固定和浮动。形位公差带的方向或位置可以随实际被测要素的变动而变动，没有对其他要素保持一定几何关系要求，这时公差带的方向或位置是浮动的。若形位公差带的方向或位置必须和基准保持一定的几何关系，则公差带的方向或位置为固定的。所以，对于没有标基准的形状公差，公差带的方向和位置一般是浮动的。标有基准的位置公差，公差带的方向和（或）位置一般是固定的。

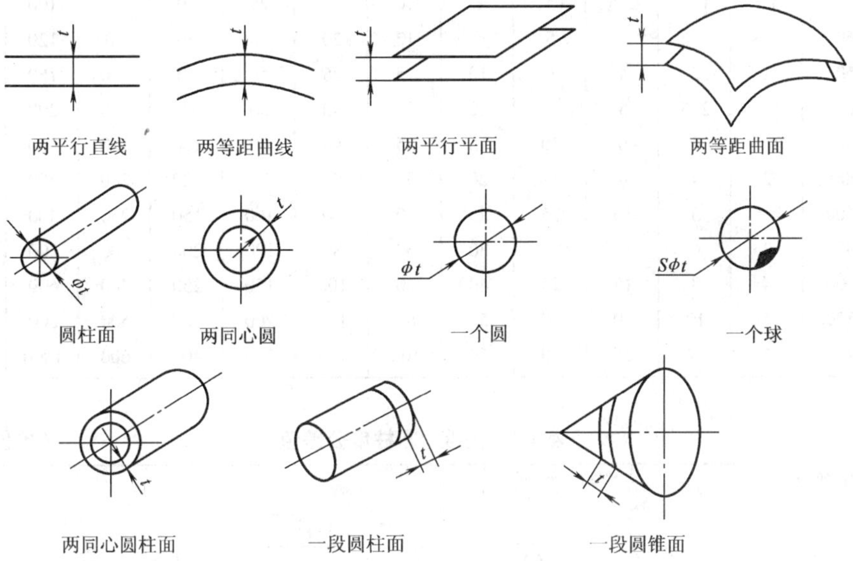

图 4-16　形位公差带的形状

三、形位公差值

形位公差的大小由形位公差等级并依据主参数的大小来确定。公差等级是表示形位精度的高低，按国家标准 GB/T 1184—1996 规定，对 14 种形位公差项目，除线、面轮廓度和位置度未规定公差等级外，其余 11 项均有规定。一般划分 12 级，即 1 ~ 12 级，1 级精度最高，依次降低。6 级与 7 级为基本级。圆度和圆柱度还增加了精度更高的 0 级。各项形位公差值见表 4-2，表 4-3，表 4-4，表 4-5。

表 4-2　直线度、平面度公差值　（单位：μm）

主参数 L 图例：

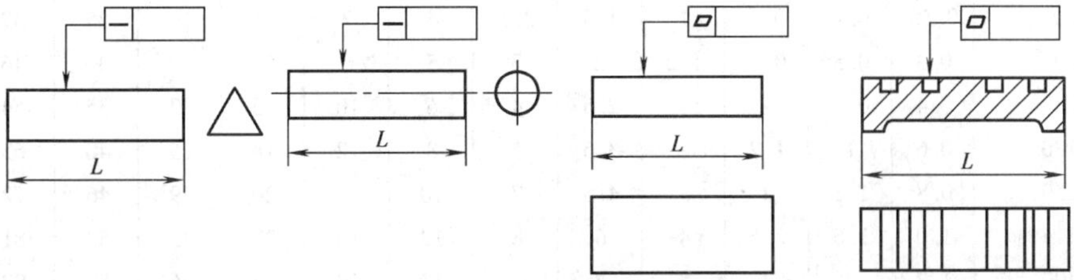

（续）

主参数 L/mm	公差等级											
	1	2	3	4	5	6	7	8	9	10	11	12
≤10	0.2	0.4	0.8	1.2	2	3	5	8	12	20	30	60
>10～16	0.25	0.5	1	1.5	2.5	4	6	10	15	25	40	80
>16～25	0.3	0.6	1.2	2	3	5	8	12	20	30	50	100
>25～40	0.4	0.8	1.5	2.5	4	6	10	15	25	40	60	120
>40～63	0.5	1	2	3	5	8	12	20	30	50	80	150
>63～100	0.6	1.2	2.5	4	6	10	15	25	40	60	100	200
>100～160	0.8	1.5	3	5	8	12	20	30	50	80	120	250
>160～250	1	2	4	6	10	15	25	40	60	100	150	300
>250～400	1.2	2.5	5	8	12	20	30	50	80	120	200	400
>400～630	1.5	3	6	10	15	25	40	60	100	150	250	500
>630～1000	2	4	8	12	20	30	50	80	120	200	300	600
>1000～1600	2.5	5	10	15	25	40	60	100	150	250	400	800
>1600～2500	3	6	12	20	30	50	80	120	200	300	500	1000
>2500～4000	4	8	15	25	40	60	100	150	250	400	600	1200
>4000～6300	5	10	20	30	50	80	120	200	300	500	800	1500
>6300～10000	6	12	25	40	60	100	150	250	400	600	1000	2000

表 4-3　圆度、圆柱度公差值　（单位：μm）

主参数 *d*(*D*)图例：

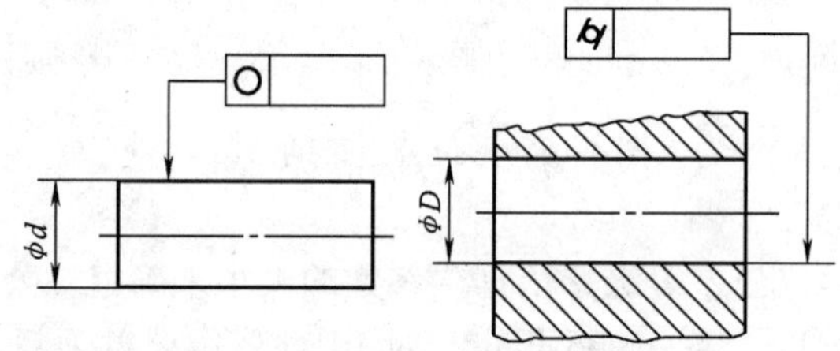

主参数 d/D /mm	公差等级												
	0	1	2	3	4	5	6	7	8	9	10	11	12
≤3	0.1	0.2	0.3	0.5	0.8	1.2	2	3	4	6	10	14	25
>3～6	0.1	0.2	0.4	0.6	1	1.5	2.5	4	5	8	12	18	30
>6～10	0.12	0.25	0.4	0.6	1	1.5	2.5	4	6	9	15	22	36
>10～18	0.15	0.25	0.5	0.8	1.2	2	3	5	8	11	18	27	43
>18～30	0.2	0.3	0.6	1	1.5	2.5	4	6	9	13	21	33	52
>30～50	0.25	0.4	0.6	1	1.5	2.5	4	7	11	16	25	39	62
>50～80	0.3	0.5	0.8	1.2	2	3	5	8	13	19	30	46	74
>80～120	0.4	0.6	1	1.5	2.5	4	6	10	15	22	35	54	87
>120～180	0.6	1	1.2	2	3.5	5	8	12	18	25	40	63	100
>180～250	0.8	1.2	2	3	4.5	7	10	14	20	29	46	72	115
>250～315	1.0	1.6	2.5	4	6	8	12	16	23	32	52	81	130
>315～400	1.2	2	3	5	7	9	13	18	25	36	57	89	140
>400～500	1.5	2.5	4	6	8	10	15	20	27	40	63	97	155

表4-4　平行度、垂直度、倾斜度公差值　　　　（单位：μm）

主参数 L、$d(D)$ 图例：

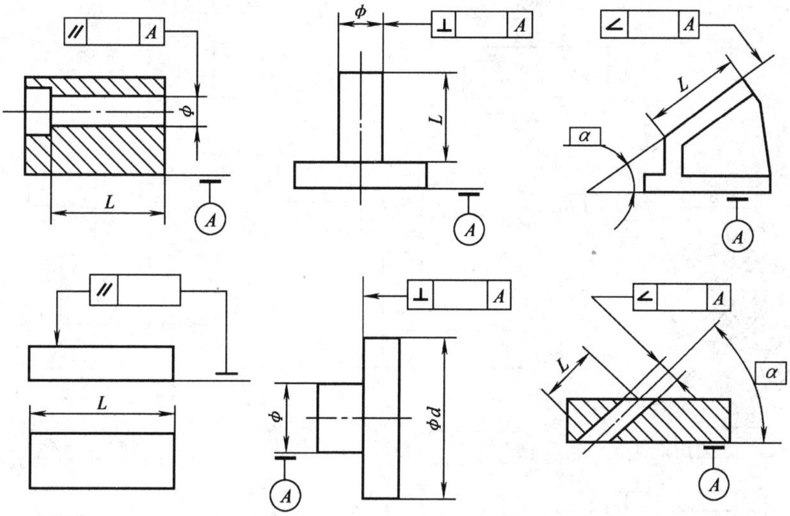

主参数 L、d/D /mm	公差等级											
	1	2	3	4	5	6	7	8	9	10	11	12
≤10	0.4	0.8	1.5	3	5	8	12	20	30	50	80	120
>10~16	0.5	1	2	4	6	10	15	25	40	60	100	150
>16~25	0.6	1.2	2.5	5	8	12	20	30	50	80	120	200
>25~40	0.8	1.5	3	6	10	15	25	40	60	100	150	250
>40~63	1	2	4	8	12	20	30	50	80	120	200	300
>63~100	1.2	2.5	5	10	15	25	40	60	100	150	250	400
>100~160	1.5	3	6	12	20	30	50	80	120	200	300	500
>160~250	2	4	8	15	25	40	60	100	150	250	400	600
>250~400	2.5	5	10	20	30	50	80	120	200	300	500	800
>400~630	3	6	12	25	40	60	100	150	250	400	600	1000
>630~1000	4	8	15	30	50	80	120	200	300	500	800	1200
>1000~1600	5	10	20	40	60	100	150	250	400	600	1000	1500
>1600~2500	6	12	25	50	80	120	200	300	500	800	1200	2000
>2500~4000	8	15	30	60	100	150	250	400	600	1000	1500	2500
>4000~6300	10	20	40	80	120	200	300	500	800	1200	2000	3000
>6300~10000	12	25	50	100	150	250	400	600	1000	1500	2500	4000

表 4-5 同轴度、对称度、圆跳动和全跳动公差值 （单位：μm）

主参数 $d(D)$、B、L 图例：

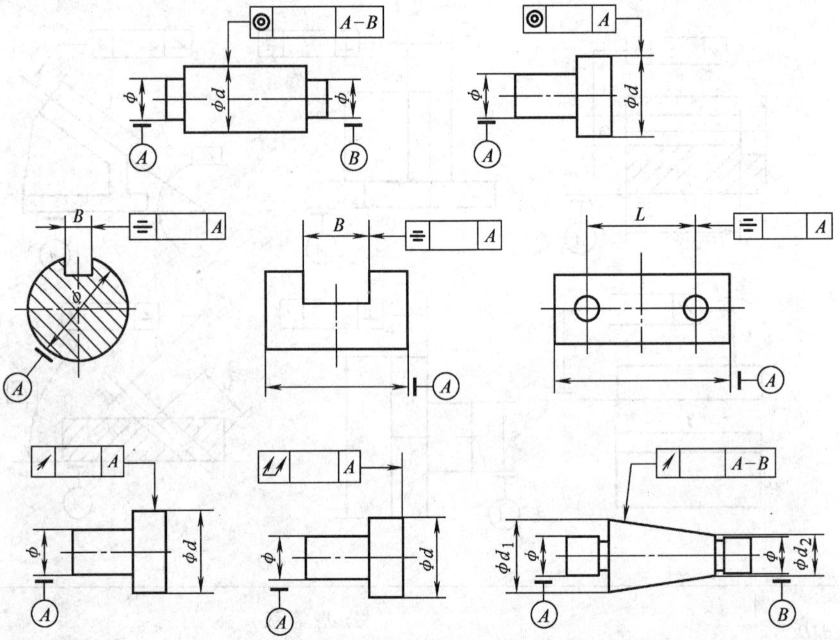

当被测要素为圆锥面时：取 $d=\frac{d_1+d_2}{2}$

主参数 $d(D)$、B、L /mm	公差等级											
	1	2	3	4	5	6	7	8	9	10	11	12
≤1	0.4	0.6	1.0	1.5	2.5	4	6	10	15	25	40	60
>1~3	0.4	0.6	1.0	1.5	2.5	4	6	10	20	40	60	120
>3~6	0.5	0.8	1.2	2	3	5	8	12	25	50	80	150
>6~10	0.6	1	1.5	2.5	4	6	10	15	30	60	100	200
>10~18	0.8	1.2	2	3	5	8	12	20	40	80	120	250
>18~30	1	1.5	2.5	4	6	10	15	25	50	100	150	300
>30~50	1.2	2	3	5	8	12	20	30	60	120	200	400
>50~120	1.5	2.5	4	6	10	15	25	40	80	150	250	500
>120~250	2	3	5	8	12	20	30	50	100	200	300	600
>250~500	2.5	4	6	10	15	25	40	60	120	250	400	800
>500~800	3	5	8	12	20	30	50	80	150	300	500	1000
>800~1250	4	6	10	15	25	40	60	100	200	400	600	1200
>1250~2000	5	8	12	20	30	50	80	120	250	500	800	1500
>2000~3150	6	10	15	25	40	60	100	150	300	600	1000	2000
>3150~5000	8	12	20	30	50	80	120	200	400	800	1200	2500
>5000~8000	10	15	25	40	60	100	150	250	500	1000	1500	3000
>8000~10000	12	20	30	50	80	120	200	300	600	1200	2000	4000

对于位置度，国家标准只规定了公差值数系，而未规定公差等级，见表4-6。

表4-6　位置度数系表

1	1.2	1.5	2	2.5	3	4	5	6	8
1×10^n	1.2×10^n	1.5×10^n	2×10^n	2.5×10^n	3×10^n	4×10^n	5×10^n	6×10^n	8×10^n

注：n为正整数。

使用上述表格时，除位置度数系外，其余四个公差值表中都有主参数、公差等级和公差值。当公差等级确定后，根据表格中图例所提供的形式，结合被测要素的具体情况，确定主参数，再从表中查出所对应的公差值。公差值选择的总原则是在满足功能要求的前提下，选择最经济的公差值。

第三节　形状公差带的定义、标注与解读

一、形状公差与公差带

形状公差包括直线度、平面度、圆度、圆柱度等项目。形状公差带是限制被测的单一提取要素允许变动的区域，形状公差带的特点是不涉及基准，其方向和位置随提取要素的不同而浮动。

1. 直线度

直线度是用以限制被测实际直线对理想直线变动量的一项指标，被限制的直线有平面内的直线、回转体（圆柱或圆锥）上的母线、平面与平面的交线（空间直线）和轴线等。根据被测要素的结构、特点和功能要求不同，可分别提出给定平面内、给定方向上和任意方向上的直线度要求。

2. 平面度

平面度是限制被测提取平面对拟合平面变动量的一项指标，它同时可以控制被测平面上任一母线的直线度误差。

3. 圆度

圆度是限制被测提取圆对拟合圆变动量的一项指标，是对具有圆柱面（包括圆锥面，球面）的零件，在任一正截面内的圆形轮廓的要求。

4. 圆柱度

圆柱度是限制被测提取圆柱圆柱面对理想圆柱面变动量的一项指标。它控制圆柱体横截面和纵截面内各项形状误差，如圆度、母线直线度、轴线直线度等。圆柱度是圆柱体各项形状误差的综合指标。

各项形状公差标注、公差带定义及解读见表4-7。

二、轮廓度公差及公差带

轮廓度公差分为线轮廓度和面轮廓度。轮廓度无基准要求时为形状公差，有基准要求时为位置公差。无基准要求时其公差带的形状只由理论正确尺寸（带方框的尺寸）确定，其位置是浮动的；有基准要求，其公差带的形状和位置由理论正确尺寸和基准确定，公差带的位置是固定的，因此将线、面轮廓度划为形状或位置公差类。

表 4-7　形状公差标注、公差带定义及解读

标　注	公差带定义	解　读
(一) 直线度 1. 在给定平面内 圆柱面的母线直线度公差为 0.02mm 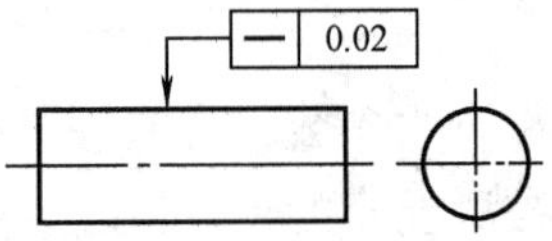	公差带是距离为公差值 0.02mm 的两平行直线之间的区域 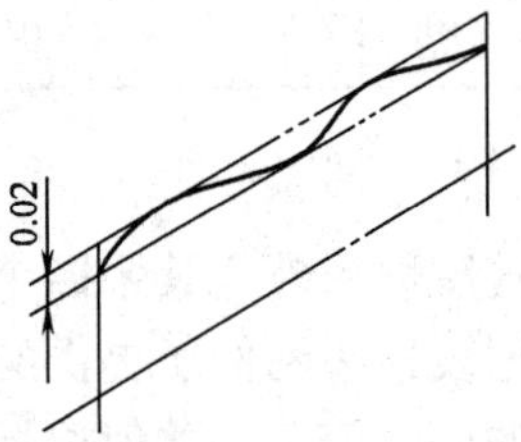	被测圆柱表面任一母线必须位于距离为公差值 0.02mm 的两平行直线之间
2. 在给定方向上 棱线的直线度公差为 0.02mm 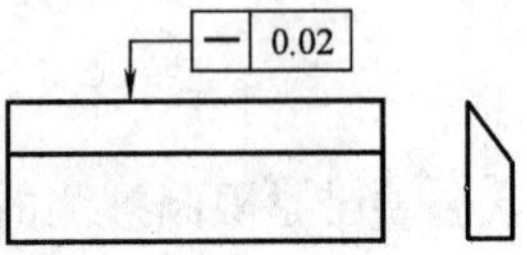	公差带是距离为公差值 0.02mm 的两平行平面之间的区域 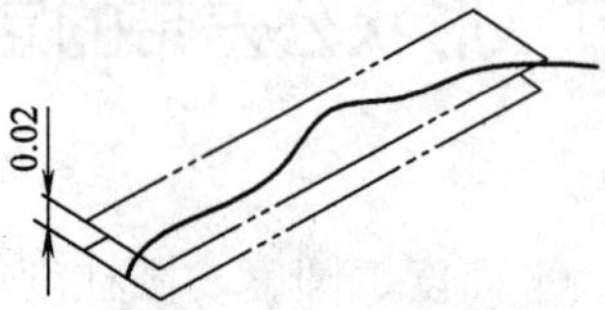	棱线必须位于在给定的方向上距离为公差值 0.02mm 的两平行平面内
3. 在任意方向上 ϕd 轴线的直线度公差为 $\phi 0.01$mm 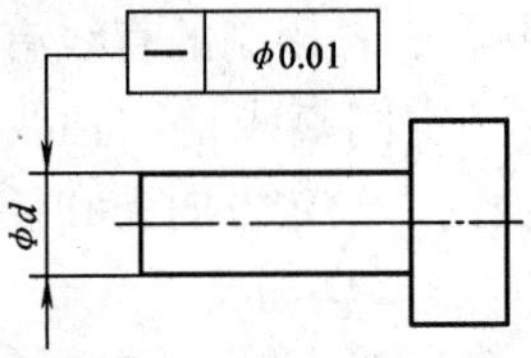	公差带是直径为公差值 0.01mm 的圆柱面内区域 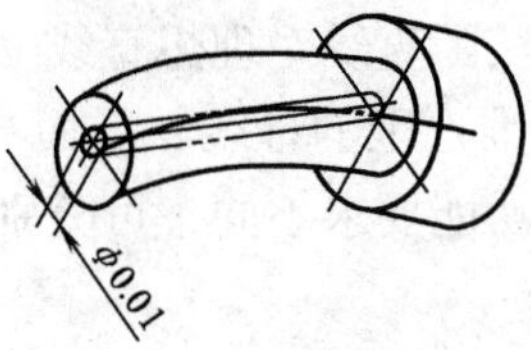	ϕd 圆柱体的轴线必须位于直径为公差值 0.01 mm 的圆柱面内
(二) 平面度 上表面的平面度公差为 0.1mm 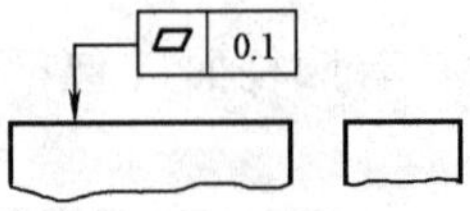	公差带是距离为公差值 0.1mm 的两平行平面之间的区域 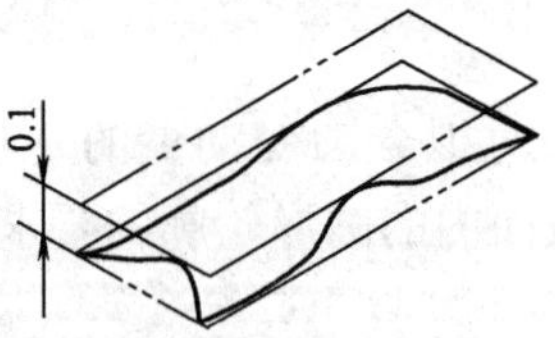	被测上表面必须位于距离为公差值 0.1 mm 的两平行平面内
(三) 圆度 圆锥面和圆柱面的圆度公差为 0.02mm 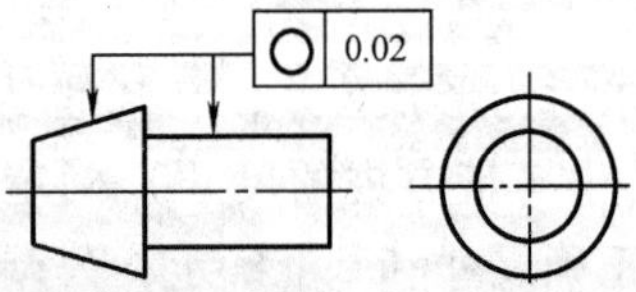	公差带是同一正截面半径差为公差值 0.02mm 的两同心圆之间的区域 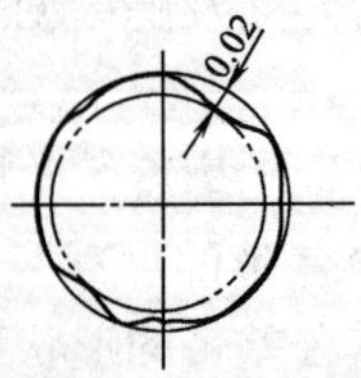	被测圆锥面(圆柱面)在垂直于轴线的任一正截面上，实际圆必须位于半径差为 0.02mm 的两同心圆之间

（续）

标　　注	公差带定义	解　　读
（四）圆柱度 圆柱面的圆柱度公差为 0.05mm 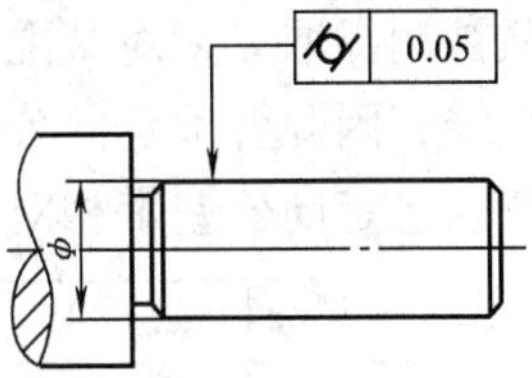	公差带是半径差为公差值 0.05 mm 的两同轴圆柱面之间的区域 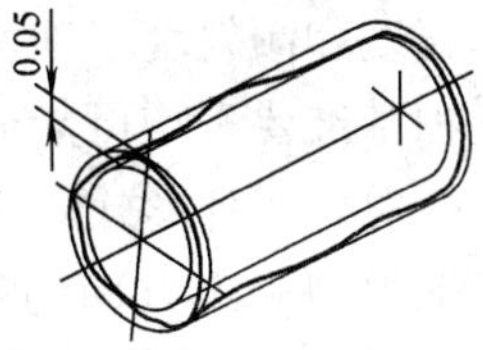	被测圆柱面必须位于半径差为公差值 0.05mm 的两同轴圆柱面之间

1. 线轮廓度

线轮廓度是限制实际平面曲线对其理想曲线变动量的一项指标，用于对零件上的非圆曲线提出的形状精度要求。

2. 面轮廓度

面轮廓度是限制实际曲面对其理想曲面变动量的一项指标，用于对零件上曲面提出形状精度要求。

轮廓度的标注、公差带定义及解读见表 4-8。

表 4-8　轮廓度的标注、公差带定义及解读

标　　注	公差带定义	解　　读
（一）线轮廓度 外轮廓中圆弧部分的线轮廓度公差为 0.04mm 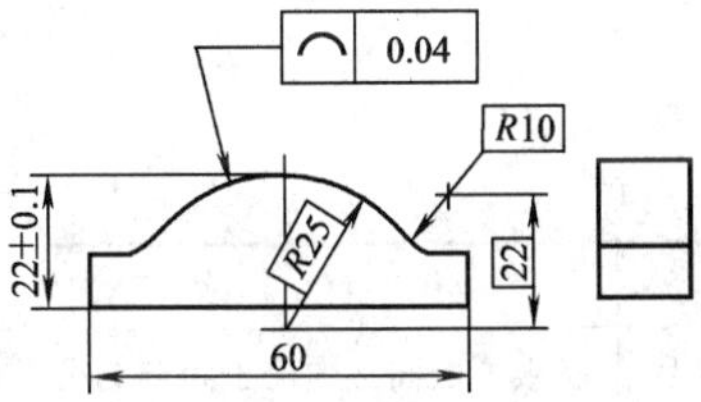	公差带是包络一系列直径为公差值 0.04 mm 的圆的两包络线之间的区域，诸圆的圆心位于具有理论正确几何形状的线上 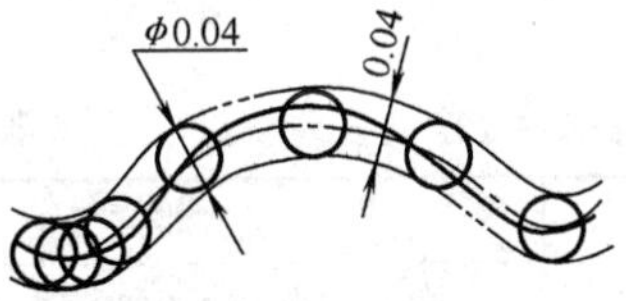	在平行于图样所示投影面的任一截面上，被测轮廓线必须位于包络一系列直径为公差值 0.04mm，且圆心位于具有理论正确几何形状线上的两包络线之间
（二）面轮廓度 椭圆球面的面轮廓度公差为 0.02mm 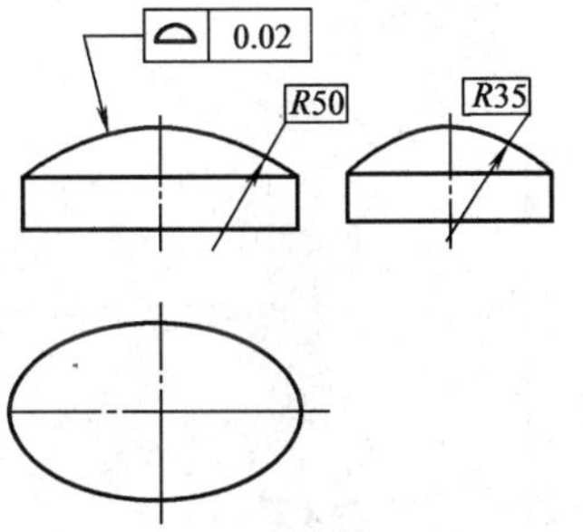	公差带是包络一系列直径公差值为 0.02mm 的两包络面球之间的区域，诸球的球心位于具有理论正确几何形状面上 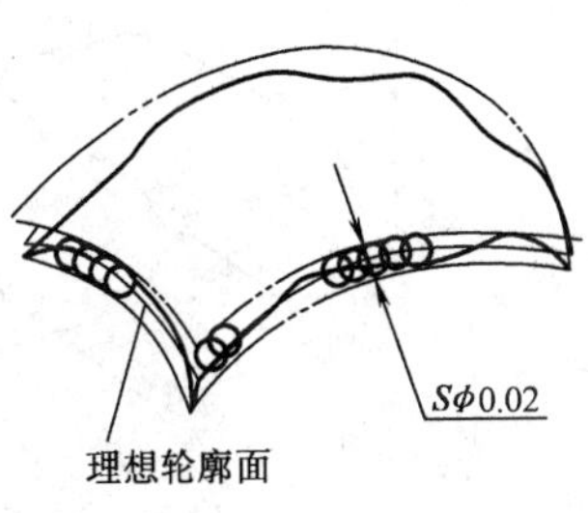	被测轮廓面必须位于包络一系列直径公差值为 0.02mm 的两包络球面之间，且球心位于具有理论正确几何形状面上

第四节 位置公差带的定义、标注与解读

一、定向公差与公差带

定向公差包括平行度、垂直度和倾斜度三项，用于控制关联被测提取要素对基准要素在方向上的误差。由于被测要素和基准要素均可能分别为平面或直线，因此各项定向公差可以有面对面、线对面、面对线、线对线四种形式。定向公差带的特点：定向公差带相对于基准有确定的方向，并且在相对基准保持确定方向的条件下，公差带的位置是浮动的；其次定向公差带具有综合控制被测要素的方向和形状误差的功能。通常，被测要素给定定向公差后，不必再给出形状公差。若对被测要素的形状有进一步要求，可再给形状公差，且给出的形状公差值应小于定向公差值，否则就毫无意义，如图 4-17 所示，已给出平面对平面的平行度公差 0.05mm，因而被测表面有进一步的平面度要求，故又给出了平面度公差值 0.02mm。

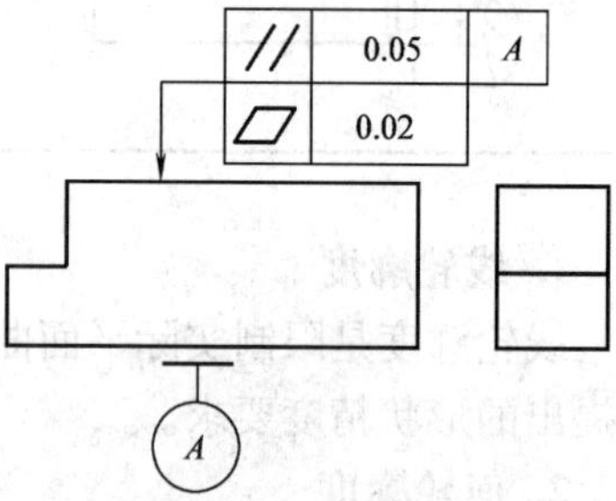

图 4-17 同时给出定向公差和形状公差示例

1. 平行度

平行度是限制被测提取要素对基准在平行方向上变动量的一项指标。

2. 垂直度

垂直度是限制被测提取要素对基准在垂直方向上变动量的一项指标。

3. 倾斜度

倾斜度是限制被测提取要素对基准在倾斜方向上变动量的一项指标。

典型定向公差标注、公差带定义及解读见表 4-9。

表 4-9 定向公差标注、公差带定义及解读

标 注	公差带定义	解 读
(一) 平行度 1. 在给定一个方向上 (1) 面对面 上表面对基准 *A* (底面) 的平行度公差为 0.05mm 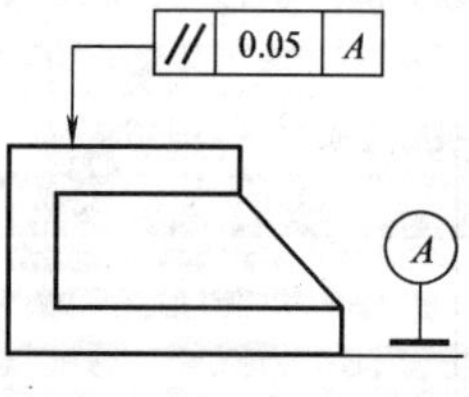	公差带是距离为公差值 0.05mm，且平行于基准平面的两平行平面之间的区域 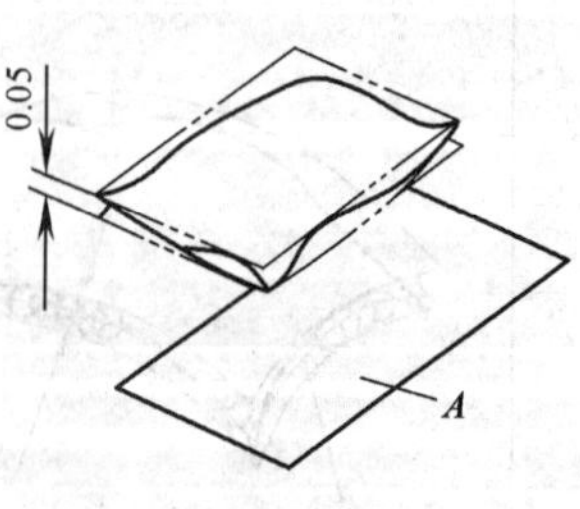	被测表面必须位于距离为公差值 0.05mm，且平行基准表面 *A* (基准平面) 的两平行平面之间

（续）

标　注	公差带定义	解　读
（2）线对面　孔 ϕ 轴线对基准 A（底面）的平行度公差为 0.03mm 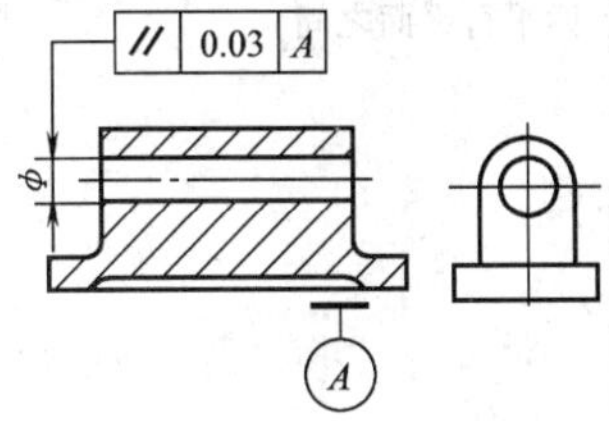	公差带是距离为公差值 0.03mm，且平行于基准平面的两平行平面之间的区域 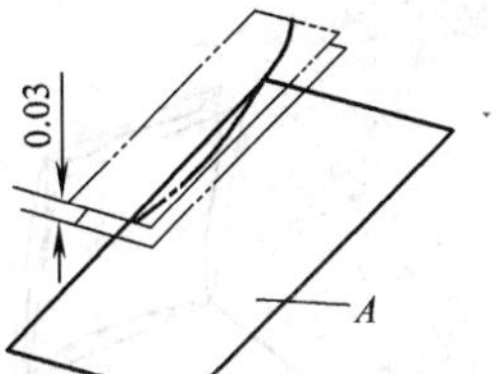	被测轴线必须位于距离为公差值 0.03mm，且平行基准平面 A 的两平行平面之间
（3）面对线　上表面对基准 A（孔 ϕD 轴线）的 平行度公差为 0.05mm 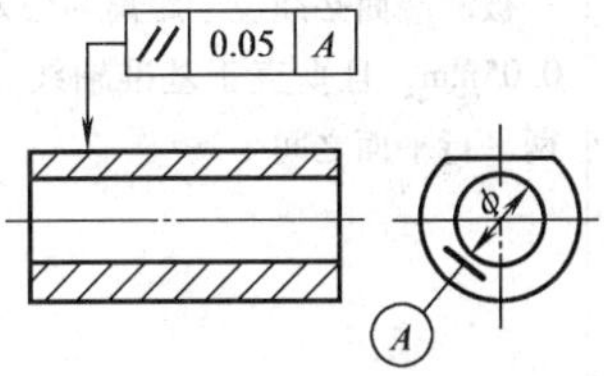	公差带是距离为公差值 0.05mm，且平行于基准轴线的两平行平面之间的区域 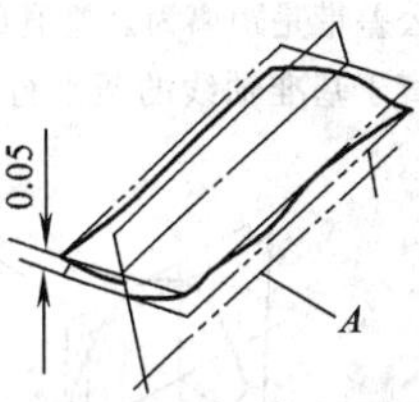	被测表面必须位于距离为公差值 0.05mm，且平行基准轴线 A 的两平行平面之间
（4）线对线　孔 ϕD 轴线对基准 A（孔 ϕ 轴线）在垂直方向上的平行度公差为 0.1mm 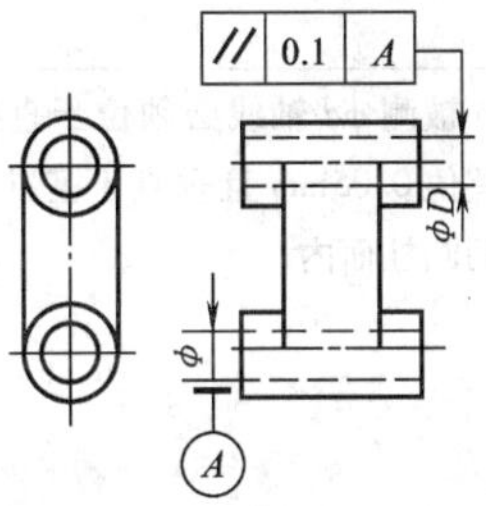	公差带是距离为公差值 0.1mm，且平行于基准线，并位于给定方向上的两平行平面之间的区域 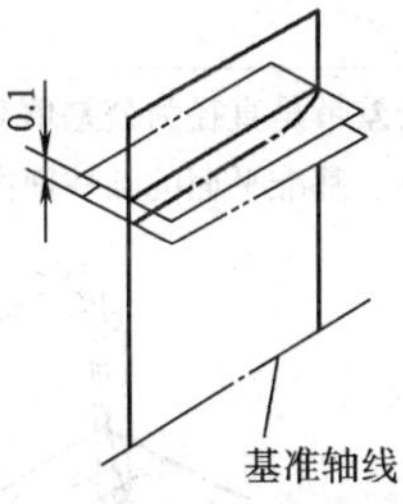	被测轴线必须位于距离为公差值 0.1mm，且在给定方向上平行于基准轴线 A 的两平行平面之间
2. 在任意方向上 （1）线对线　孔 ϕD 轴线（在任意方向上）对基准 B（ϕD_1 轴线）的平行度公差为 ϕ0.1mm 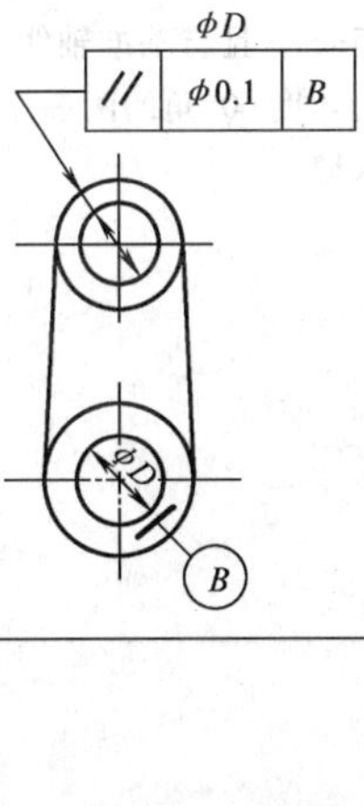	公差带是直径为公差值 0.1mm 且平行于基准轴线的圆柱面内的区域 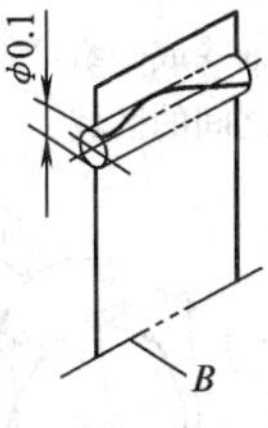	被测轴线必须位于直径为公差值 0.1mm，且平行于基准轴线 B 的圆柱面内

（续）

标　　注	公差带定义	解　　读
（二）垂直度 （1）面对面 侧面对基准 *A*（底面）的垂直度公差为 0.05mm 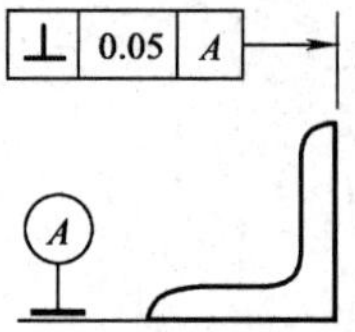	公差带是距离为公差值 0.05mm，且垂直于基准平面的两平行平面之间区域 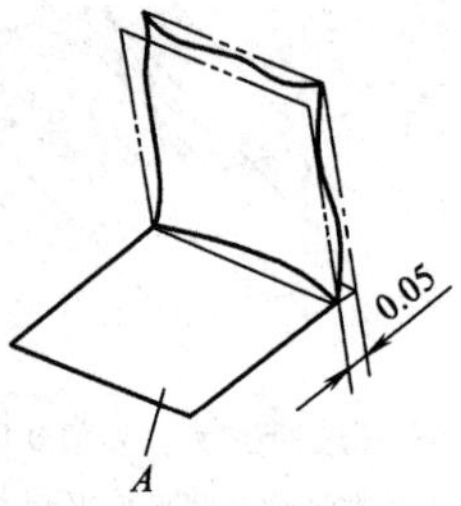	被测面必须位于距离为公差值 0.05mm，且垂直于基准平面 *A* 的两平行平面之间
（2）面对线 端面对基准 *A*（ϕd 轴线）的垂直度公差为 0.05mm 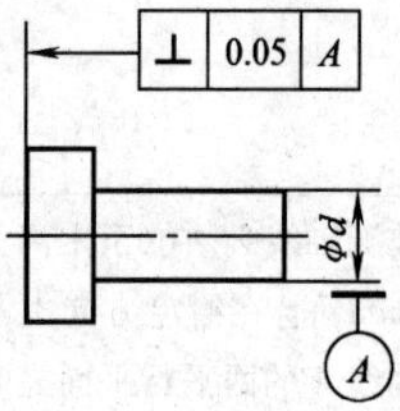	公差带是距离为公差值 0.05mm，且垂直于基准轴线的两平行平面之间的区域 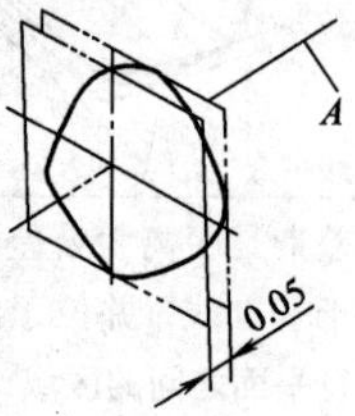	被测端面必须位于距离为公差值 0.05mm，且垂直于基准轴线 *A* 的两平行平面之间
（3）线对面 ϕd 轴线（在任意方向上）对基准 *A*（底面）的垂直度公差为 ϕ0.05mm 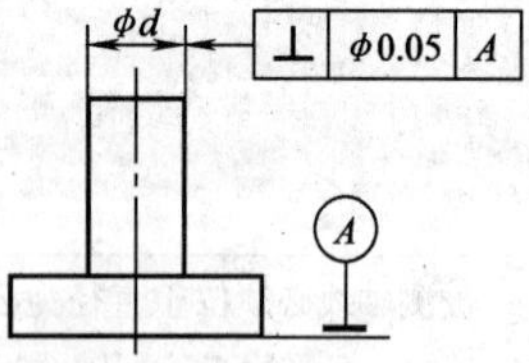	公差带是直径为公差值 0.05mm，且垂直于基准平面的圆柱面内区域 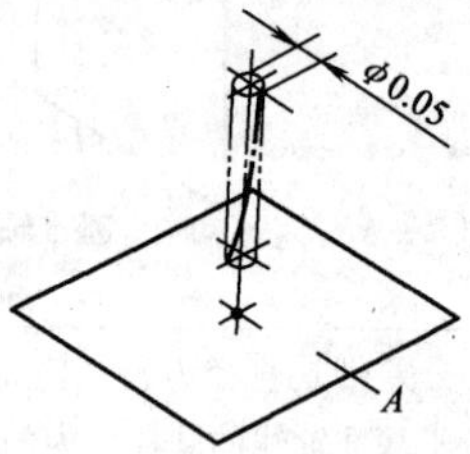	被测 ϕd 轴线必须位于直径为公差值 0.05mm 且垂直于基准平面 *A* 的圆柱面内
（三）倾斜度 （1）面对线 斜面对基准 *A*（ϕ 的轴线）的倾斜度公差为 0.05mm 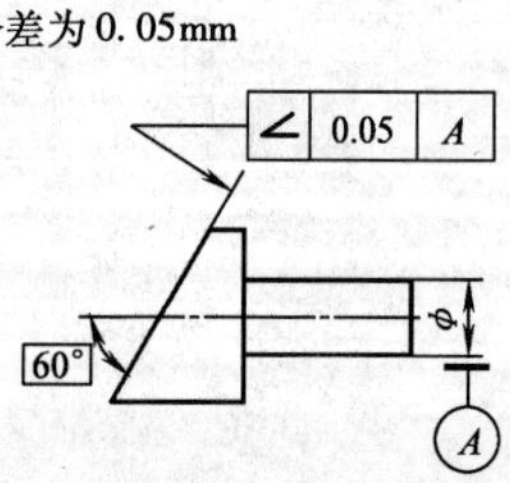	公差带是距离为公差值 0.05mm，且与基准轴线成一给定角度 60°角的两平行平面之间的区域 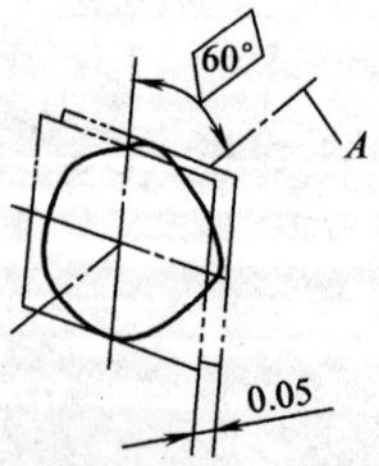	被测斜面必须位于距离为公差值 0.05mm，且与基准轴线 *A* 成理论正确角度 60°角的两平行平面之间的区域

二、定位公差与公差带

定位公差包括同轴度、对称度和位置度三项，用于控制关联提取要素对基准在方位上的误差。定位公差带的特点：定位公差带有确定的方向和位置，其相对于基准的尺寸为理论正确尺寸；其次，定位公差带具有综合控制被测要素的位置、方向和形状的功能。通常，被测要素给定定位公差后，不必在给出形状和定向公差。如果需要对方向和形状有进一步要求时，则可另行给定定向或（和）形状公差，而其数值应小于定位公差值，否则就没有意义。

1. 同轴度

同轴度是限制被测轴线偏离基准轴线的一项指标。同轴度要求被测轴线的理想位置应与基准轴线同轴。

2. 对称度

对称度是限制被测导出要素相对于基准导出要素的位置偏离量的一项指标。对称度要求被测导出要素的理想位置应与基准导出要素共面。

3. 位置度

位置度是限制被测提取要素相对于其理想位置变动量的一项指标。

典型定位公差的标注、公差带定义及解读见表 4-10。

表 4-10　定位公差的标注、公差带定义及解读

标　　注	公差带定义	解　　读
（一）同轴度 1. 点的同心度 大圆的圆心相对于基准 A（小圆的圆心）的同心度公差为 $\phi0.01$mm 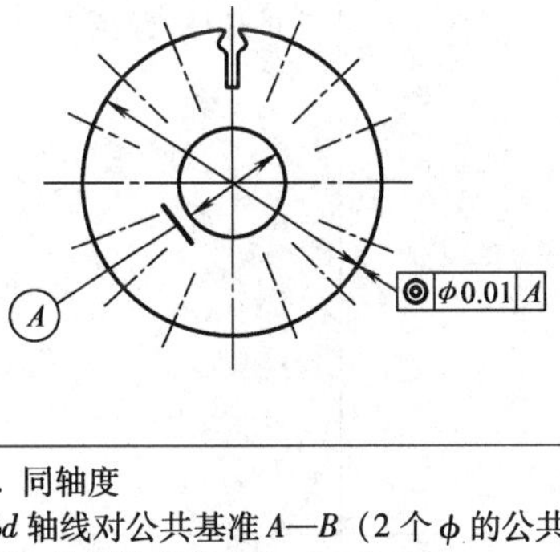	公差带是直径为公差值 0.01mm，且与基准圆同心的圆内区域 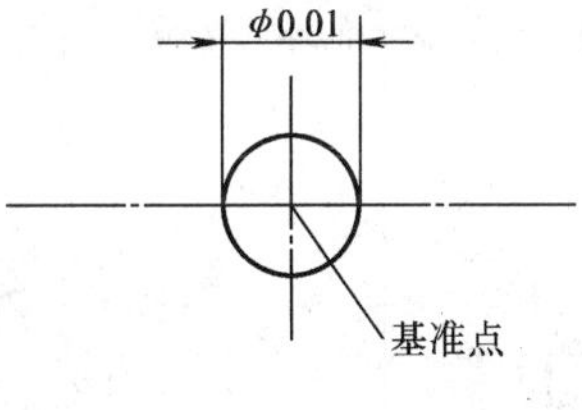	被测大圆的圆心必须位于直径为公差值 0.01mm，且与基准点 A 同心的圆内
2. 同轴度 ϕd 轴线对公共基准 A—B（2 个 ϕ 的公共轴线）的同轴度公差为 $\phi0.02$mm 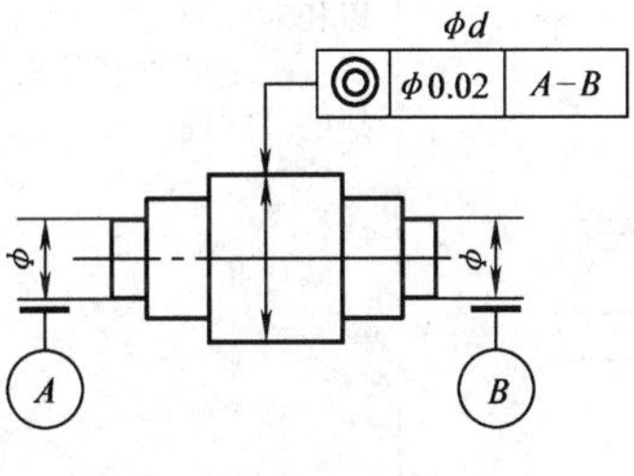	公差带是直径为公差值 0.02mm，且与基准轴线同轴的圆柱面内的区域 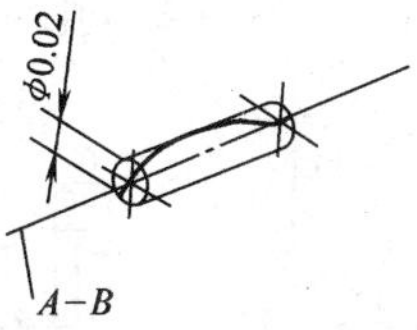	ϕd 圆柱面的轴线必须位于直径为公差值 0.02mm，且为公共基准轴线 A—B 同轴的圆柱面内

（续）

标　　注	公差带定义	解　　读
（二）对称度 1. 面对面 槽的中心平面对基准 *A*（上、下面的中心平面）的对称度公差为 0.1mm 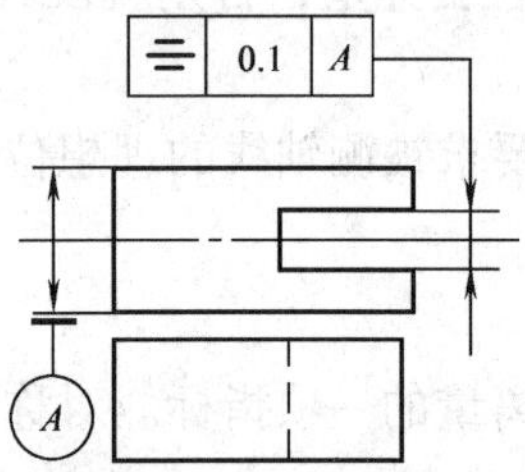	公差带是距离为公差值 0.1mm，且相对于基准中心平面对称配置的两平行平面之间的区域 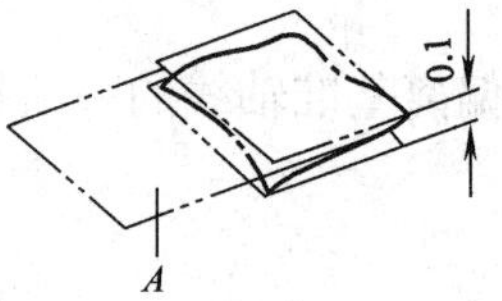	槽的中心面必须位于距离为公差值 0.1mm，且相对基准中心平面 *A* 对称配置的两平行平面之间
2. 面对线 键槽的中心平面对基准 *B*（轴线）的对称度公差为 0.05mm 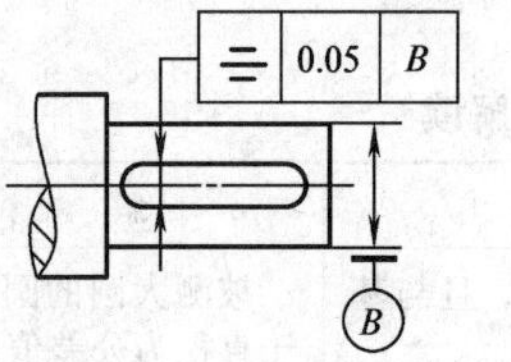	公差带是距离为公差值 0.05mm，且相对于基准轴线对称配置的两平行平面之间的区域 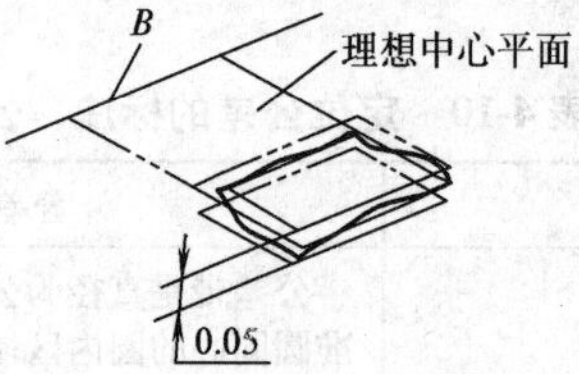	键槽的中心平面必须位于距离为公差值 0.05mm，且相对于通过基准轴线 *B* 的理想基准平面对称配置的两平行平面之间
（三）位置度 1. 点的位置度 球 *ϕD* 的球心对基准 *A*（轴线）、*B*（端面）的位置度公差为 *S*ϕ0.08mm 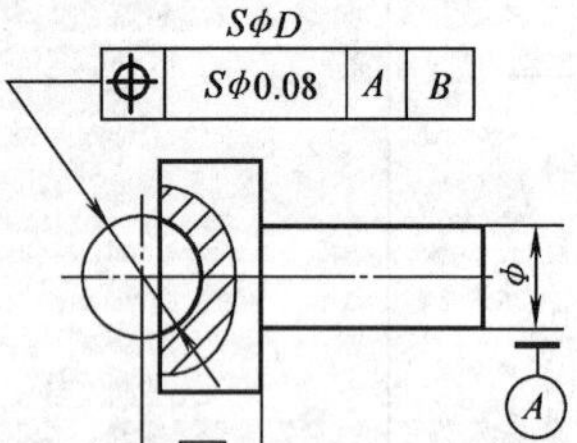	公差带是直径为公差值 0.08mm，且以相对基准 *A* 和 *B* 所确定点的理想位置为球心的球内区域 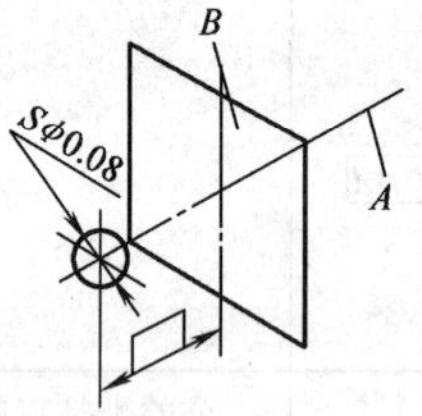	*SϕD* 的球心必须位于直径为公差值 0.08mm，并以相对于基准 *A*、*B* 所确定的理想位置为球心的球内
2. 线的位置度 4 个 *ϕD* 孔的轴线对基准 *A*、*B*、*C* 的位置度公差为 ϕ0.1mm 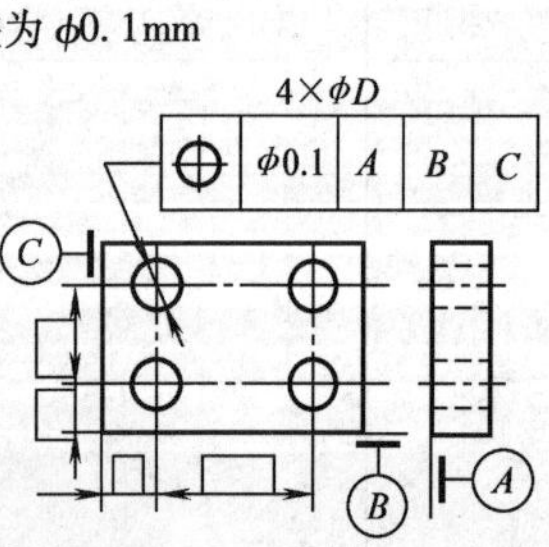	公差带是直径为公差值 0.1mm 的圆柱面内区域，公差带的轴线位置由相对于三基面体系的理论正确尺寸确定 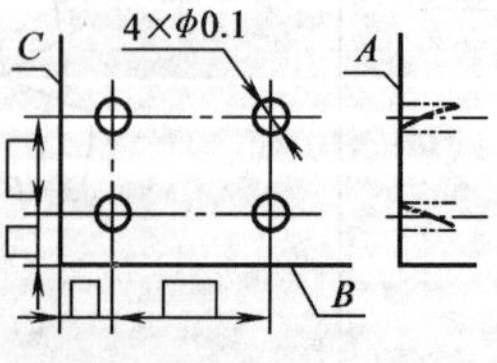	4-*ϕD* 孔的轴线必须位于直径为公差值 0.1mm，且以相对于基准平面 *A*、*B*、*C* 所确定的理想位置为轴线的圆柱内

（续）

标　　注	公差带定义	解　　读
3. 面的位置度 斜表面对基准 A、B 的位置度公差为 0.05mm 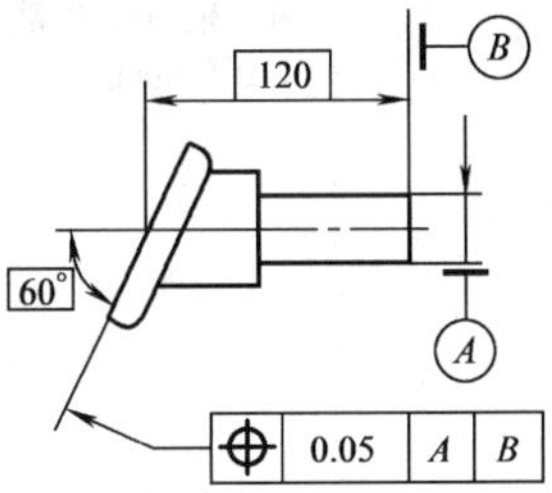	公差带是距离为公差值 0.05mm 且以相对于基准 A、B 所确定面的理想位置为中心对称配置的两平行平面之间的区域 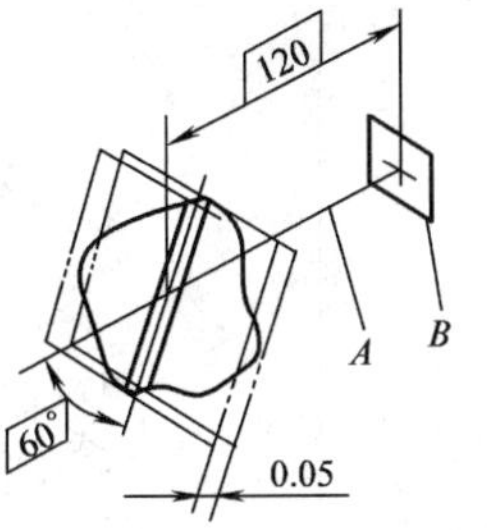	被测斜表面必须位于距离为公差值 0.05mm 的两平行平面之间，两平行平面以基准轴线 A 成 60°距基准平面 B 为 120mm 的理想平面为中心对称配置

三、跳动公差与公差带

跳动公差包括圆跳动和全跳动两项。它是以检测方法规定的公差项目，即当被测要素绕基准轴线回转过程中所允许的最大变动量。跳动量是指示表在给定方向上指示的最大与最小读数之间的允许值。跳动公差带的特点：跳动公差带具有综合控制被测要素的位置、方向和形状误差的功能。如径向全跳动公差可控制被测表面轴线对基准轴线的同轴度误差和圆柱度误差；端面全跳动公差可同时控制端面对基准轴线的垂直度和它的平面度误差。由于跳动有综合控制功能且测量简便，故广泛用于旋转类零件。只有对单项进一步要求时，才给定有关的形状、定向、定位公差值。如图 4-12 所示。

1. 圆跳动

圆跳动是限制被测提取要素绕基准轴线做无轴向移动旋转一周时，任一测量面内的指示器最大与最小读数之差，按跳动的检测方向与基准轴线之间的位置关系不同，分径向圆跳动、端面圆跳动和斜向圆跳动。

2. 全跳动

全跳动是限制被测提取要素整个表面跳动的一项指标。按其被测要素几何特征和测量方向不同分为径向全跳动和端面全跳动。

典型跳动公差标注、公差带定义及解读见表 4-11。

表 4-11　跳动公差标注、公差带定义及解读

标　　注	公差带定义	解　　读
（一）圆跳动 1. 径向圆跳动 ϕd 圆柱面对基准 A（小圆柱面轴线）的径向圆跳动公差为 0.05mm 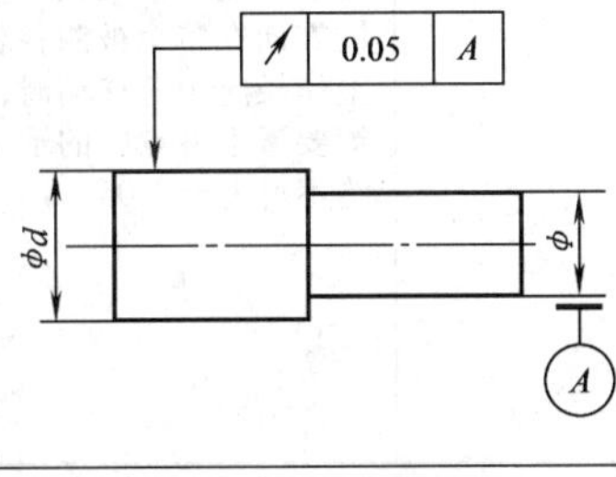	公差带是垂直于基准轴线 A 的任一测量平面内半径差为公差值 0.05mm，且圆心在基准轴线上的两个同心圆之间的区域 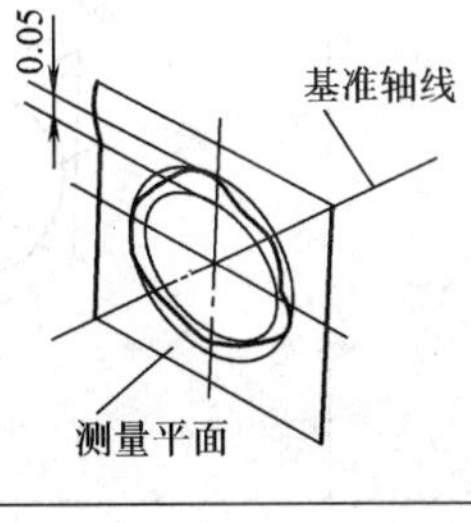	ϕd 被测圆柱面绕基准轴线 A 做无轴向移动回转一周时，在任一测量平面内的径向圆跳动量均不得大于 0.05mm

（续）

标　　注	公差带定义	解　　读
2. 端面圆跳动 端面对基准 *A*（小圆柱面轴线）的端面圆跳动公差为 0.05mm 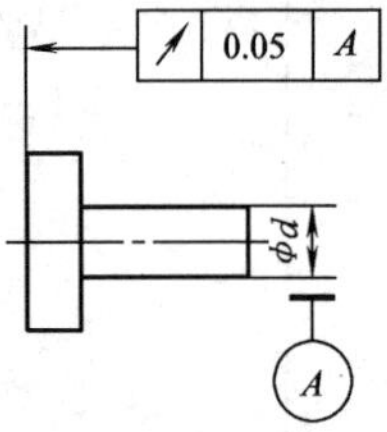	公差带是在与基准轴线 *A* 同轴的任一测量圆柱面上的距离为公差值 0.05mm 的两圆之间的区域 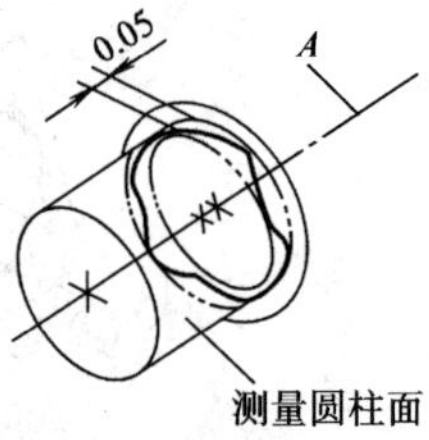	被测端面绕基准轴线 *A* 作无轴向移动回转一周时，在任一测量圆柱面内，轴线跳动量均不得大于 0.05mm
3. 斜向圆跳动 圆锥面对基准 *A* 小圆柱面轴线的斜面圆跳动公差为 0.05mm 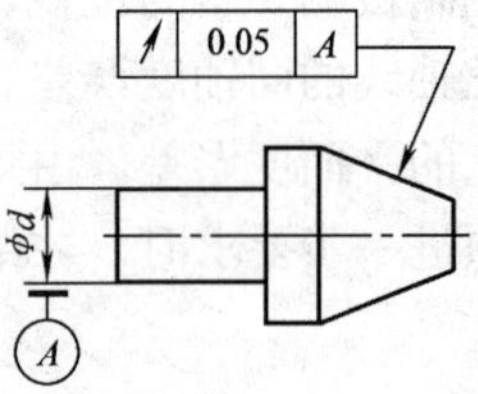	公差带是与基准轴线 *A* 同轴的任一测量圆锥面上的距离为公差值 0.05mm 的两圆之间区域 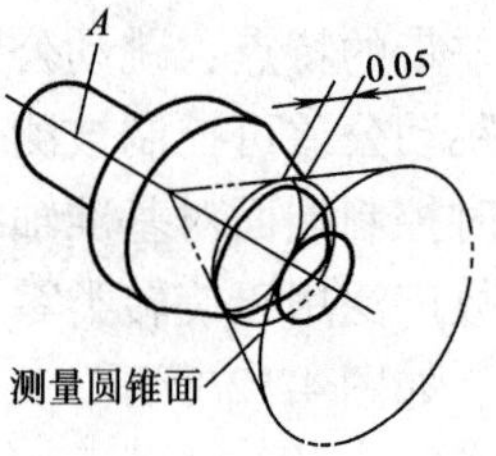	被测圆锥面绕基准轴线 *A* 作无轴向移动回转一周时，在任一测量圆锥面上的跳动量均不得大于 0.05mm
（二）全跳动 1. 径向全跳动 *φd* 圆柱面对公共基准 *A*—*B*（2 个小圆柱的公共轴线）的径向全跳动公差为 0.2mm 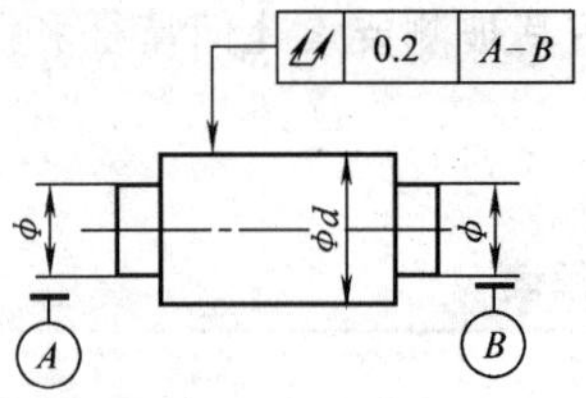	公差带是半径差为公差值 0.2mm 且与基准轴线同轴的两圆柱面之间的区域 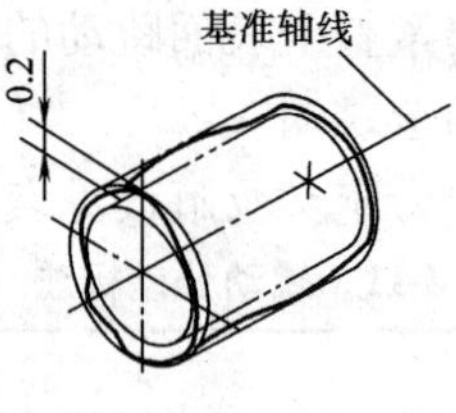	*φd* 被测圆柱面绕公差基准轴线 *A*—*B* 连续回转，使测量仪器与工件沿基准轴线方向在整个被测表面上作相对移动时，被测要素上各点间的示值差不得大于 0.2mm
2. 端面全跳动 端面对基准 *A*（小圆柱面轴线）的端面全跳动公差为 0.05mm 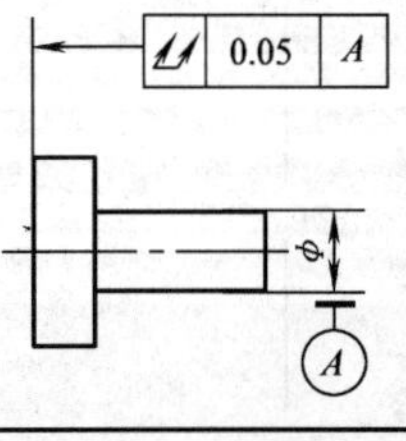	公差带是距离为公差值 0.05mm 且与基准轴线垂直的两平行平面之间的区域 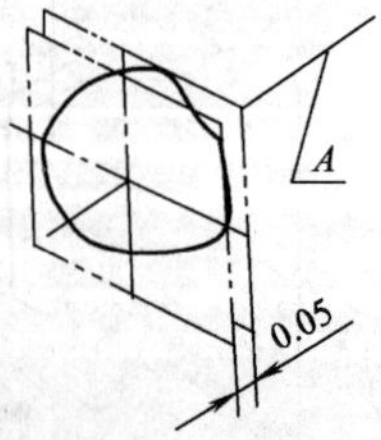	被测端面绕基准轴线 *A* 连续回转，并使测量仪器与工件间沿基准轴线垂直的方向在整个被测各表面上作径向相对移动时，被测要素上各点间的示指差均不得大于 0.05mm

第五节　公差原则

公差原则明确规定了尺寸公差与形位公差之间的关系。公差原则有独立原则和相关要求。独立原则是指图样上给定的尺寸公差与形位公差相互无关的公差原则。相关要求是图样上给定尺寸公差与形位公差有关的公差原则。相关要求又分为包容要求和最大实体要求。

一、有关公差原则的术语及定义

1. 局部实际尺寸

局部实际尺寸简称实际尺寸，是指在提取要素的任意正截面上，两对应点之间测得的距离，如图 4-18 中的 A_1、A_2……A_5 等均为局部实际尺寸。通常，孔的局部实际尺寸用 D_a 表示，轴的局部实际尺寸用 d_a 表示。显然同一要素在不同位置测量，测得的实际尺寸往往不同。

2. 作用尺寸

任何一批孔、轴在加工后，其尺寸误差和形位误差都不会相同，因此，在同一规格的零件中，每一个零件的作用尺寸是不相同的。所谓作用尺寸就是在装配时（或在配合中）起作用的尺寸。

（1）单一要素的作用尺寸　单一要素的作用尺寸（简称作用尺寸），是指在结合面的全长上，与实际孔内接（或与实际轴外接）的最大（或最小）理想轴（或孔）的尺寸。它是要素的局部实际尺寸与形位误差的综合结果。如图 4-19 所示。

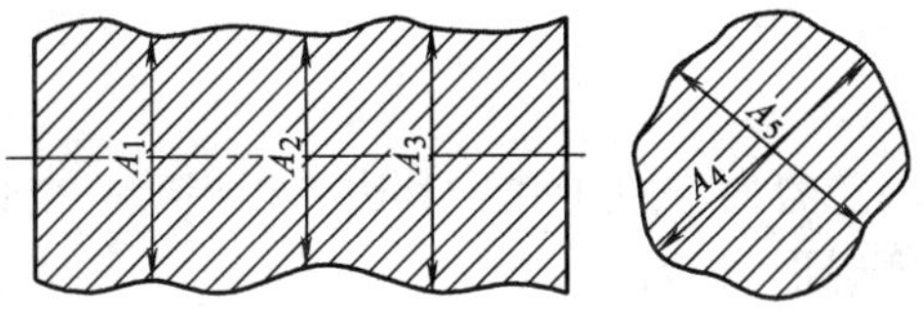

图 4-18　实际尺寸

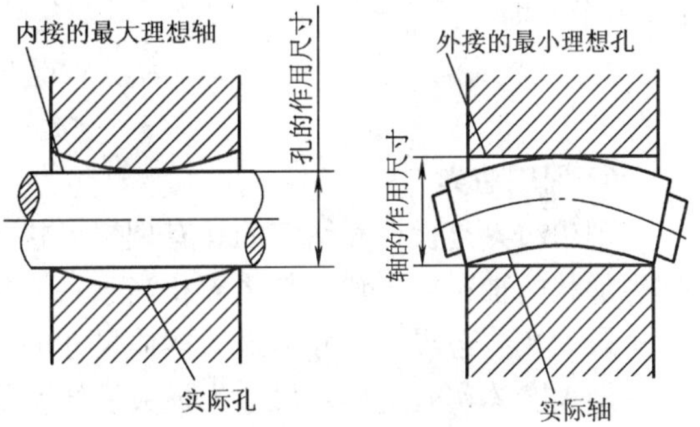

图 4-19　单一要素的作用尺寸

（2）关联要素的作用尺寸　关联要素的作用尺寸，是指局部实际尺寸和位置误差综合起作用的尺寸。它是指在结合面的全长上，与实际孔内接（或与实际轴外接）的最大（或最小）理想轴（或孔）的尺寸，而该理想轴（或孔）必须与基准要素保持图样上给定的几何关系。如图 4-20 所示。

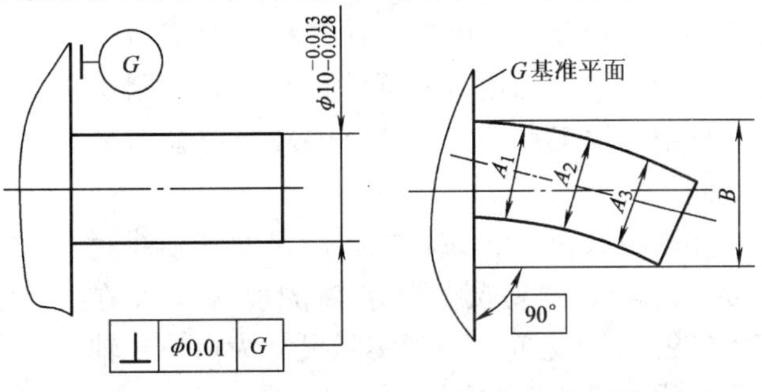

A_1、A_2、A_3— 局部实际尺寸　　B— 关联作用尺寸

图 4-20　关联要素的作用尺寸

3. 最大实体状态和最大实体尺寸

最大实体状态：是指实际要素在尺寸公差范围内，允许拥有材料量最多的状态。

最大实际尺寸：是指实际要素处于最大的实体状态时的尺寸。对于孔最大实体尺寸为孔的最小极限尺寸；对于轴最大实体尺寸为轴的最大极限尺寸。孔、轴的最大实体尺寸代号分别用 D_M、d_M 表示，即

$$D_M = D_{min} \tag{4-1}$$

$$d_M = d_{max} \tag{4-2}$$

4. 最小实体状态和最小实体尺寸

最小实体状态：是指实际要素在尺寸公差范围内，允许拥有材料量最少的状态。

最小实体尺寸：是指实际要素处于最小实体状态时的尺寸。对于孔来说，最小实体尺寸为孔的最大极限尺寸；对于轴，最小实体尺寸为轴的最小极限尺寸。孔、轴最小实体尺寸代号分别用 D_L、d_L 表示，即

$$D_L = D_{max} \tag{4-3}$$

$$d_L = d_{min} \tag{4-4}$$

5. 最大实体实效状态和最大实体实效尺寸

最大实体实效状态：指被测要素的实际尺寸等于最大实体尺寸，且导出要素的形状或位置误差等于图样上给出的公差值时的综合极限状态。

最大实体实效尺寸：指实际要素处于最大实体实效状态时的作用尺寸。孔的最大实体实效尺寸等于孔的最大实体尺寸减去导出要素的形位公差值 t；轴的最大实体实效尺寸等于轴的最大实体尺寸加上导出要素的形位公差值 t。孔、轴最大实体实效尺寸代号分别用 D_{MV}、d_{MV} 表示，即

$$D_{MV} = D_M - t \tag{4-5}$$

$$d_{MV} = d_M + t \tag{4-6}$$

6. 理想边界

理想边界是设计时给定的具有理想形状的极限包容面。对于孔，其边界相当于一个具有理想形状的轴；对于轴，其边界相当于一个具有理想形状的孔。

最大实体边界：尺寸为最大实体尺寸的边界，称为最大实体边界，用 MMB 表示。

最大实体实效边界：尺寸为最大实体实效尺寸的边界称为最大实体实效边界，用 MMVB 表示。

二、独立原则

独立原则是指被测要素在图样上给出的尺寸公差与形位公差各自独立，应分别满足的公差原则。采用独立原则时，在图样上对形位公差和尺寸公差应采用分别标注的形式，不附加任何标记。加工后，其尺寸公差和形位公差分别检测。

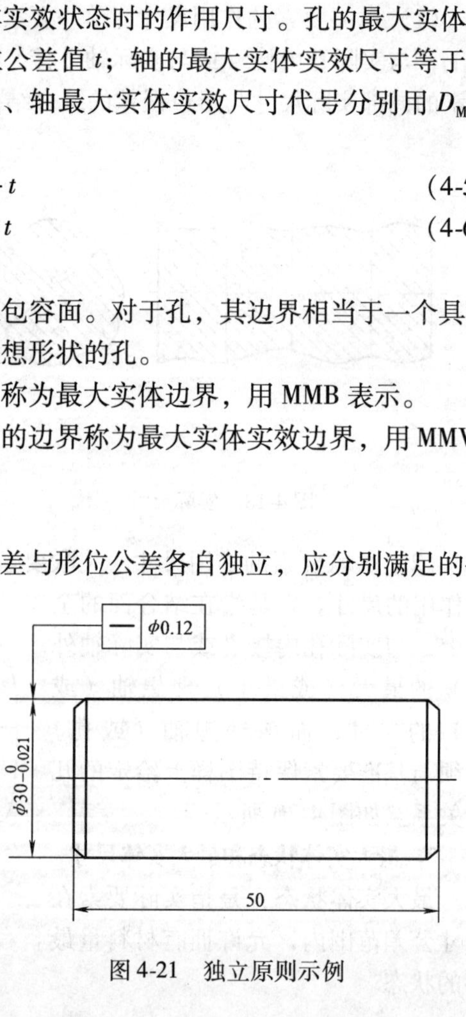

图 4-21 独立原则示例

如图 4-21 所示，该轴加工后尺寸和轴线直线度误差应分别检测。要求轴的实际尺寸在 $\phi29.979 \sim \phi30$ 之间，不管实际尺寸为何值，轴线的直线度误差都不允许大于 $\phi0.12$mm。

独立原则是处理尺寸公差与形位公差之间关系的基本原则，应用广泛。一般用于非配合

零件，或对形状和位置精度要求严格，而对尺寸精度要求相对较低的场合。如印刷机滚筒，尺寸精度要求不高，但为了保证印刷清晰，而对圆柱度要求较高，尺寸公差与形状公差彼此无关，却需分别满足，故按独立原则给出。

三、包容要求

包容要求是要求被测提取要素处处不得超越最大实体边界的一种公差原则。包容要求对被测要素规定必须遵守最大实体边界，也就是被测要素的作用尺寸不得超越此边界。

1. 单一要素的包容要求

在图样上的尺寸公差或尺寸公差带后之后加注符号Ⓔ时，则表示该单一要素遵守包容要求。见图4-22a 所示，轴的尺寸 $\phi52_{-0.03}^{\ \ 0}$Ⓔ，必须遵守最大实体边界，该边界是一个直径为 $\phi52$mm 的理想孔。

该轴应满足下列要求：

1）轴的局部实际尺寸必须在 $\phi51.97 \sim \phi52$mm 的范围内。

2）当轴的直径为最大实体尺寸 $\phi52$mm 时，形状误差为零。此时，轴为一个直径为 $\phi52$mm 的理想轴。

3）当轴的直径偏离最大实体 $\phi52$mm 时，允许有形状误差。当轴的直径处处为最小实体尺寸 $\phi51.97$mm 时，形状误差最大值可达 0.03mm（轴的尺寸公差）。如图 4-22b、c 所示。

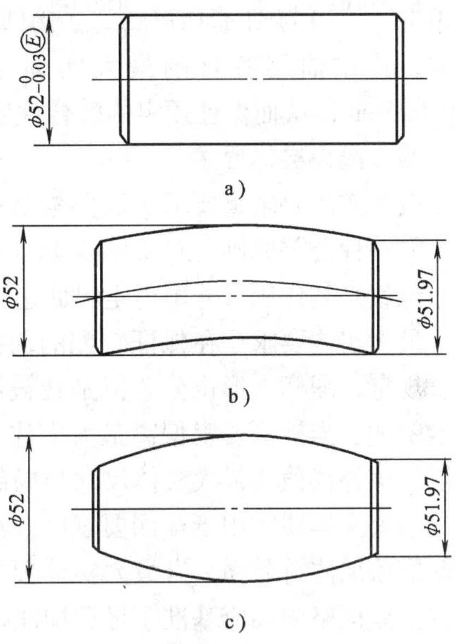

图 4-22　单一要素的包容要求示例

对于采用包容要求的单一要素，按功能要求，还可以对其提出进一步的形状公差要求。如图 4-23 所示。

对于采用包容要求的单一要素，按功能要求，还可以对其提出进一步的形状公差要求。如图 4-23 所示，其被测要素要求遵守包容要求，同时又按独立原则限定轴线直线度误差为 $\phi0.01$mm。即当轴的直径均为最大实体尺寸 $\phi52$mm，轴线的直线度误差为零。当轴的直径偏离最大实体尺寸 $\phi52$mm，允许有轴线的直线度误差，其误差值始终不得大于图样给定的公差值 $\phi0.01$mm。

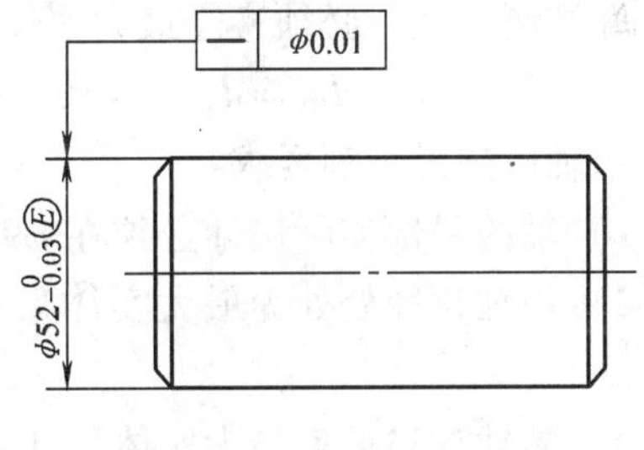

图 4-23　包容要求和独立原则同时应用示例

2. 关联要素的包容要求

关联要素遵守包容要求时，应在形位公差框格的第二格标注 $\phi0$ Ⓜ，如图 4-24a 所示。被测孔必须遵守最大实体边界，该边界是一个直径为最大实体尺寸 $\phi49.92$mm。且轴线垂直于基准 A 的理想轴。

被测孔应满足下列要求：

1）孔的局部实际尺寸必须在 $\phi49.92 \sim \phi50.13$mm 范围内。

2）当孔的直径处处为最大实体尺寸 $\phi49.92$mm，轴线对基准 A 的垂直度误差为 $\phi0$。

3）当孔的直径偏离最大实体实体尺寸 $\phi49.92$mm 时，允许轴线对基准 A 有垂直度误差。当孔的直径处处为最小实体 $\phi50.13$mm 时，轴线的垂直度误差为 $\phi0.21$mm（孔的尺寸公差）。如图 4-24b 所示：

包容要求主要用于保证配合性质要求较严格的配合面，用最大实体边界来保证配合的最小间隙或最大过盈。如孔 $\phi50\text{H8}(^{+0.039}_{0})$ 与轴 $\phi50\text{f7}(^{-0.025}_{-0.050})$ 组成间隙配合，若采用包容要求，孔和轴用各自的最大实体边界保证了最小间隙量 +0.025mm，从而保证预定的配合性质要求。

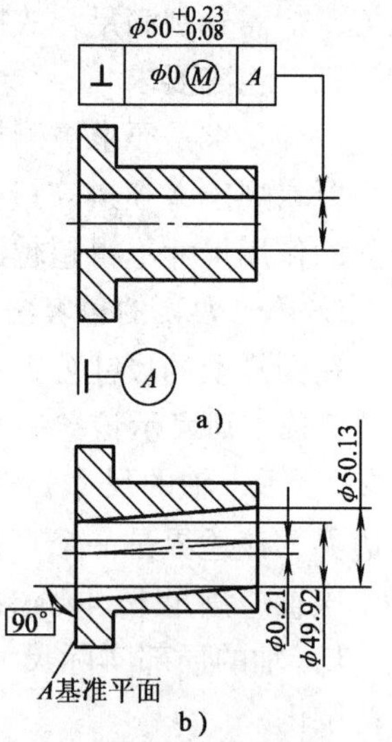

图 4-24 关联要素的包容要求示例

四、最大实体要求

最大实体要求是要求提取要素处处不得超越最大实体实效边界的一种公差原则。对被测提取要素规定了最大实体实效边界，也就是其作用尺寸不得走出此边界。

最大实体要求是在保证装配的前提下提出的，按最大实体要求规定，图样上形位公差值是在被测要素处于最大实体状态下给定的，当被测要素偏离最大实体状态时，形位公差值可得补偿，该补偿值为最大实体尺寸与局部实际尺寸之差。

最大实体要求用于被测要素时，应在形位公差框格中形位公差值后加注符号Ⓜ，当最大实体要求用于基准要素时，应在形位公差框格中相应基准字母后加注符号Ⓜ。

1. 最大实体要求用于单一要素

最大实体要求应用于轴线的直线度公差实例，如图 4-25a 所示。

销轴的局部实际尺寸必须在 $\phi10\,^{0}_{-0.03}$，轴线的直线度公差为 $\phi0.015$，遵守最大实体要求，即被测要素，必须遵守最大实体实效边界，其边界尺寸为

$$d_{\text{MV}} = d_{\text{M}} + t = d_{\max} + t = \phi10\text{mm} + 0.015\text{mm} = \phi10.015\text{mm}$$

销轴应满足下列要求：

1）轴的局部实际尺寸必须在 $\phi9.97 \sim \phi10$mm 范围内。

2）销轴直径处处为最大实体尺寸 $\phi10$mm，轴线直线度公差为 $\phi0.015$mm。如图 4-25b 所示。

3）销轴直径偏离最大实体尺寸 $\phi10$mm，轴线直线度误差允许增大。

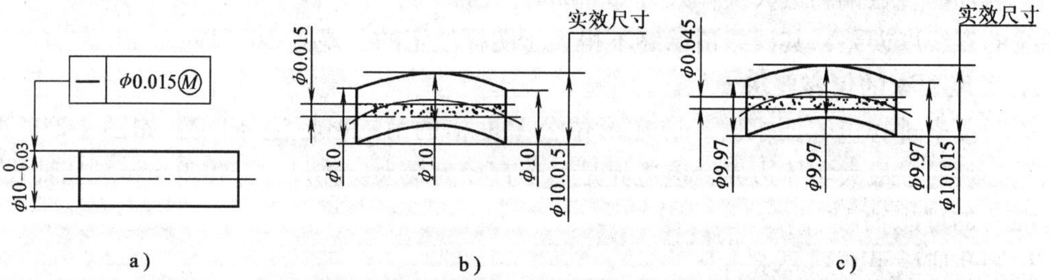

图 4-25 最大实体要求用于单一要素示例

当销轴直径处处为 $\phi 9.97mm$ 时，轴线的直线度误差增大到 $\phi 0.015mm + 0.03mm = \phi 0.045mm$。最大补偿值为尺寸公差 0.03mm。如图 4-25c 所示。

2. 最大实体要求用于关联要素

最大实体要求应用于垂直度公差实例，如图 4-26a 所示。形位公差框格中公差值为 $\phi 0.08$ Ⓜ，孔必须遵守最大实体实效边界，该边界的尺寸为

$$D_{MV} = D_M - t = D_{min} - t = \phi 50mm - 0.08mm = \phi 49.92mm$$

孔应满足下列要求：

1）孔的局部实际尺寸必须在 $\phi 50 \sim \phi 50.13mm$ 范围内。

2）孔的直径处处为最大实体尺寸 $\phi 50mm$，轴线对基准 A 的垂直度公差为 $\phi 0.08mm$，如图 4-26b 所示。

3）孔的直径偏离最大实体尺寸 $\phi 50mm$，轴线对基准 A 垂直度误差允许增大；当孔的直径处处为最小实体尺寸 $\phi 50.13mm$ 时，垂直度误差为 $\phi 0.08mm + 0.13mm = \phi 0.21mm$。如图 4-26c 所示。

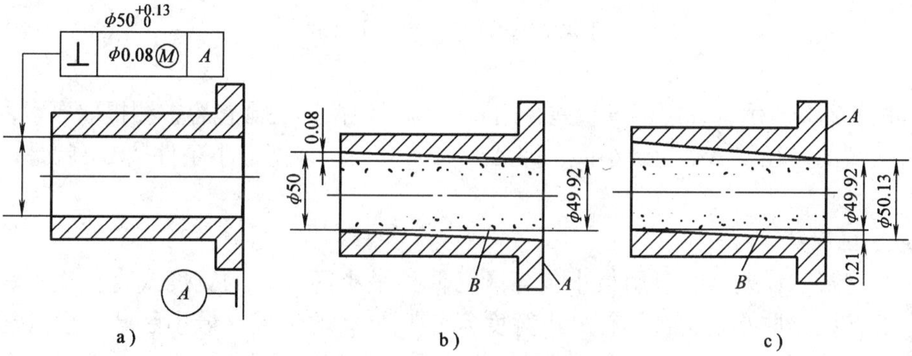

图 4-26　最大实体要求用于关联要素的示例（B——最大实体实效边界）

遵守最大实体要求可以将尺寸公差补偿给形位公差。最大实体要求主要用于保证装配互换性的零件。如螺栓和螺钉连接中孔的位置度公差常采用最大实体要求，它遵守最大实体实效边界，扩大了形位公差，提高合格率。

第六节　形位误差的检测

一、形状误差的评定

1. 最小条件

形状误差是被测提取要素的形状对其拟合要素的变动量。形状误差值小于相应的公差值，则认为合格。

评定形状误差时将被测提取要素与其拟合要素进行比较，拟合要素处于不同的位置，评定的形状误差值也不同。为了使评定结果唯一，国家标准规定了最小条件。所谓最小条件，是指被测提取要素对其拟合要素的最大变动量为最小。最小条件是评定形状误差的基本原则。

如图 4-27a 所示，评定直线度误差，其拟合要素为直线 AB，图中 A_1B_1、A_2B_2、A_3B_3…处于不同位置，相对应于得到 h_1、h_2、h_3…各个最大变动量，其中 h_1 为各个最大变动量中的最小值，即 $h_1 < h_2 < h_3 < \cdots$，根据最小条件要求，h_1 就是其直线度误差值。

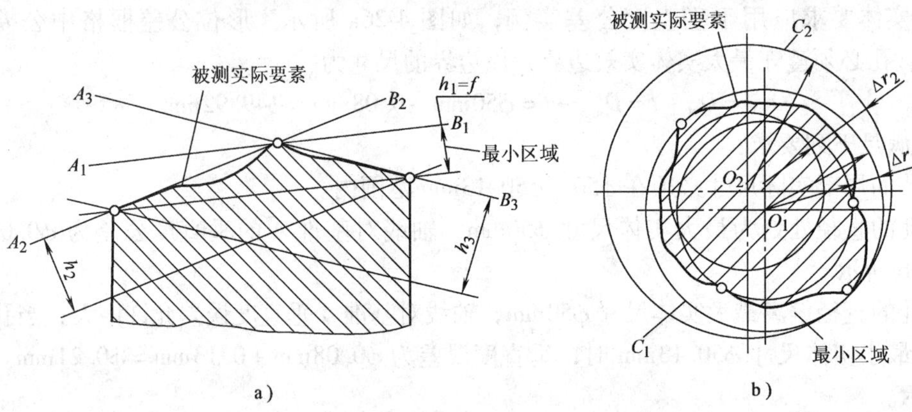

图 4-27　最小条件和最小区域

又如图 4-27b 所示，评定圆度误差，用 C_1、C_2…组两同心圆包容被测提取要素，其中同心圆包容区域的半径差 Δr_1 为最小值，即 $\Delta r_1 < \Delta r_2 < \cdots$，根据最小条件，$\Delta r_1$ 就是该圆度误差值。

2. 最小区域法

具体评定形状误差时，可用最小包容区（简称最小区域）的宽度或直径表示。最小区域是指包容被测提取要素，且具有最小宽度 f 或直径 ϕf 的区域。最小区域的形状与其相应的公差带形状相同，最小区域的宽度或直径就为其评定形状误差值的大小。这种按最小区域评定形状误差值的方法称为最小区域法。最小区域法实质上是最小条件的具体体现，它是评定被测提取要素形状误差的基本方法。

最小区域是根据被测提取要素与包容区域的接触状态来判别的。最小区域的判别法：如评定在给定平面内的直线度误差，实际直线与两平行直线的包容区至少有高、低、高（或低、高、低）三点接触，这个包容区就是最小区域，如图 4-27a 中 h_1 所示的区域。又如评定圆度误差时，包容区为两同心圆之间的区域，实际圆应至少有内、外交替的四点与两包容圆接触，此包容区就是最小区域，如图 4-27b 中 Δr_1 所示的区域。

当然，在满足零件功能要求的前提下，允许用近似法或其他方法来评定形状误差，但其评定的形状误差值常比用最小区域法评定的误差值大些。

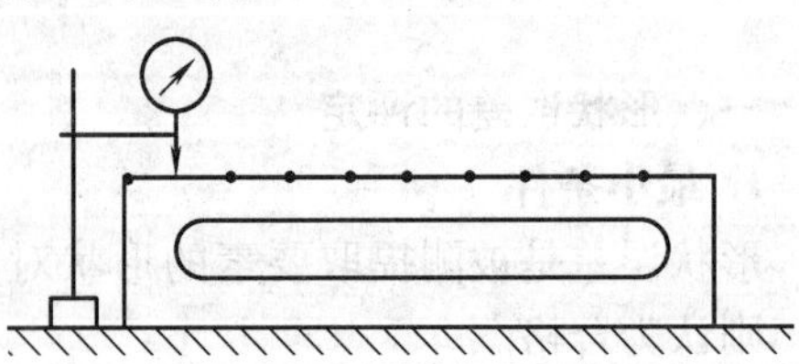

图 4-28　用指示表测量直线度误差

3. 按最小区域法评定形状误差

以评定平面内的直线度误差为例，在平板上用指示表测量直线度误差，如图 4-28 所示。

对被测要素作等距分点测量，在各测点处指示表的示值如下：

测量序点	0	1	2	3	4	5	6	7	8
指示表示值 $M/\mu m$	0	+2	+3	−1	−2	0	+2	+4	+2

根据上表所列的测量数据，用最小区域法求解直线度误差。

解

根据表列数据，从起始点“0”开始逐点作图，测量序点相当于图中 X 轴的分段各点，指示表示值相当于图中 Y 坐标值。作图时对于指示表示值采用放大比例，横坐标是被测要素长度按缩小的比例进行。一般地说，纵坐标的放大比例和横坐标的缩小比例，两者之间并无必然联系。如图 4-29 所示。

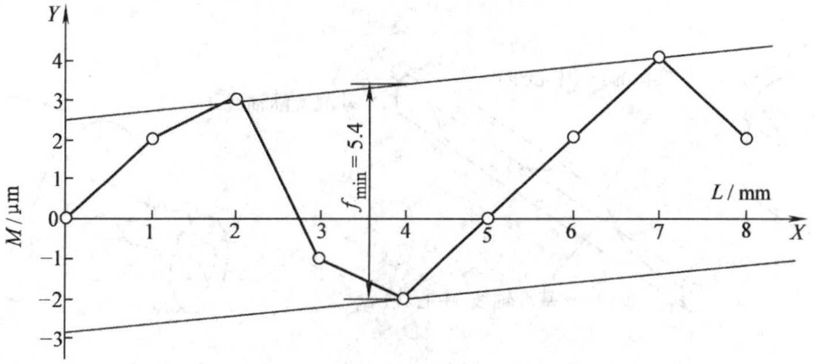

图 4-29　用最小区域法求直线度误差

根据直线度误差最小区域判别准则，经过两个最高点 2 点和 7 点作一直线，再过最低点 4 点，作一条平行于上述直线的平行线，这两条平行线间沿纵坐标方向的距离代表最小区域的宽度，从图中量得 $f=5.4\mu m$，即为评定的直线度误差值。

二、基准

基准即理想的基准要素，在位置公差中，基准是确定被测要素的方向和位置的依据。

1. 基准的种类

图样上标出的基准通常分以下三类：

（1）单一基准　由一个要素建立的基准称为单一基准。如图 4-13 所示由孔 ϕd 的轴线建立的基准。

（2）组合基准　也称公共基准，是由两个或两个以上的要素建立的一个独立基准。如图 4-9 所示的由两段轴线 A、B 共同建立的公共基准 A—B。在公差框格中标注时，将各个基准字母用短横线相连起来写在同一格内，以表示作为一个基准使用。

（3）三基面体系　由三个相互垂直的平面所构成的基准体系称三基面体系。它的三个基准平面按标注顺序分别称为第一基准平面、第二基准平面和第三基准平面。见表 4-10 中线的位置度标注的基准 A、B、C，A 为第一基准，B 为第二基准、C 为第三基准。基准顺序不同，加工或测量时定位不同，其相应的结果也不相同。一般选最重要的或最大的平面作第一基准 A，选次要或较长的平面作第二基准 B，选不重要的平面作第三基准 C。如图 4-30 所示。

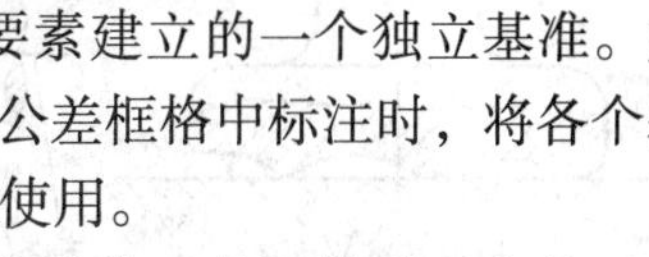

图 4-30　三基面体系

2. 基准的建立

评定位置误差的基准应是理想的基准要素，但基准要素本身也存在形状误差。因此，用基准提取要素根据最小条件（或最小区域法）建立理想基准。

例如，由基准实际平面建立基准时，基准平面必须是符合最小条件的理想平面，如图4-31a 所示；由基准实际轴线建立基准时，基准轴线必须是符合最小条件的理想基准轴线，如图 4-31b 所示；由公共基准轴线建立基准时，基准轴线必须是包容基准提取轴线 *A* 和提取轴线 *B*，且直径为最小（符合最小条件）拟合圆柱面的轴线，即 *A*—*B* 公共基准轴线，如图4-31c 所示。

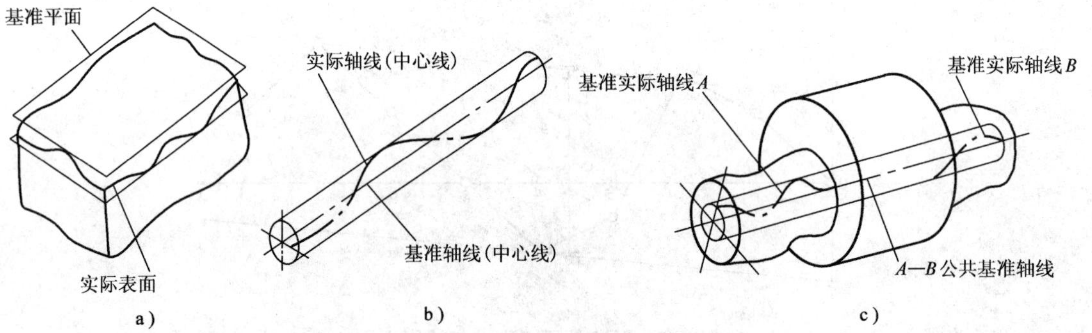

图 4-31　基准的建立

3. 基准的体现

在实际检测中，常采用模拟法来体现基准。模拟法是用足够精度形状的表面模拟基准。如图 4-32a 所示为基准平面用平板或量仪工作台面模拟；图 4-32b 所示为基准孔轴线用心轴模拟；图 4-32c 所示基准轴线用 *V* 形架模拟；再如基准中心平面用定位块的中心平面模拟等。

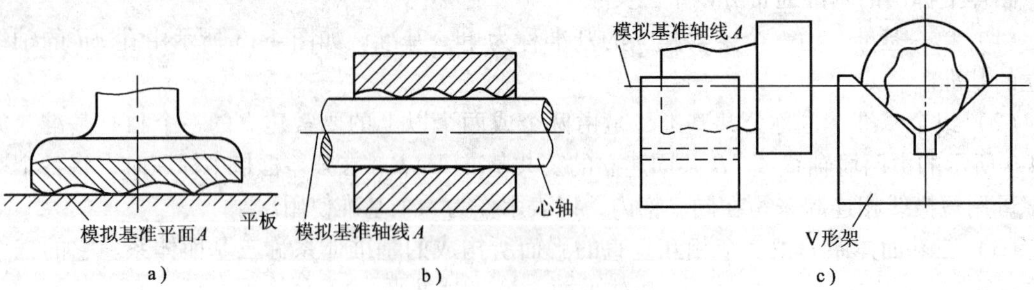

图 4-32　基准的体现

用模拟法体现基准时，应符合最小条件。一般当基准实际要素与模拟基准接触时，可能形成"稳定接触"，也可能形成"非稳定接触"。"稳定接触"自然符合最小条件的相对位置关系。"非稳定接触"一般不符合最小条件，应通过调整基准提取要素与模拟基准之间尽可能符合最小条件的相对位置关系。如图 4-33 所示。

三、位置误差的评定

位置误差的评定，涉及被测要素和基准。

评定位置误差大小时，用最小区域法包容被测提取要素，但这个最小区域必须与基准保持给定几何关系的前提下，区域的宽度或直径最小，这点与评定形状误差的最小区域有所不同。如图 4-34 所示，要求测上表面对下表面的平行度，可用平板的精确平面模拟基准，按最小条件与下表面接触。与基准平行的两个包容实际表面的平面，就是最小包容区，两平行平面之间的距离 f 为平行度误差值。可用指示表沿上面拖动，从指针的最大变动量得平行度误差值。

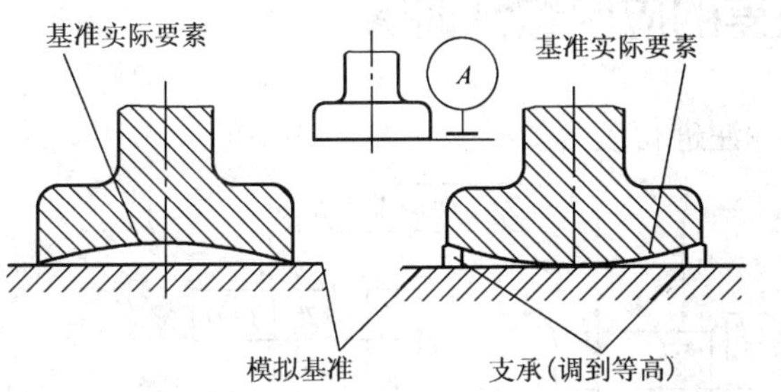

图 4-33　稳定和非稳定接触

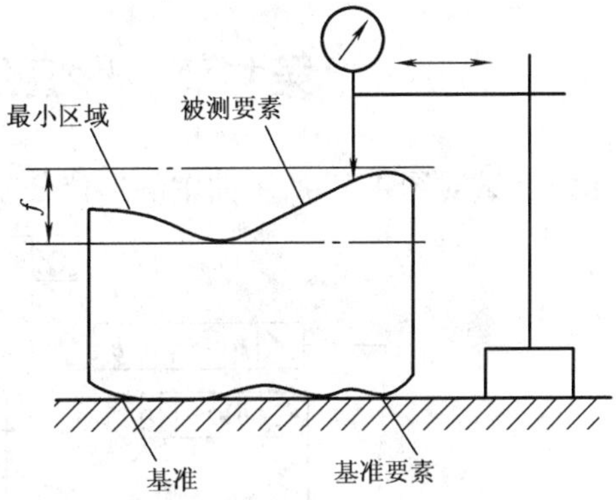

图 4-34　平行度误差测量

四、形位误差的检测原则

形位公差项目较多，再加上零件结构形式多样化，使形位误差检测方法有各种各样。便于应用，国家标准 GB 1958—1980 中汇集了 100 多种检测方案，就其原理，将这些方案归纳为五种检测原则。

1. 与拟合要素比较的原则

与拟合要素比较的原则是指测量时将被测提取要素与拟合要素作比较，通过比较获得数据，再对这些数据处理得到形位误差值。

应用该检测原则时，拟合要素一般用模拟方法体现。如以刀口形直尺的刃口、平尺的工作面、一束光线或拉紧的钢丝来体现理想直线，用平板或平台的工作面体现理想平面。测量的量值由直接法或间接法获得。

与拟合要素比较的原则，是一条基本原则，应用最广泛。

2. 测量坐标的原则

测量坐标的原则是通过测量被测要素的坐标值（如直角坐标值，极坐标值等），并经过数据处理获得形位误差值的原则。该原则主要用于圆度、圆柱度、轮廓度、位置度误差的测量，特别是轮廓度、位置度测量应用更广。采用这种原则数据处理较复杂。

3. 测量特征参数的原则

测量特征参数的原则是通过被测提取要素上具有代表性的参数（即特征参数）来表示形位误差值的原则。这是一条近似的原则，采用此原则的测量方法精度较低。如两点法、三点法测量圆度误差，方法简单但易实现，适用于车间条件，在生产中也常采用。

4. 测量跳动的原则

测量跳动的原则是指被测提取要素绕基准轴线回转过程中，沿给定方向测量对某参数点或线的变动量。变动量是指指示器的最大与最小读数之差。测量跳动的原则主要用于图样上标注圆跳动或全跳动时误差的测量。

5. 控制实效边界的原则

控制实效边界的原则是通过检验被测提取要素是否超出最大实体实效边界，以判断零件合格与否的原则。该原则适用于形位公差采用最大实体要求的场合，即图样上形位公差框格中，公差值后或基准字母后标注Ⓜ时，采用综合量规来检测。

第七节 形位公差的应用综合训练

例 1 试对图 4-35 所示曲轴的形位公差标注进行读解。

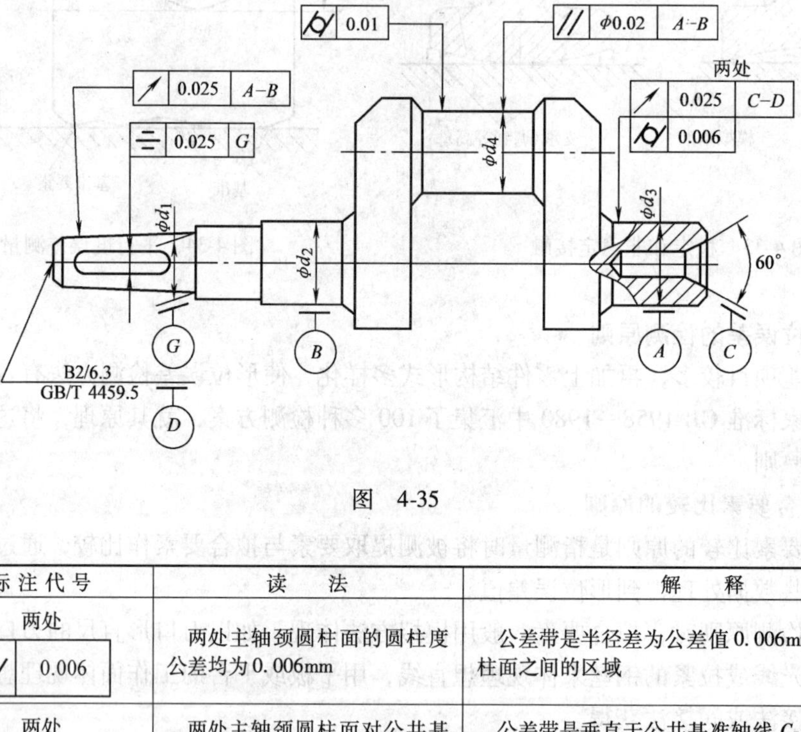

图 4-35

解

序号	标注代号	读法	解释
1	两处 ⌭ 0.006	两处主轴颈圆柱面的圆柱度公差均为 0.006mm	公差带是半径差为公差值 0.006mm 的两同轴圆柱面之间的区域
2	两处 ↗ 0.025 C–D	两处主轴颈圆柱面对公共基准轴线 C-D 的径向圆跳动公差为 0.025mm	公差带是垂直于公共基准轴线 C-D 的任一测量平面内，半径差为公差值 0.025mm，且圆心在基准轴线上的两同心圆之间的区域
3	// φ0.02 A–B	连杆轴颈轴线对公共基准轴线 A-B（两主轴颈的公共轴线）的平行度公差为 ϕ0.02mm	公差带是直径为公差值 0.02mm，且平行于基准轴线 A-B 的圆柱面内区域
4	⌭ 0.01	连杆轴颈圆柱面的圆柱度公差为 0.01mm	公差带是半径差为公差值 0.01mm 的两同轴圆柱面之间的区域
5	⌯ 0.025 F	键槽的中心平面对基准 F（圆锥的中心平面）的对称度公差为 0.025mm	公差带是距离为公差值 0.025mm，且相对于基准中心平面 F 对称配置的两平行平面之间的区域

（续）

序号	标注代号	读　法	解　释
6	↗ | 0.025 | A–B	圆锥面对公共基准轴线 A－B 的斜向圆跳动公差为 0.025mm	公差带是与公共基准轴线 A-B 同轴任一测量圆锥面上，距离为公差值 0.025mm 的两圆之间的区域

例 2　减速箱输出轴形位公差标注，如图 4-36a 所示，请改正形位公差标注上（包括公差数值上）的错误。

解　改正后形位公差标注如图 4-36b 所示。

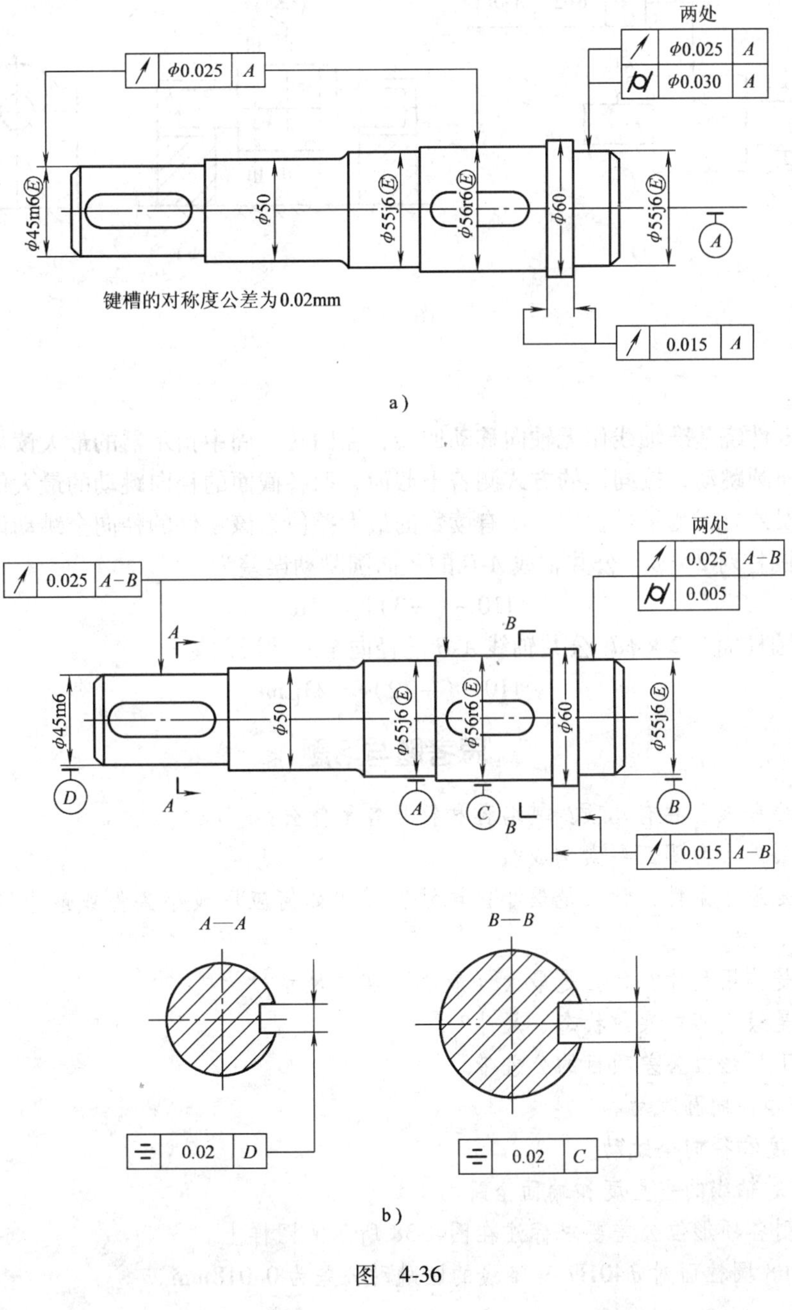

图　4-36

例 3 如图 4-37a 所示零件，用 4-37b 所示的测量方法，指示器在各测量截面上最大读数和最小读数如下表所示。试求 ϕd_2 的圆柱面对 2-ϕd_1 公共轴线 A-B 的径向圆跳动和径向全跳动误差。

（单位：μm）

测量截面	Ⅰ	Ⅱ	Ⅲ
最大读数	0	-6	+10
最小读数	-8	-12	-3

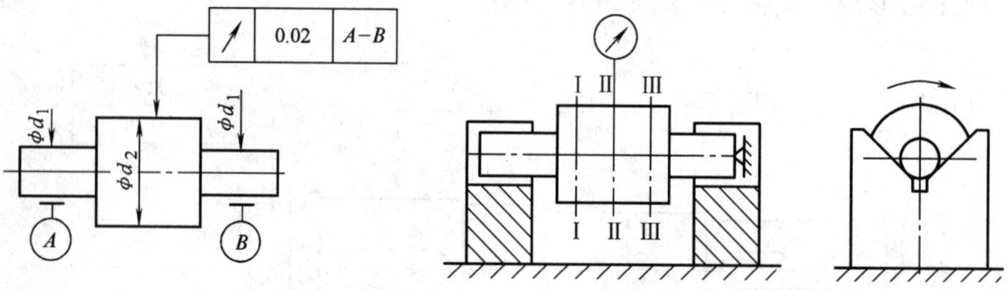

a)　　b)

图 4-37

解

被测量零件绕基准轴线作无轴向移动回转，在回转一周中指示器的最大读数差值为该测量截面的径向圆跳动，按同样的方式测若干截面，取各截面的径向跳动的最大值为该零件的径向圆跳动误差。在测量过程中，所有读数的最大差值为该零件的径向全跳动误差。

1）ϕd_2 圆柱对 $2\times\phi d_1$ 公共轴线 A-B 的径向圆跳动误差为

$$|10-(-3)|=13\mu m$$

2）ϕd_2 圆柱面对 $2\times\phi d_1$ 公共轴线 A-B 的径向全跳动误差为

$$|10-(-12)|=23\mu m$$

思考题与习题

1. 形位公差项目共有几项？其名称和符号各是什么？

2. 形位公差带由哪四要素构成？

3. 什么是最小条件？什么是最小区域法？说明如何应用最小条件或最小区域法来评定形状和位置误差？

4. 什么是作用尺寸？什么是最大（最小）实体尺寸？

5. 什么是最大实体实效状态、尺寸？

6. 区别下列形位公差项目的公差带

1）圆度和径向圆跳动。

2）圆柱度和径向全跳动。

3）端面对轴线的垂直度和端面全跳动。

7. 将下列各项形位公差要求标注在图 4-38 所示的图样上。

1）ϕ100h8 圆柱面对 ϕ40H7 孔轴线的圆跳动公差为 0.018mm。

2）左、右两凸台端面对 ϕ40H7 孔轴线的圆跳动公差为 0.012mm。

3）轮毂键槽中心平面对 ϕ40H7 孔轴线的对称度公差为 0.02mm。

8. 试将下列各项形位公差要求标注在图 4-39 所示的图样上。

1）两个 ϕd 轴线对其公共轴线的同轴度公差均为 ϕ0.02mm。

2）ϕD 轴线对两个 ϕd 公共轴线的垂直度公差为 0.01mm/100mm。

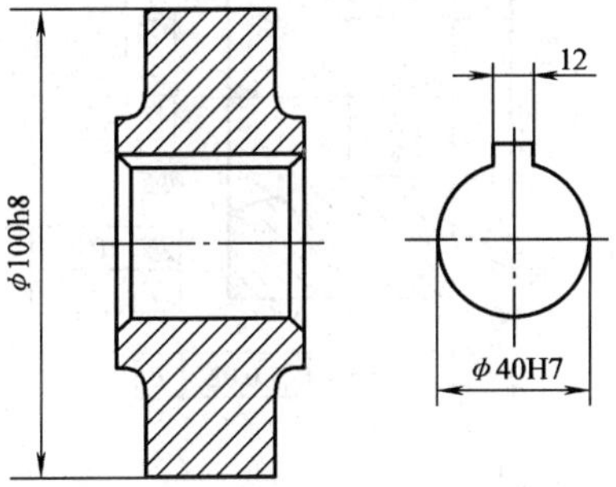

图　4-38

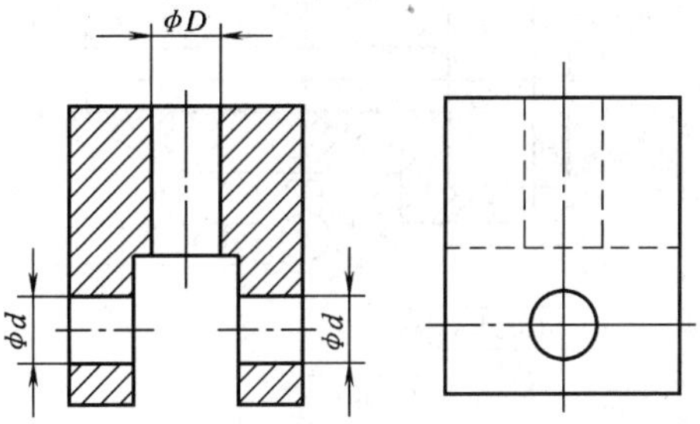

图　4-39

9. 试将下列各项形位公差要求标注在图 4-40 所示的图样上。

1）ϕd 圆锥面 A 的圆度公差为 0.006mm，母线的直线度公差为 0.005mm，圆锥面 A 的轴线对 ϕd 轴线的同轴度公差为 ϕ0.015mm。

2）ϕd 圆柱面的圆柱度公差为 0.009mm，ϕd 轴线的直线度公差为 ϕ0.012mm。

3）右端面 B 对 ϕd 轴线的圆跳动公差为 0.01mm。

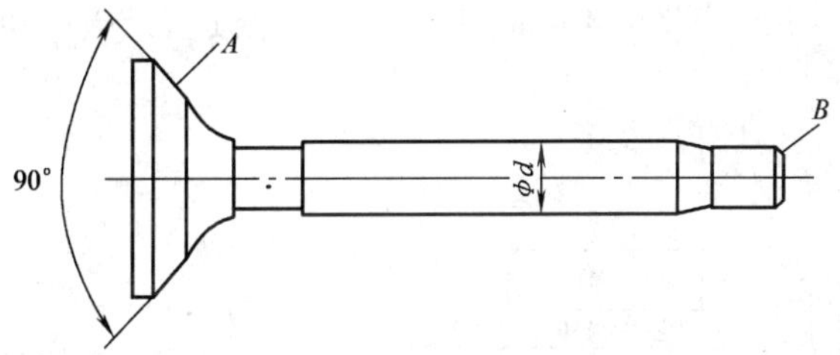

图　4-40

10. 试分别对习题图 4-41a、b 所注出的形位公差标注进行读解。

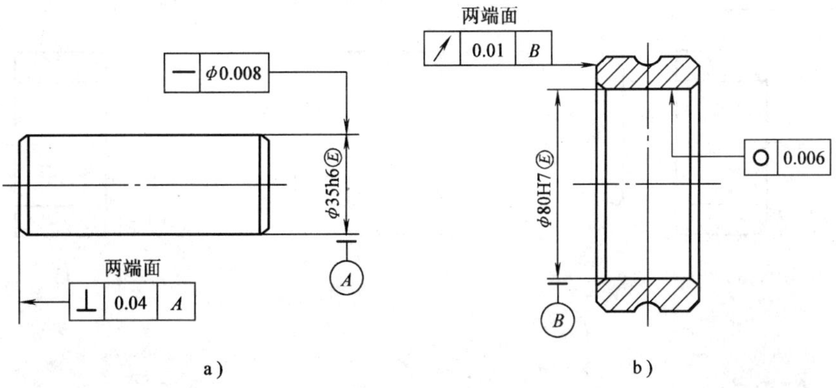

图　4-41

11. 试分别改正图 4-42a、b 所示形位公差的标注错误（形位公差项目不允许变更）。

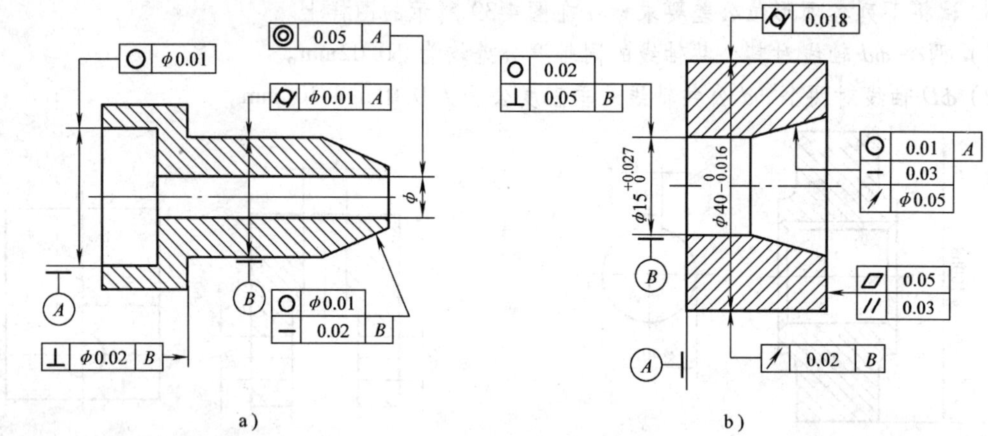

图 4-42

12. 试将图 4-43a、b、c、d、e、f 所示六个图样解释，分别填写在下表中。

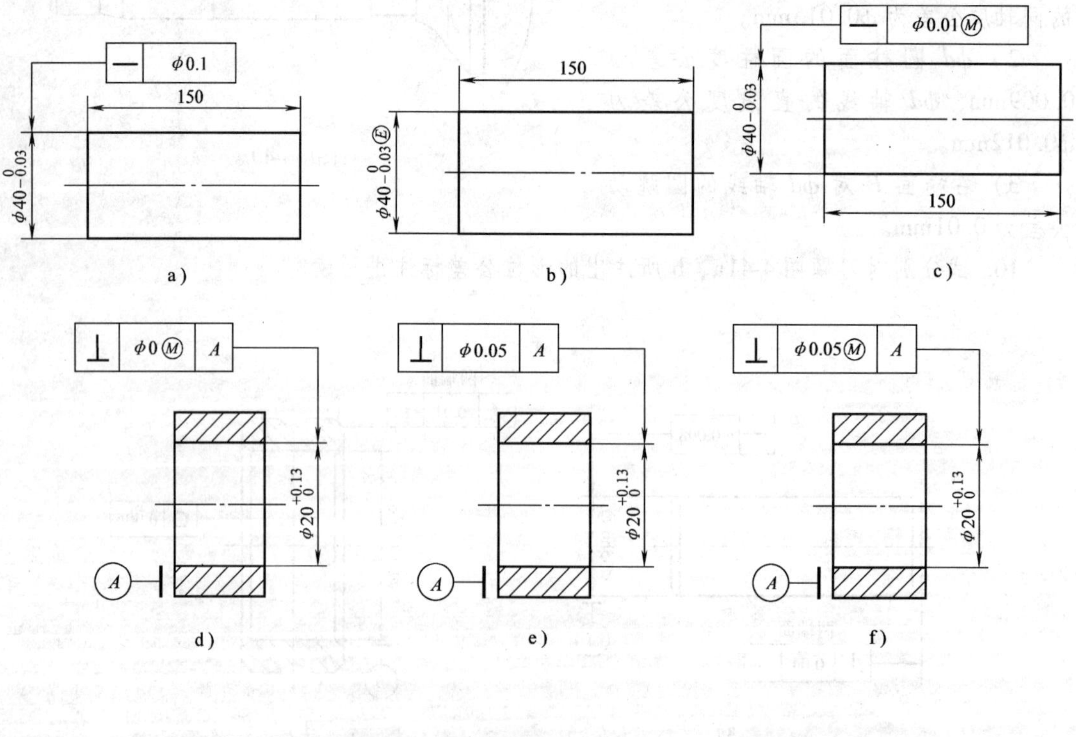

图 4-43

（单位：mm）

序号	采用的公差原则	理想边界及边界尺寸	最大实体状态下的形位公差值	允许的最大形位公差值	实际尺寸合格范围
a					
b					
c					
d					
e					
f					

13. 用指示表测量一导轨的直线度误差，测量方法如习题图4-44所示，指示表上读得的示值列于下表，试按最小条件解直线度误差。

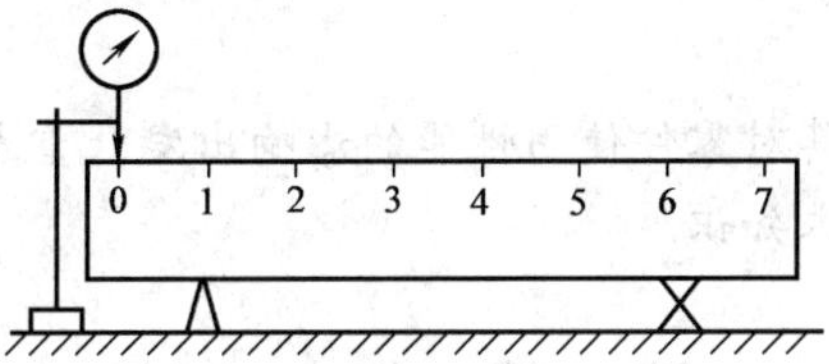

图　4-44

测量序点	0	1	2	3	4	5	6	7
指示表示值/μm	0	-1	+2	+3	+4	+2	-2	0

第五章　表面粗糙度

【学习目标】

1）了解表面粗糙度的概念及对零件使用性能的影响。

2）掌握表面粗糙度的评定参数（重点是轮廓的幅度参数）的含义及应用场合。

3）掌握表面粗糙度的标注方法。

4）初步掌握表面粗糙度的选用知识及检测方法。

【本章内容提要】

从表面粗糙度的概念及其对零件使用性能的影响出发，重点介绍表面粗糙度的评定、选用、标注、识读及检测的基本知识。

第一节　概　　述

一、表面粗糙度的概念

无论是机械加工或是用其他方法获得的零件表面，总会存在几何形状误差。几何形状误差分宏观几何形状误差、表面波纹度和微观几何形状误差三类，表面粗糙度反映的是零件被加工表面上微观几何形状误差，主要是由加工过程中刀具和零件表面间的摩擦，切屑分离时表面金属层的塑性变形及工艺系统的高频振动等原因造成的。宏观几何形状误差就是通常所说的形状误差，它是由机床几何精度方面的误差引起的。表面波纹度是在加工过程中由机床—刀具—工件系统的振动、发热和运动不平衡等原因引起的，介于宏观和微观几何形状误差之间。

通常按波形起伏间距（波距）λ 的大小来划分这三类的：波距小于 1mm 范围为表面粗糙度；波距大于 10mm 为形状误差；波距在 1 ~10mm 范围为表面波度。如图 5-1 所示。

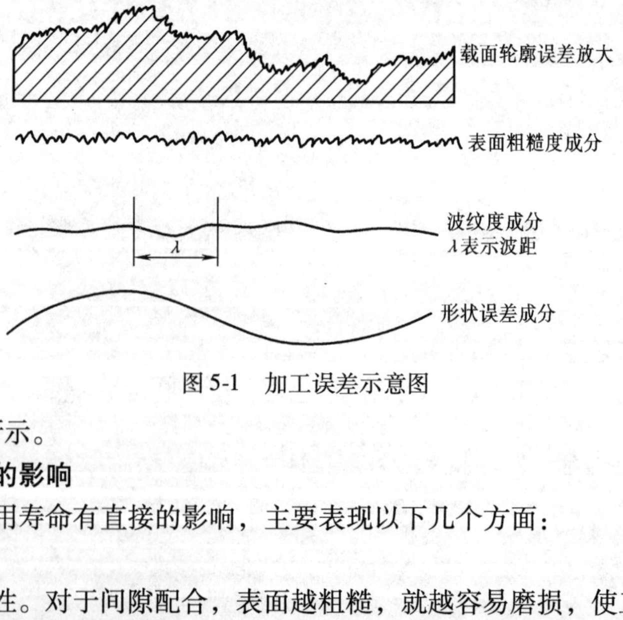

图 5-1　加工误差示意图

二、表面粗糙度对零件使用性能的影响

表面粗糙度值的大小对零件的使用寿命有直接的影响，主要表现以下几个方面：

1. 对配合性质的影响

表面粗糙度影响配合性质的稳定性。对于间隙配合，表面越粗糙，就越容易磨损，使工作过程中实际间隙逐渐增大。对于过盈配合，由于装配时将微观凸锋挤平，减少了实际有效过盈量，降低了连结强度。

2. 对摩擦、磨损的影响

表面粗糙度影响零件的耐磨性，表面越粗糙，摩擦系统就越大，而相互运动表面的磨损就越快。

3. 对零件强度的影响

表面粗糙度影响零件的强度。粗糙的零件表面，应力集中现象就严重，在交变载荷的作用下，其疲劳强度会降低。

4. 对耐蚀性的影响

粗糙的零件表面，易使腐蚀性的物质附着于表面的微观凹谷处，并渗入到金属内层，造成表面锈蚀。

此外，表面粗糙度对接触刚度、密封性、产品外观等都有明显的影响。因此，表面粗糙度将直接影响机械零件的使用性能和寿命，是评定零件质量的重要指标。在保证零件尺寸、形状和位置精度的同时，对表面粗糙度加以合理确定。

第二节　表面粗糙度的评定

一、基本术语

1. 实际轮廓

实际轮廓是指平面与实际表面相交所得的轮廓线。按平面截于加工纹理方向的位置不同，实际轮廓分横向轮廓和纵向轮廓。横向轮廓是指垂直于加工纹理方向的轮廓，如图 5-2 所示。纵向轮廓指平行于加工纹理方向的轮廓。在评定表面粗糙度时，一般情况下，通常均指横向轮廓。

2. 取样长度 *L*

取样长度是指用于判别具有表面粗糙度特征的一段基准线长度。

规定和选择取样长度的目的，是为了限制和减弱表面波度对表面粗糙度测量结果的影响。因此在实际轮廓上测量表面粗糙度时，必须有一个合理的取样长度，若 L 过长，有可能将表面波度的成份引入到表面粗糙度的结果中；L 过短，将不能反映待测表面粗糙度实际情况。规定在取样长度范围内，一般至少包括 5 个以上的轮廓峰和轮廓谷。取样长度在轮廓总的走向上量取，如图 5-3 所示。

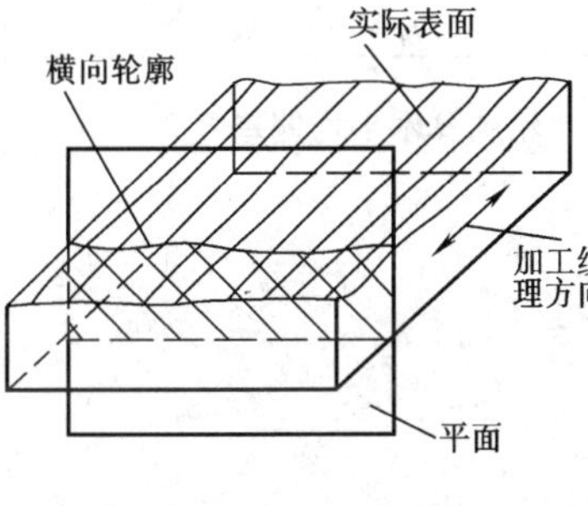

图 5-2　实际轮廓

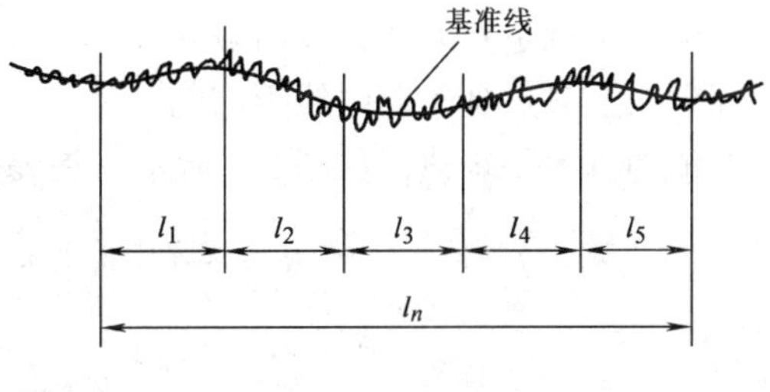

图 5-3　取样长度和评定长度

3. 评定长度 L_n

评定长度是评定和测量表面粗糙度时所必须的一段长度，它包括一个或几个取样长度。

由于加工表面的表面粗糙度存在不同程度的不均匀性，若根据一个取样上的测量结果来评定整个表面的表面粗糙度，显然不够准确和合理。为了更充分和客观反映被测表面的粗糙度，需要在几个取样长度上分别测量，取其平均值作为评定结果。一般可选取 $L_n = 5L$，如图 5-3 所示。对均匀性较好的表面，可选 $L_n < 5L$，反之，可选 $L_n > 5L$。

4. 基准线

基准线是用以评定表面粗糙度参数值大小所给定的一条参考线，如图 5-3 所示。基准线有以下两种：

（1）轮廓最小二乘中线　轮廓最小二乘中线是指具有几何轮廓形状并划分轮廓的基准线，在取样长度内使轮廓上各点到该线的距离 Y_1、Y_2……Y_n 的平方和为最小，如图 5-4a 所示。

（2）轮廓算术平均中线　轮廓算术平均中线指具有几何轮廓形状，在取样长度内与轮廓走向一致的基准线，并由该线划分实际轮廓使上、下两边的面积相等，即 $\sum_{i=1}^{n} F_i = \sum_{i=1}^{n} F'_i$，如图 5-4b 所示。

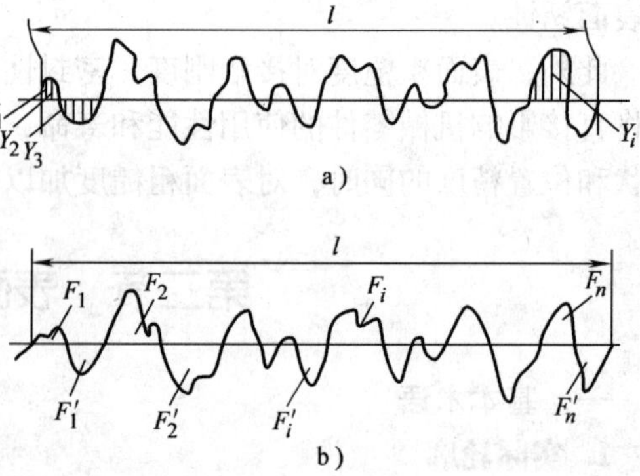

图 5-4　轮廓中线

a）轮廓最小二乘中线素　b）轮廓算术平均中线

由于在轮廓图形上确定最小二乘中线的位置比较困难，而算术平均中线与最小二乘中线差别很小，所以常用算术平均中线代替最小二乘中线。通常轮廓算术平均中线用目测估计的方法来确定。

二、表面粗糙度的评定参数

国家标准 GB/T 3505—2000 规定的评定表面粗糙度的参数有轮廓幅度参数、间距参数以及曲线和相关参数等。下面介绍其中几种常用的评定参数。

1. 轮廓幅度参数

（1）轮廓算术平均偏差 R_a　轮廓算术平均偏差是指在取样长度内，轮廓偏距 Y_i 的绝对值的算术平均值，也就是在取样长度内被测表面轮廓上各点到轮廓中线距离的绝对值的算术平均值，如图 5-5 所示。其表达式近似为

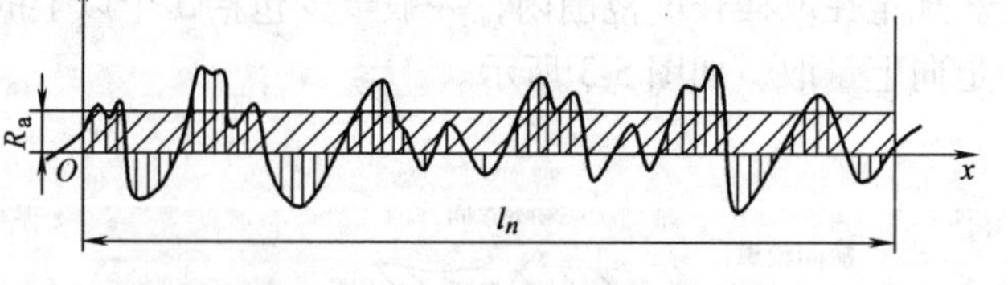

图 5-5　轮廓算术平均偏差 R_a

$$R_a = \frac{1}{n}(|Y_1| + |Y_2| + \cdots\cdots + |Y_n|) \tag{5-1}$$

或

$$R_a = \frac{1}{n}\sum_{i=1}^{n}|Y_i| \tag{5-2}$$

式中　Y_1、Y_2……Y_n——分别为轮廓线上各点的轮廓偏距，即各点到轮廓中线的距离。

R_a 值越大，则表面越粗糙。R_a 参数能充分反映表面微观几何形状高度方面的特性，且测量方便，因而标准推荐优先选用 R_a。

（2）轮廓最大高度 R_z　轮廓最大高度是指在取样长度内轮廓最大峰高和轮廓最大谷深之和，如图 5-6 所示。其表达式

$$R_z = Z_p + Z_v \tag{5-3}$$

式中　Z_p——轮廓最大峰高；

Z_v——轮廓最大谷深。

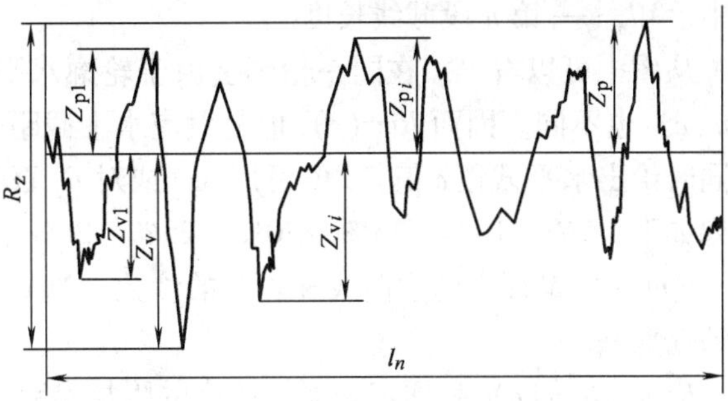

图 5-6　轮廓最大高度 R_z

R_z 值不如 R_a 反映的几何形状特性全面，它往往用于测量长度很小的小零件或不允许有较深加工痕迹，以防应力过于集中的零件。

R_a、R_z 是评定表面粗糙度的主要参数，因它们与高度特性有关，也称为表面粗糙度高度参数。

2. 间距参数以及曲线和相关参数

（1）轮廓单元的平均宽度 RSm

轮廓单元的平均宽度是指在取样长度内轮廓单元宽度的平均值。所谓轮廓单元宽度是指一个轮廓峰和相邻轮廓谷的一段中线长度，如图 5-7 所示。其表达式为

$$RSm = \frac{1}{n}\sum_{i=1}^{n} X_{si} \tag{5-4}$$

式中　X_{si}——第 i 个轮廓单元宽度。

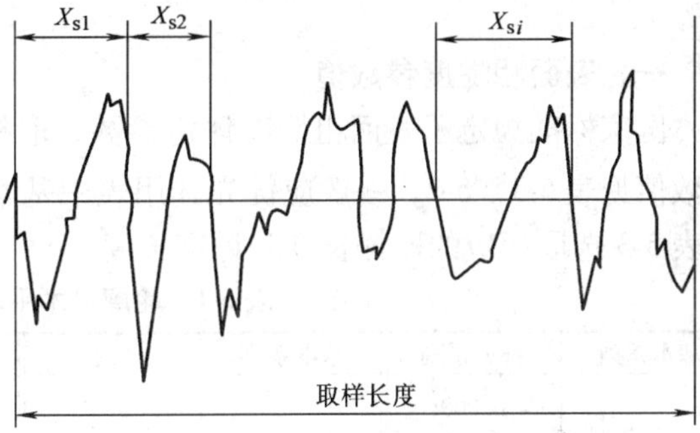

图 5-7　轮廓单元的平均宽度

RSm 是评定轮廓的间距参数，其值越小，表示被测表面越细密，密封性越好。

（2）轮廓的支承长度率 $Rmr(c)$　轮廓的支承长度率是指在给定水平截距 c 上轮廓支承长度 $Ml(c)$ 与评定长度 L_n 之比，如图 5-8 所示，其表达为

$$Rmr(c) = \frac{Ml(c)}{l_n} \tag{5-5}$$

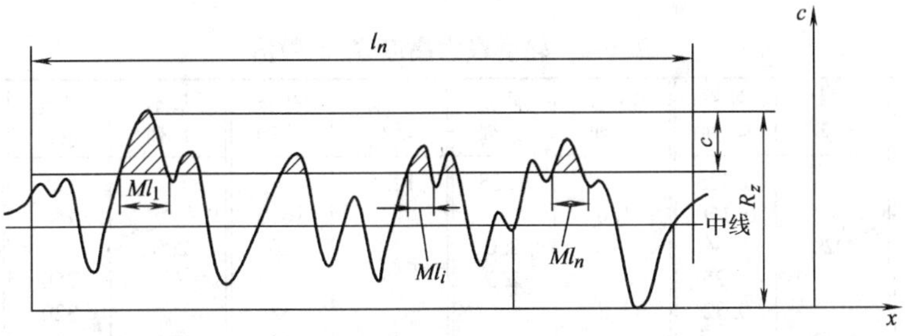

图 5-8　轮廓的支承长度率

所谓轮廓支承长度，在评定长度内，一平行中线的线与轮廓相截所得到的各段截线长度之和，用算式可表示为：

$$Ml(c) = Ml_1 + Ml_2 + \cdots + Ml_n \tag{5-6}$$

式中　Ml_n——第 n 段截线长度。

从图中可以看出，在同一轮廓上由于轮廓水平截距 c 不同，得到 $Ml(c)$ 值也不同，而 $Rmr(c)$ 也不同。因而 $Rmr(c)$ 值是对应水平截距 c 值而给定的，选用轮廓支承长度率参数时同时给出水平截距 c 值。c 值可用 μm 或对 R_z 百分数来表示。标准规定 c 值对 R_z 的百分数系列如下：5%、10%、15%、20%、25%、30%、40%、50%、60%、70%、80%、90%。

$Rmr(c)$ 是评定轮廓曲线和相关的参数，当 c 一定时，$Rmr(c)$ 值愈大，则支承能力和耐磨性愈好。

RSm、$Rmr(c)$ 是评定表面粗糙度的附加参数。

注意：在 GB/T 3505—83 中，符号 R_z 是表示“微观不平度十点高度”，而用符号 R_y 表示“轮廓最大高度”。

第三节　表面粗糙度参数值及其选用

一、表面粗糙度参数值

国家标准规定了表面粗糙度评定参数、取样长度和评定长度的数值。评定参数 R_a、R_z 的数值见表 5-1、5-2，一般应优先选用表中基本系列。在测量 R_a、R_z 值时，一般情况下可按表 5-3 选取相应的取样长度和评定长度。

表 5-1　轮廓算术平均偏差 R_a 的数值　　（单位：μm）

基本系列	补充系列	基本系列	补充系列	基本系列	补充系列	基本系列	补充系列
	0.008						
	0.010						
0.012			0.125		1.25	12.5	
	0.016		0.160	1.60			16.0
	0.020	0.20			2.0		20
0.025			0.25		2.5	25	
	0.032		0.32	3.2			32
	0.040	0.40			4.0		40
0.050			0.50		5.0	50	
	0.063		0.63	6.3			63
	0.080	0.80			8.0		80
0.100			1.00		10.0	100	

表 5-2　轮廓最大高度 R_z 的数值　　（单位：μm）

基本系列	补充系列	基本系列	补充系列	基本系列	补充系列	基本系列	补充系列	基本系列	补充系列	基本系列	补充系列
			0.125		1.25	12.5			125		1250
			0.160	1.6			16.0		160	1600	
		0.20			2.0		20	200			
0.025			0.25		2.5	25			250		
	0.032		0.32	3.2			32		320		
	0.040	0.40			4.0		40	400			
0.050			0.50		5.0	50			500		
	0.063		0.63	6.3			63		630		
	0.080	0.80			8.0		80	800			
0.100			1.0		10.0	100			1000		

表 5-3　取样长度 l 和评定长度 l_n 的数值

R_a/μm	R_z/μm	l/mm	l_n/mm（$l_n=5l$）
≥0.008～0.02	≥0.025～0.10	0.08	0.4
>0.02～0.10	>0.10～0.50	0.25	1.25
>0.1～2.0	>0.50～10.0	0.8	4.0
>2.0～10.0	>10.0～50.0	2.5	12.5
>10.0～80.0	>50.0～32.0	8.0	40.0

二、表面粗糙度的选用

表面粗糙度的选用包括评定参数和参数值的选用。

评定参数的选用，国家标准规定 R_a、R_z 是主要参数，其他参数是附加参数。一般情况下，选用 R_a、R_z 就可以满足要求。附加参数只有在主参数不能满足表面质量要求的情况下，方可根据功能要求附加选用。R_a、R_z 在常用参数值范围内（R_a 为 6.3～0.025μm、R_z 为 25～0.1μm），推荐优先选用 R_a。

表面粗糙度数值的选用，即要满足零件表面的功能要求，也要考虑经济性，因此在满足功能要求的前提下，应尽量选用大的表面粗糙度数值。一般用类比法确定。

在具体选用表面粗糙度数值时，应注意以下几点：

1）同一零件上，工作表面的表面粗糙度值应比非工作表面的要小。

2）摩擦表面的表面粗糙度值比非摩擦表面的小；滚动摩擦表面的表面粗糙度值比滑动表面的小；运动速度高、压力大的摩擦表面的表面粗糙度值比运动速度低、压力小的摩擦表面小。

3）受交变载荷时，特别是在零件圆角、沟槽处等应力集中的部分表面粗糙度值应较小。

4）配合质量要求高的结合表面、小间隙的配合表面，以及为了保证连接可靠、承受重载荷的过盈配合表面，其表面粗糙度值应较小。

5）配合性质相同，一般情况零件尺寸越小，则表面粗糙度值应越小；同一公差等级，小尺寸比大尺寸、轴比孔的表面粗糙度值小。通常尺寸公差和形状公差小的表面，其表面粗糙度也要小。

除此之外，防腐蚀性、密封性要求高的表面，或外形美观的表面，其表面粗糙度值应小。凡有关标准已对表面粗糙度要求作出规定的（轴承、量规等），应按标准选取表面粗糙度值。

表 5-4 列出表面粗糙度的表面特征、加工方法及应用举例，供选用时参考。

表 5-4　表面粗糙度的表面特征、加工方法及应用举例

表面微观特征		R_a/μm	加工方法	应用举例
粗糙平面	微见刀痕	>10～20	粗车、粗刨、粗铣、钻、毛锉、锯断	半成品粗加工的表面，非配合的加工表面，如轴端面、倒角、钻孔，齿轮带轮侧面、键槽底面、垫圈接触面等
半光表面	微见加工痕迹	>5～10	车、刨、铣、镗、钻、粗铰	轴上不安装轴承、齿轮处的非配合表面，紧固件的自由装配表面，轴和孔的退刀槽等

（续）

表面微观特征		R_a/μm	加工方法	应用举例
半光表面	微见加工痕迹	>2.5～5	车、刨、铣、镗、磨、拉、粗、刮、滚压	半精加工表面，箱体、支架、盖面、套筒等和其他零件结合而无配合要求的表面，需要发蓝的表面等
	看不清加工痕迹	>1.25～5	车、刨、铣、镗、磨、拉、刮、滚压、铣齿	接近于精加工的表面，箱体上安装轴承的镗孔表面，齿轮的工作面
光表面	可辨加工痕迹方向	>0.63～1.25	车、镗、磨、拉、刮、精铰、磨齿、滚压	圆柱销、圆锥销，与滚动轴承配合的表面，普通车床导轨面，内、外花键定心表面等
	微辨加工痕迹方向	>0.32～0.63	精铰、精镗、磨、刮、滚压	要求配合性质稳定的配合表面，工作时受交变应力的重要零件，较高精度车床导轨面
	不可辨加工痕迹方向	>0.16～0.32	精磨、珩磨、研磨	精密机床主轴锥孔、顶尖圆锥面，发动机曲轴、凸轮轴工作表面，高精度齿轮齿面
极光表面	暗光泽面	>0.08～0.16	精磨、研磨、普通抛光	精密机床主轴颈表面，一般量规工作表面，气缸套内表面，活塞销表面等
	亮光泽面	>0.04～0.08	超精磨，镜面磨削、精抛光	精密机床主轴颈表面，滚动轴承的滚珠，高压油泵中柱塞孔和柱塞配合的表面
	镜状光泽面	>0.01～0.04		
	镜面	≤0.01	镜面磨削、超精研	高精度量仪、量块的工作表面，光学仪器中的金属镜面

第四节　表面粗糙度的标注及解读

一、表面粗糙度符号、代号

国家标准 GB/T 131—1993 规定，在图样上表示表面粗糙度符号有三种，见表 5-5。若零件表面仅需加工，但对表面粗糙度的其他规定没有要求时，允许只注出表面粗糙度符号。

表 5-5　表面粗糙度的符号及其意义

符　号	意义及说明
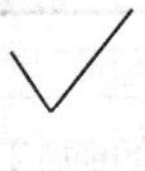	基本符号，表示表面可用任何方法获得。当不加注粗糙度参数值或有关说明（例如表面处理、局部热处理状况等）时，仅适用于简化代号标注
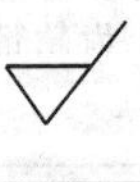	基本符号加一短划，表示表面是用去除材料的方法获得，例如车、铣、钻、磨、剪切、抛光、腐蚀、电火花加工、气割等
	基本符号加一小圆，表示表面是用不去除材料的方法获得，例如铸、锻、冲压变形、热轧、冷轧、粉末冶金等；或者是用于保持原供应状况的表面（包括保持上道工序的状况）

表面粗糙度符号，加上其他有关表面特征的符号，组成了表面粗糙度的代号。图样上标注的表面粗糙度代号，是表示该表面完工后的要求。表面粗糙度数值及其有关规定在代号中注写的位置，如图 5-9 所示。

图中 a_1、a_2——粗糙度高度参数代号及其数值，单位为 μm；b——加工要求、镀覆、涂覆、表面处理或其他说明等；c——取样长度，单位为 mm，波度，单位为 μm；d——加工纹理方向符号；e——加工余量，单位为 mm；f——粗糙度间距参数值，单位为 mm，或轮廓支承长度率。

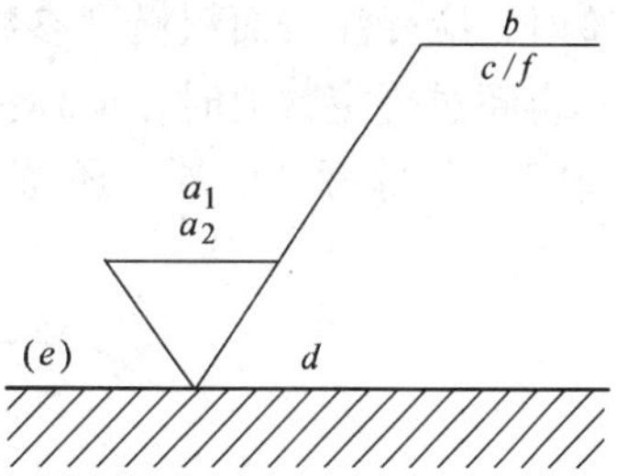

图 5-9　表面粗糙度代号

一般情况下，只注出表面粗糙度评定参数代号及其允许值即可。若取样长度选用标准长度（表 5-3），可省略标注。对其他附加要求，如加工方法、加工纹理、加工余量和附加参数等，可根据需要标注。

二、表面粗糙度标注及解读

表面粗糙度标注示例及读解见表 5-6。

表 5-6　表面粗糙度标注示例及解读

代　号	解　　读	代　号	解　　读
3.2	用任何方法获得的表面粗糙度，R_a 的上限值为 3.2μm	3.2max	用任何方法获得的表面粗糙度，R_a 的最大值为 3.2μm
3.2	用去除材料的方法获得的表面粗糙度，R_a 的上限值为 3.2μm	3.2max	用去除材料的方法获得的表面粗糙度，R_a 的最大值为 3.2μm
3.2	用不去除材料方法获得的表面粗糙度，R_a 的上限值 3.2μm	3.2max	用不去除材料方法获得的表面粗糙度，R_a 的最大值为 3.2μm
3.2 1.6	用去除材料方法获得的表面粗糙度，R_a 的上限值为 3.2μm，R_a 的下限值 1.6μm	3.2max 1.6min	用去除材料方法获得的表面粗糙度，R_a 的最大值为 3.2μm，R_a 的最小值为 1.6μm
R_z3.2	用任何方法获得的表面粗糙度、R_z 的上限值为 3.2μm	R_z3.2max	用任何方法获得的表面粗糙度、R_z 的最大值为 3.2μm
R_z200	用不去除材料方法获得的表面粗糙度，R_z 的上限值为 200μm	R_z200max	用不去除材料方法获得的表面粗糙度，R_z 的最大值为 200μm
R_z3.2 R_z1.6	用去除材料方法获得的表面粗糙度，R_z 的上限值为 3.2μm，下限值为 1.6μm	R_z3.2max R_z1.6min	用去除材料方法获得的表面粗糙度，R_z 的最大值为 3.2μm，R_z 最小值为 1.6μm
3.2 R_z 12.5	用去除材料方法获得的表面粗糙度，R_a 上限值为 3.2μm，R_z 的上限值为 12.5μm	3.2max R_z12.5max	用去除材料方法获得的表面粗糙度，R_a 的最大值为 3.2μm，R_z 的最大值为 12.5μm

当允许表面粗糙度参数的实测值中超出规定值，且超出实测值个数少于总实测值个数的16%时，应标注表面粗糙度参数值的上限值或下限值。当要求表面粗糙度参数的所有实测值均不得超过规定数值时，应标注表面粗糙度参数的最大值或最小值。R_a 只标数值，本身符号省略，R_z 除标数值外，还需在数值前标出相应的符号。

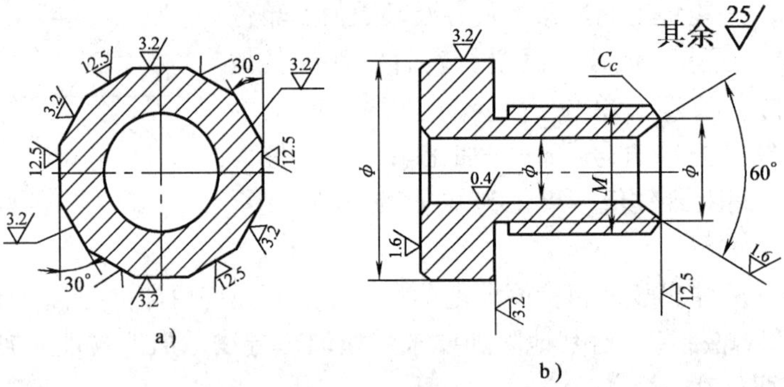

图 5-10 表面粗糙度标注示例
a）表面粗糙度代号在不同位置表面上的标注方法
b）表面粗糙度在图样上的标注示例图

表面粗糙度代（符）号在图样上的标注，一般标注在可见轮廓线、尺寸界线或它们的延长线上。符号的尖端应从材料外指向被注表面，代号中的数字及符号的注写方向必须与尺寸数字方向一致。如图 5-10 所示。规定在同一图样上，每一表面一般只标注一次，并尽可能靠近有关尺寸线。

当零件的大部分表面具有相同的表面粗糙度要求时，对其中使用最多的一种代号可以统一注在图样的右上角，并加注“其余”两字，如图 5-10b 所示。

当零件所有表面具有相同的表面粗糙度要求时，其代号可在图样的右上角统一标注，如图 5-11 所示。

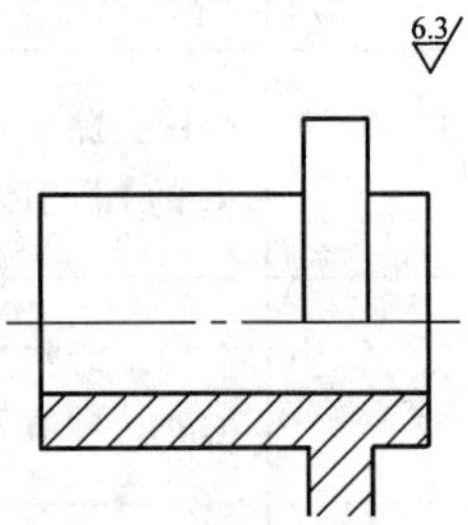

图 5-11 表面粗糙度代号的统一标注

中心孔、键槽、圆角、倒角的表面粗糙度代号，应尽量采用简化标注，如图 5-12 所示。

齿轮、花键等没有画出齿形时，其表面粗糙度代号可标在节圆上，如图 5-13 所示。

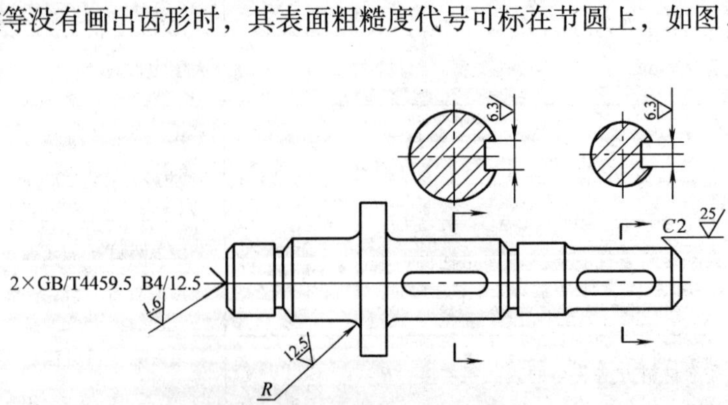

图 5-12 齿轮、花键的表面粗糙度标注

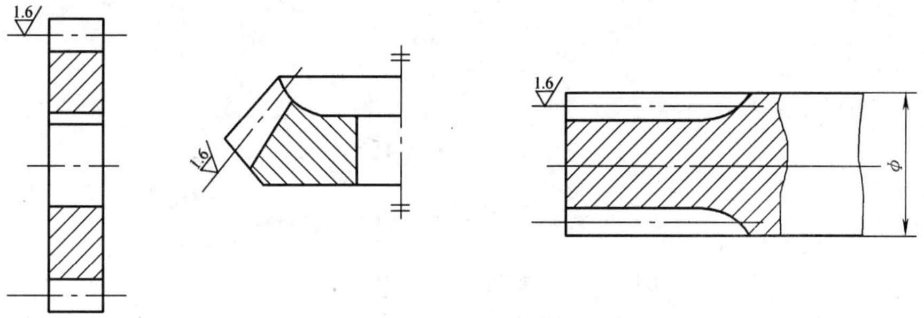

图 5-13　简化标注

第五节　表面粗糙度的检测

表面粗糙度的检测方法，主要有比较法、光切法、干涉法和针描法。

一、比较法

比较法是将被测表面与已知参数值的粗糙度样板相比较，通过视觉和触觉来判断被测表面的表面粗糙度。为使判断比较正确，所用表面粗糙度样板的材料、表面形状和加工方法应尽可能与被测表面相同，否则会产生较大的误差。该方法使用简单，但判断的精确程度有限，所以只适用于车间中检测表面粗糙度较大的工件。

二、光切法

光切法是利用光切原理测量表面粗糙度的一种方法。常用的仪器是光切显微镜。

光切显微镜结构如图 5-14 所示。在仪器的底座上装有立柱 2，显微镜的主体通过横臂 5 和立柱连接，转动手轮 3 可将横臂沿立柱上、下移动，以进行显微镜粗调焦，并可用旋手 6 将横臂固定在立柱上。显微镜的光学系统装在一个封闭的壳体 9 内，其上装有可换物镜组合，用手柄 10 借助弹簧力固紧。壳体上装有测微目镜 7，通过微调手轮 4 进行显微镜微调焦。测量表面粗糙度时，先将被测零件放在工作台 13 上，待测表面的加工纹理与狭缝垂直，在燕尾槽滑板 11 处装上适当倍数的物镜，经粗调焦及微调手轮调焦，使视场中出现清晰的狭窄齿形宽带。测量时转动目镜千分尺 8，使目镜分划板上十字线的水平线先后与被测波峰及相邻的一个波谷对齐，如图 5-15 所示，此时分划板沿 45°角方向移动的距离为 H。

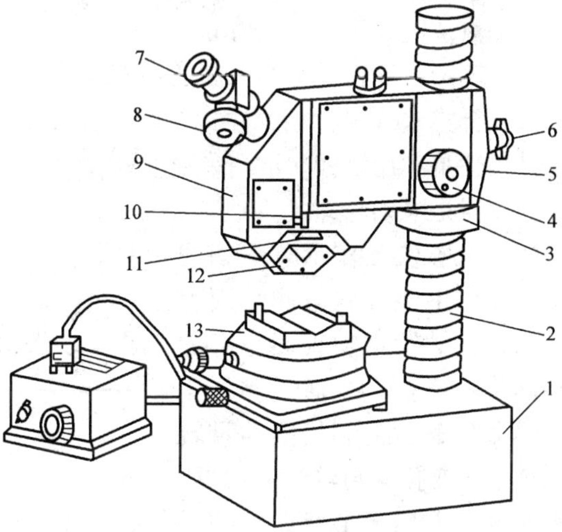

图 5-14　光切显微镜

1—底座　2—立柱　3—粗调螺母　4—微调手轮　5—横臂　6—锁紧旋手　7—目镜　8—目镜千分尺　9—壳体　10—手柄　11—滑板　12—可换物镜组　13—工作台

那么，被测表面轮廓的高度

$$h=\frac{N}{K}\cos45°$$

式中 K——物镜实际放大倍数。

又 $\because \quad N=H\cos45°$

$$\therefore \quad h=\frac{H}{K}\cos45°\cdot\cos45°=\frac{H}{2K} \tag{5-7}$$

光切显微镜适用于测量用切、铣、刨等加工方法所加工的零件表面。光切法主要用于测量 R_z 的值，测量范围 R_z60 ~ 0.5μm。

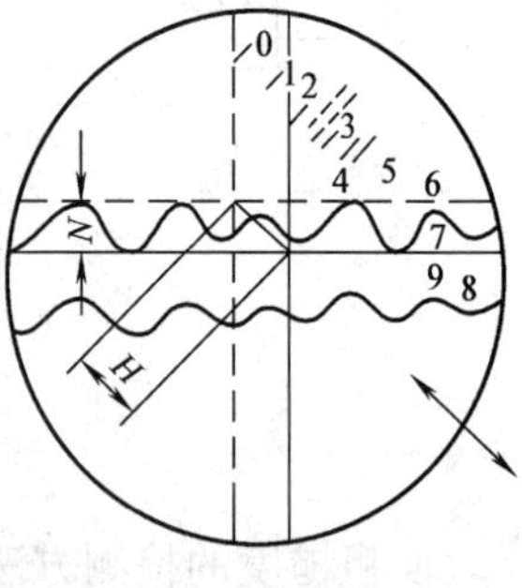

图 5-15 光切显微镜读数原理

三、干涉法

干涉法是利用光波干涉原理测量表面粗糙度的一种方法。常用的仪器是干涉显微镜。

干涉显微镜的光学原理：光源发出平行光，经分光镜分为两束光线，一束射向参考反射镜，另一束射向被测表面，各自反射后汇合产生干涉，经过物镜，射向目镜，从目镜中可以看到放大了的干涉图像。若被测表面为理想平面，则干涉条纹为一组等距离的平行光带；若被测表面粗糙不平，干涉带即成弯曲形状，如图 5-16 所示。

由测微目镜可读出相邻两干涉带的距离 a 及干涉弯曲高度 b，被测表面轮廓高度为

$$h=\frac{b}{a}\times\frac{\lambda}{2} \tag{5-8}$$

图 5-16 干涉条纹

式中 λ——光波的波长。

干涉显微镜主要用于测量 R_z 的值。测量范围 R_z0.8 ~ 0.05μm，一般用于测量表面粗糙度要求高的表面。

四、针描法（又称轮廓法）

针描法是利用触针在被测表面上轻轻划过，从而测出其表面粗糙度数值的一种方法。最常用的仪器是电动轮廓仪。

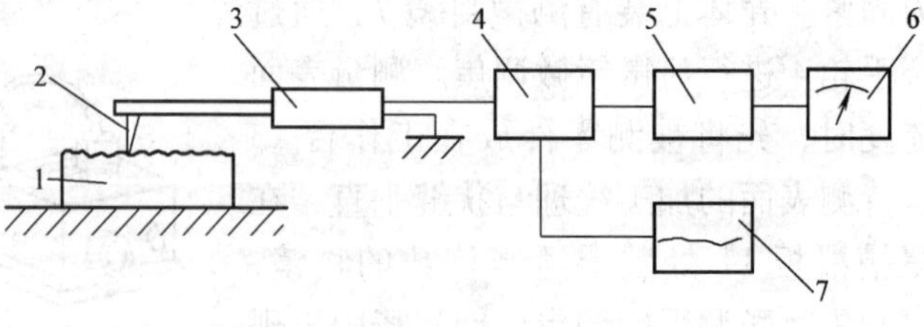

图 5-17 电动轮廓仪工作示意图

1—工件 2—触针 3—传感器 4—滤波放大器 5—计算器 6—指示 7—记录器

电动轮廓仪工作示意图如图 5-17 所示。用触针在被测表面上轻轻划过，触针将随表面轮廓的峰谷起伏上下摆动，通过测量头的传感器将触针的起伏摆动量转换成电量的变化，再经过滤波器，将表面轮廓上属于形状误差和表面波度的成分滤去，留下属于表面粗糙度的轮廓曲线信号，送入放大器，并由记录给出这段表面轮廓曲线的放大图形，同时放大器放大的信号送入计算器进行运算，可在指示器中显示出 R_a 的值。也可以经过放大器驱动记录装置，画出被测轮廓图形。

电动轮廓仪可直接显示 R_a 的值，适宜于测量 R_a6.3 ~ 0.025μm。

思考题与习题

1. 表面粗糙度的含义是什么？它对零件的使用性能有什么影响？

2. 什么是取样长度和评定长度？规定取样长度和评定长度有何意义？

3. 表面粗糙度评定参数有哪些？说出轮廓幅度参数的名称、代号及含义。

4. 选用表面粗糙度参数值时，应考虑哪些因素？

5. 检测表面粗糙度有哪些常用方法？各用于什么场合？

6. 试比较下列每组零件哪一个表面粗糙度应选用较小值？

(1) ϕ40H6 与 ϕ40H7　　(2) ϕ40H6 与 ϕ80H6　　(3) ϕ40H6 与 ϕ40g6

7. 某零件要求表面粗糙度 R_z 最大值为 10μm，现用光切显微镜进行测量，如图 5-18 所示。测得数据如下：

序号	h_1	h_2	h_3	h_4	h_5	h_6	h_7	h_8	h_9	h_{10}	h_{11}	h_{12}
μm	26	13	26	14	19	16	24	18	23	15	26	16

试计算 R_z 值，并判断零件表面粗糙度是否合格？

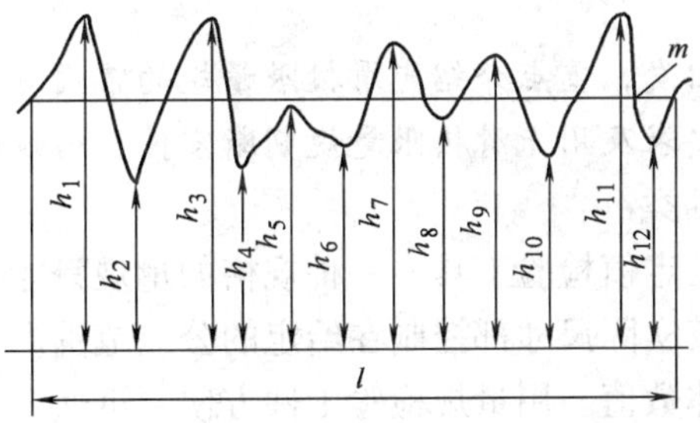

图 5-18

第六章　光滑极限量规

第一节　光滑极限量规及其公差带

【学习目标】

1）了解光滑极限量规的作用、种类。

2）掌握工作量规公差带的分布。

3）理解极限尺寸判断原则的含义。

4）熟悉工作量规的设计方法。

【本章内容提要】

从量规的作用、种类出发，重点介绍光滑极限量规的常用量规形式、量规工作尺寸的设计计算、量规的其他技术要求及用光滑极限量规判断零件合格性的原则和方法。

一、光滑极限量规的种类

量规是一种没有刻度的定值检验工具。一种规格的量规只能检验同种尺寸的工件，凡是用量规检验合格的工件，其实际尺寸都控制在给定的公差范围内，而不能测量出工件实际尺寸及形状和位置误差的具体数值。用量规检验工件方便、迅速、可靠，检验效率高，因此在机械制造行业大批量生产中应用广泛。

目前我国机械行业中使用的量规种类很多，除有检验孔、轴尺寸的光滑极限量规外，还有螺纹量规、圆锥量规、花键量规、位置量规及直线尺寸量规等。

光滑极限量规是具有以下孔或轴的最大极限尺寸和最小极限尺寸为公称尺寸的标准测量面，能反应控制被检孔或轴边界条件的无刻线的长度测量器具。光滑极限量规的外形与被检验对象相反，检验孔的量规称为塞规，其测量面为外圆柱面，如图 6-1 所示。检验轴的量规称为环规或卡规，其测量面为内圆环面或两平行内平面，如图 6-2 所示。

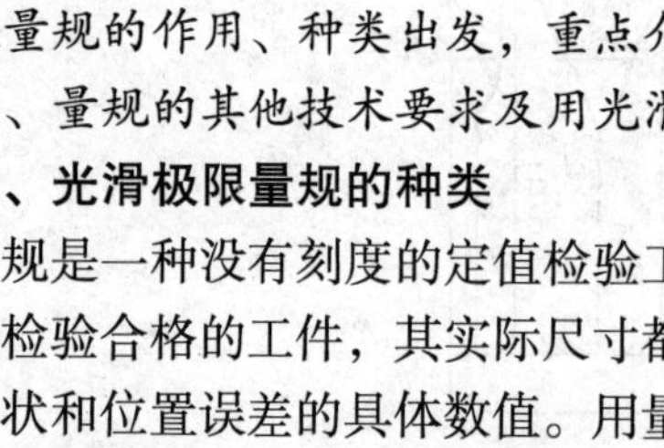

图 6-1　塞规

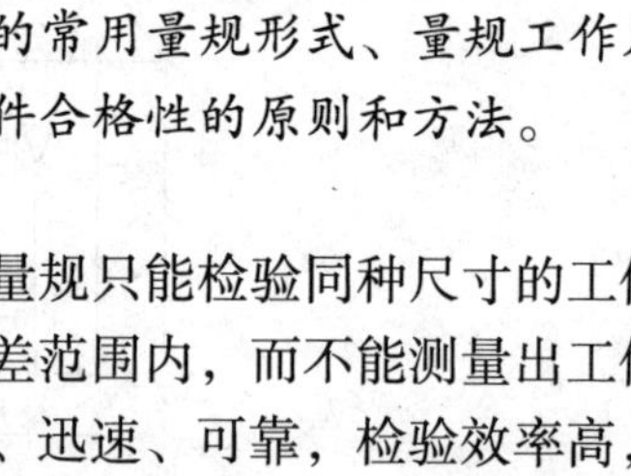

图 6-2　卡规

光滑极限量规都是通规和止规成对使用的，通规用来检验孔或轴的作用尺寸是否超过最大实体尺寸，止规用来检验孔或轴的作用尺寸是否超过最小实体尺寸。因此通规应按工件的最大实体尺寸制造，止规应按工件的最小实体尺寸制造。

检验工件时，如通规通过工件，而止规不通过工件时，则该工件是合格的，否则工件就不合格。

量规按用途分为工作量规、验收量规和校对量规三种。

（1）工作量规　在工件制造过程中，生产操作者对工件进行检验时所用的量规。操作者使用的量规应是新的或磨损较少的通规。工作量规通规用“T”来表示，止规用“Z”来表示。

（2）验收量规　检验部门或用户代表在验收产品时所用的量规。验收量规无需另行设计和制造，当工作量规的通端磨损到接近磨损极限时，该通端转为验收量规的通端，工作量规的止端也就是验收量规的止端。检验人员检验工件时应该使用与操作人员使用的相同型式且磨损较多，但未超过磨损极限的通端；止端则与工作量规相同。这样操作，生产者自检合格的工件，验收人员验收时也应该合格。如用量规检验工件判断有争议时，应该使用下述尺寸量规解决：通规应等于或接近工件的最大实体尺寸；止规应等于或接近工件的最小实体尺寸。

（3）校对量规　校对量规是用以检验工作量规的量规。由于孔用工作量规测量方便，不需要校对量规，所以只有轴用工作量规才使用校对量规。校对量规分为如下三种：

“校通—通”量规（代号 TT）是检验轴用工作量规通端的校对量规。检验时，通过轴用工作量规的通端，该通端合格。

“校止—通”量规（代号 ZT）是检验轴用工作量规止端的校对量规。检验时，通过轴用工作量规的止端，该止端合格。

“校通—损”量规（代号 TS）是检验轴用验收量规的通端是否达到或超过磨损极限的量规。

二、极限尺寸的判断原则

由于工件存在着形状尺寸误差，加工出来的孔或轴的实际形状尺寸不可能是一个理想的圆柱体。所以仅控制实际尺寸在极限尺寸范围内，还是不能保证配合性质。因此《形状和位置公差》国家标准从设计角度出发，提出包容要求。标准又从工件验收角度出发，对要求遵守包容要求的孔和轴提出了极限尺寸的判断原则（泰勒原则）。

极限尺寸的判断原则是：孔或轴的作用尺寸不允许超过最大实体尺寸，在任何位置上的实际尺寸不允许超过最小实体尺寸。

如图 6-3 所示。

极限尺寸的判断原则也可以用如下公式表示：

对于孔：
$$D_{作用} \geqslant D_{min}$$
$$D_{实际} \leqslant D_{max} \tag{6-1}$$

对于轴：
$$d_{作用} \leqslant d_{max}$$
$$d_{实际} \geqslant d_{min} \tag{6-2}$$

当要求遵守包容要求采用光滑极限量规检验单一要素的孔或轴时，这时光滑极限量规应该符合泰勒原则。

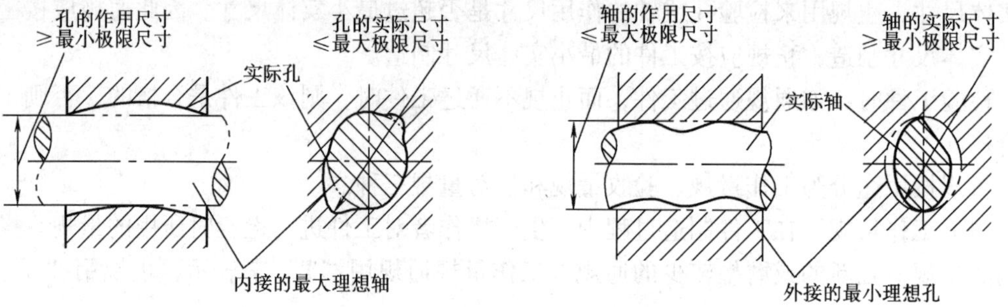

图 6-3 极限尺寸的判断原则

符合泰勒原则的量规要求如下：通规用来控制工件的作用尺寸，它的测量面应是孔和轴形状的完整表面（通常称全形量规），其尺寸等于工件的最大实体尺寸，且长度等于配合长度。实际上通规就是最大实体边界。止规用来控制工件的实际尺寸，它的测量面应是点状的，其尺寸等于工件的最小实体尺寸。

三、量规公差与量规公差带

量规在制造过程中不可避免也会产生误差，因此对量规除提出了尺寸公差和形位公差外，为了保证通规具有一定的使用寿命，同时还对通规的最小磨损量作出了规定。因此通规公差由制造公差（T）和磨损公差两部分组成。止规由于不经常通过工件，所以只规定了制造公差。

1. 工作量规的公差带

孔用和轴用工作量规的公差带的分布如图 6-4 所示。T 为制造量规尺寸公差，Z 为位置要素（通规尺寸公差带的中心到工件最大实体尺寸之间的距离）。

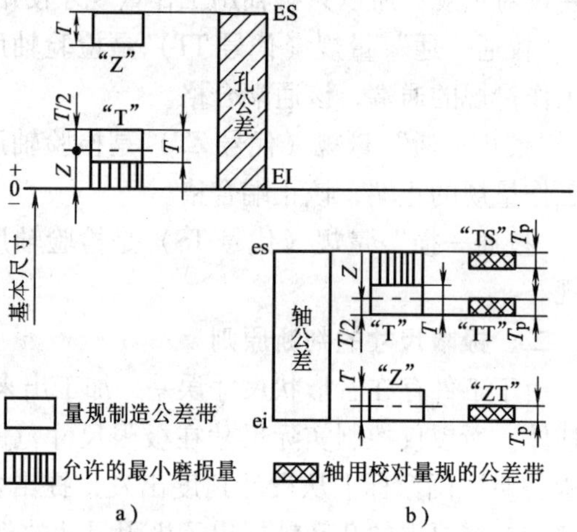

图 6-4 量规公差带

a）孔用量规 b）轴用量规及校对量规

当通规磨损到最大实体尺寸时，通规就不能再使用。这时的极限就称为通规的磨损极限，磨损极限尺寸也就等于工件的最大实体尺寸。止规不通过工件，所以国家标准只规定制造量规的尺寸公差。对基本尺寸不大于 500mm，公差等级为 IT6 ~ IT11 的孔、轴工作量规的 T 值和 Z 值作出了规定，具体数值见表 6-1。

表 6-1 IT6 ~ IT11 级工作量规制造公差和位置要素 （单位：μm）

工件基本尺寸 D/mm	IT6			IT7			IT8			IT9			IT10			IT11		
	IT6	T	Z	IT7	T	Z	IT8	T	Z	IT9	T	Z	IT10	T	Z	IT11	T	Z
~3	6	1	1	10	1.2	1.6	14	1.6	2	25	2	3	40	2.4	4	60	3	6
>3 ~6	8	1.2	1.4	12	1.4	2	18	2	2.6	30	2.4	4	48	3	5	75	4	8

（续）

工件基本尺寸 D/mm	IT6			IT7			IT8			IT9			IT10			IT11		
	IT6	T	Z	IT7	T	Z	IT8	T	Z	IT9	T	Z	IT10	T	Z	IT11	T	Z
>6 ~10	9	1.4	1.6	15	1.8	2.4	22	2.4	3.2	36	2.8	5	58	3.6	6	90	5	9
>10 ~18	11	1.6	2	18	2	2.8	27	2.8	4	43	3.4	6	70	4	8	110	6	11
>18 ~30	13	2	2.4	21	2.4	3.4	33	3.4	5	52	4	7	84	5	9	130	7	13
>30 ~50	16	2.4	2.8	25	3	4	39	4	6	62	5	8	100	6	11	160	8	16
>50 ~80	19	2.8	3.4	30	3.6	4.6	46	4.6	7	74	6	9	120	7	13	190	9	19
>80 ~120	22	3.2	3.8	35	4.2	5.4	54	5.4	8	87	7	10	140	8	15	220	10	22
>120 ~180	25	3.8	4.4	40	4.8	6	63	6	9	100	8	12	160	9	18	250	12	25
>180 ~250	29	4.4	5	46	5.4	7	72	7	10	115	9	14	185	10	20	290	14	29
>250 ~315	32	4.8	5.6	52	6	8	81	8	11	130	10	16	210	12	22	320	16	32
>315 ~400	36	5.4	6.2	57	7	9	89	9	12	140	11	18	230	14	25	360	18	36
>400 ~500	40	6	7	63	8	10	97	10	14	155	12	20	250	16	28	400	20	40

2. 校对量规的公差带

轴用量规的校对量规公差带如图6-4所示。校对量规的尺寸公差T，为被校对工作量规尺寸公差50%。“TT”为检验轴用通规的“校通—通”量规，检验时通过为合格。“ZT”为检验用止规的“校止—通”量规，检验时通过为合格。“TS”为检验轴的通规是否达到磨损极限的“校通—损”量规，检验时不通过为合格，通过即报废。

3. 量规的形位公差

国标规定，量规的形状和位置误差应该在其尺寸公差带之内。其公差为量规尺寸公差的50%（圆度、圆柱度公差值为尺寸公差的25%）。但当量规尺寸公差不大于0.002mm时，其形状和位置公差均为0.001mm（圆度、圆柱度公差值为0.0005mm）。

第二节 工作量规的设计

一、量规的形式和尺寸

光滑极限量规形式多样，应合理选择使用。量规的形式选择主要根据被测工件尺寸的大小、生产数量、结构特点和使用方法等因素决定。

国家标准GB 6322—1986《光滑极限量规形式和尺寸》中，对光滑极限量规形式和尺寸以及适用的基本尺寸范围作出了具体规定。以下是几种常用的量规形式。

1. 检验孔用量规

（1）针式塞规 针式塞规如图6-5所示。主要用于检验直径尺寸从1~6mm的小孔。两个测头可用粘结剂粘牢在手柄的两端，一个测头作为通端，另一头作为止端。针式塞规的基本尺寸可按表6-2进行选择。

表6-2 针式塞规尺寸 （单位：mm）

基本尺寸	L	L_1	L_2
1 ~ 3	65	12	8
>3 ~ 6	80	15	10

（2）锥柄圆柱塞规　锥柄圆柱塞规如图6-6所示，主要用于检验直径尺寸从1 ~ 50mm的孔。两测头带有圆锥形的柄部（锥度1∶50），把它压入手柄的锥孔中，依靠圆锥的自锁性，把它们紧固联结在一起。由于通端测头检验工件时要通过孔，所以易磨损，为了拆换方便，在手柄上加工有楔槽或楔孔，以便用工具将测头拆下来。锥柄圆柱塞规的尺寸见表6-3。

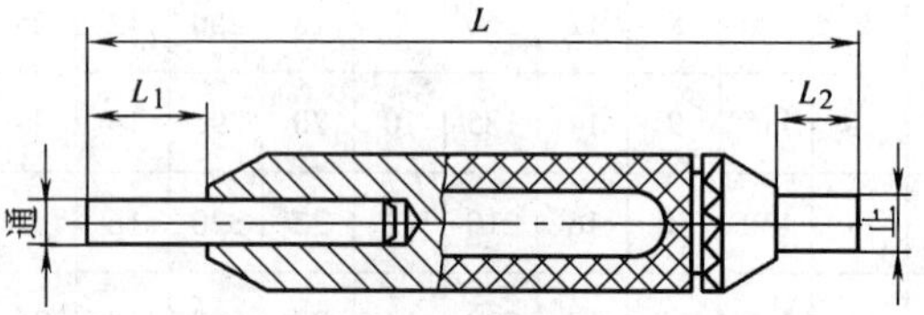

图6-5　针式塞规

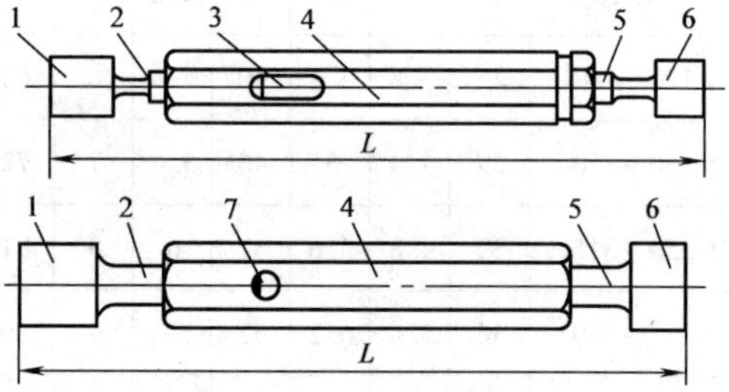

图6-6　锥柄圆柱塞规

1—通端　2—锥柄　3—楔槽　4—手柄

5—锥柄　6—止端侧头　7—楔孔

表6-3 锥柄圆柱塞规尺寸 （单位：mm）

基本尺寸 D	L	基本尺寸 D	L	基本尺寸 D	L
≥1 ~ 3	62	>10 ~ 14	99	>24 ~ 30	136
>3 ~ 6	74	>14 ~ 18	114	>30 ~ 40	155
>6 ~ 10	87	>18 ~ 24	132	>40 ~ 50	169

（3）三牙锁紧式圆柱塞规　三牙锁紧式圆柱塞规如图6-7所示，用于检验直径尺寸40 ~ 120mm的孔。由于测头直径较大，可做成环形的测头装在手柄端部，用螺钉将其固定在手柄上，为了防止测头转动，在测头上加工出等分的三个槽，在手柄上加工出等分的三个牙，装配时将牙与槽装在一起，再用螺钉固定，测头就牢固地固定在手柄上。通端测头轴向尺寸较大，一般为25 ~ 40mm，所以测头前段磨损了还可把它拆下，调头后装在手柄上可以继续使用。当测头直径较大时，为了便于测量，可把它做成单头的，即将通端测头和止端测头分别装在两个手柄上。三

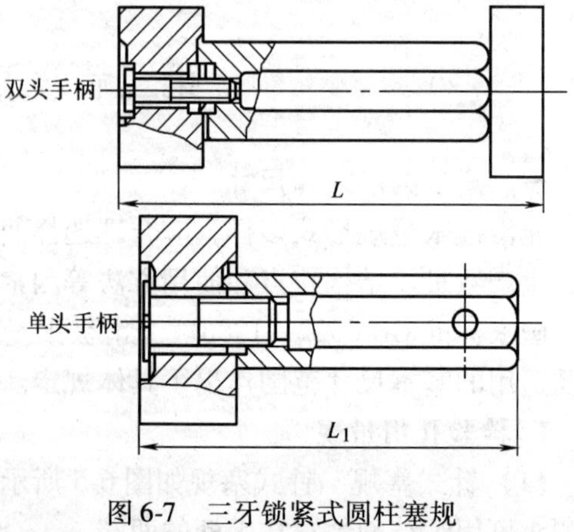

图6-7　三牙锁紧式圆柱塞规

牙锁紧式圆锥塞规尺寸见表6-4。

表6-4　三牙锁紧式圆柱塞规尺寸　（单位：mm）

基本尺寸 D	双头手柄	单头手柄	
		通端塞规	止端塞规
	L	L_1	
>40～50	164	148	141
>50～65	169	153	
>65～80	—	173	165
>80～90			
>90～95			
>95～100			
>100～110			
>110～120		178	

（4）三牙锁紧式非全形塞规　三牙锁紧式非全形塞规如图6-8所示，用于检验直径尺寸80～180mm的孔。三牙锁紧式非全形塞规与三牙锁紧式圆柱塞规主要区别是测头形状不同，三牙锁紧式非全形塞规的测头只取圆柱中间部分，这就减轻了量规的重量，便于使用。三牙锁紧式非全形塞规尺寸见表6-5。

表6-5　三牙锁紧式非全形塞规尺寸　（单位：mm）

基本尺寸 D	双头手柄	单头手柄	
		通端塞规	止端塞规
	L	L_1	
>80～100	181	158	148
>100～120	186	163	
>120～150		181	168
>150～180		183	

（5）非全形塞规　非全形塞规如图6-9所示，用于检验直径尺寸180～260mm的孔。非全形塞规的通端和止端是分开的，它们是在非全形塞规测头上用螺钉、螺母将隔热片固定在其上，当作手把使用。非全形塞规的测头如图6-10所示。为了区分通端和止端，一般在止端的测头上加工出一个小槽。

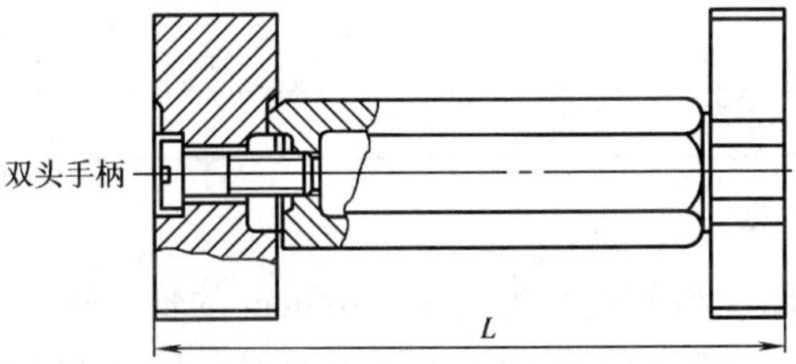

图6-8　三牙锁紧式非全形塞规

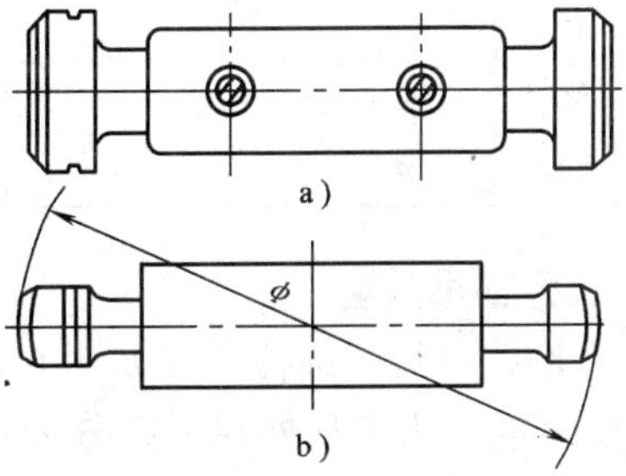

图6-9　非全形塞规

a）通端　b）止端

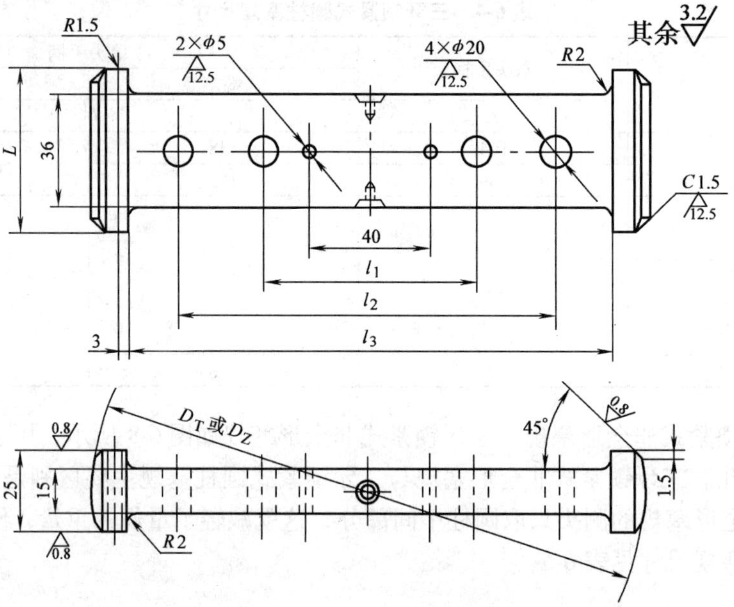

图 6-10 非全形塞规的测头

（6）球端杆规　球端杆规如图 6-11 所示，用于检验直径尺寸 120～500mm 的孔。这样大的直径孔，使用非全形塞规感到笨重，因此把塞规制成杆状。它的长度等于孔径极限尺寸，两端的工作面做成球面的一部分，球面半径为 16mm。在球端杆规的中部套着隔热套管，作为手持处。尺寸在 120～250mm 的球端杆规，只有一个隔热套；尺寸在 250～500mm 的球端杆规，有两个隔热套。球端杆规的最大优点是轻便。但是，由于杆规是细长形状，稍用力就会变形，影响检验的准确性，甚至把杆规卡死在工件孔内，使工件受到损伤。杆规的球端与孔壁间是点接触，因此磨损较快。球端杆规的尺寸见表 6-6。

表 6-6　球端杆规尺寸　　（单位：mm）

基本尺寸 D	a	b	c	e	f	g	h	l_1	l_2
>120～180	16	12	8	12		2	0.6	22	60
>180～250									80
>250～315	20	16	12	16	30			26	50
>315～500	24	18	14	20	45	2.5	0.8	32	60

2. 检验轴用量规

（1）圆柱环规　圆柱环规如图 6-12 所示，用于检验直径尺寸 1～100mm 的轴。通端与止端是分开的，为了从外观上区分通端和止端，一般在止端外圆柱面上加工一尺寸为 b 的槽。圆柱环规尺寸见表 6-7。环规具有内圆柱面的测量面，为防止使用变形，环规应有一定的厚度。

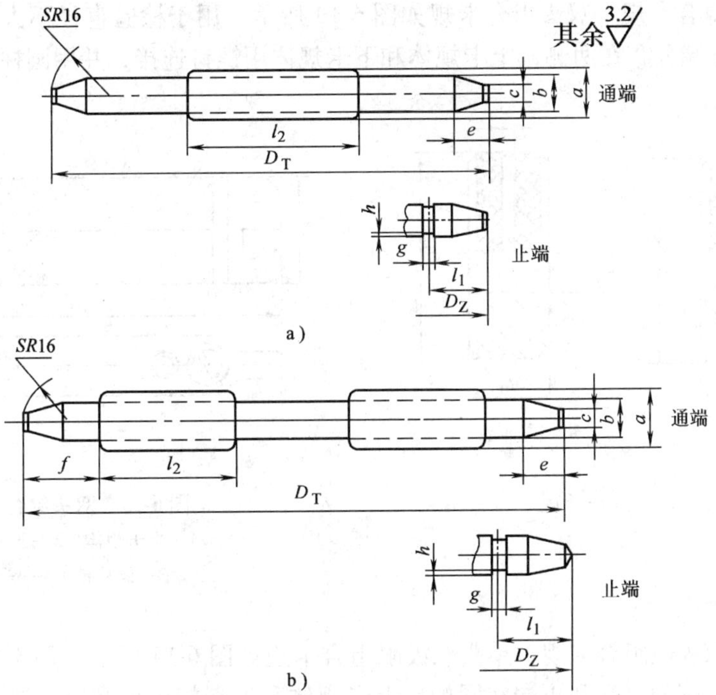

图 6-11　球端杆规

a) $D>120\sim250$mm　b) $D>250\sim500$mm

表 6-7　圆柱环规尺寸　（单位：mm）

基本尺寸 D	D_1	L_1	L_2	b
1 ~ 2.5	16	4	6	1
>2.5 ~ 5	22	5	10	1
>5 ~ 10	32	8	12	1
>10 ~ 15	38	10	14	2
>15 ~ 20	45	12	14	2
>20 ~ 25	53	14	18	2
>25 ~ 32	63	16	20	2
>32 ~ 40	71	18	24	2
>40 ~ 50	85	20	32	3
>50 ~ 60	100	20	32	3
>60 ~ 70	112	24	32	3
>70 ~ 80	125	24	32	3
>80 ~ 90	140	24	32	3
>90 ~ 100	160	24	32	3

（2）双头组合卡规　双头组合卡规如图 6-13 所示，用于检验直径不大于 3mm 的小轴。卡规的通端和止端分布在两侧，上卡规体和下卡规体用螺钉连接，并用圆柱销定位。

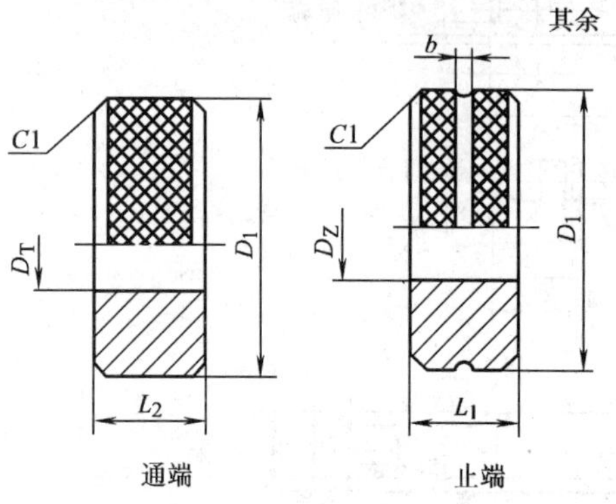

图 6-12　圆柱环规

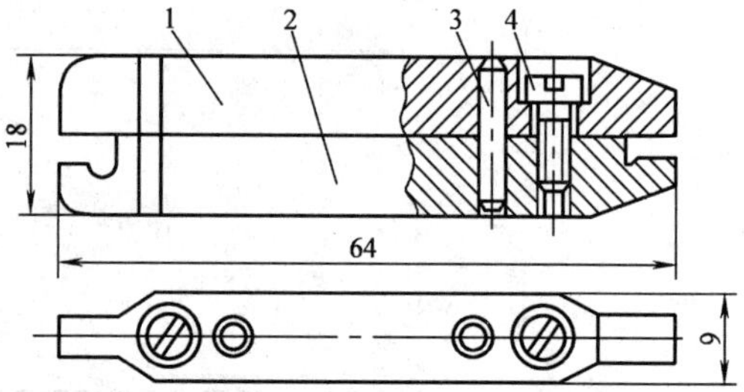

图 6-13　双头组合卡规
1—上卡规体　2—下卡规体
3—圆柱销　4—螺钉

（3）单头双极限组合卡规　单头双极限组合卡规如图 6-14 所示，用于检验直径不大于 3mm 的小轴。卡规的通端和止端在同侧，上卡规体和下卡规体用螺钉连接，并用圆柱销定位。

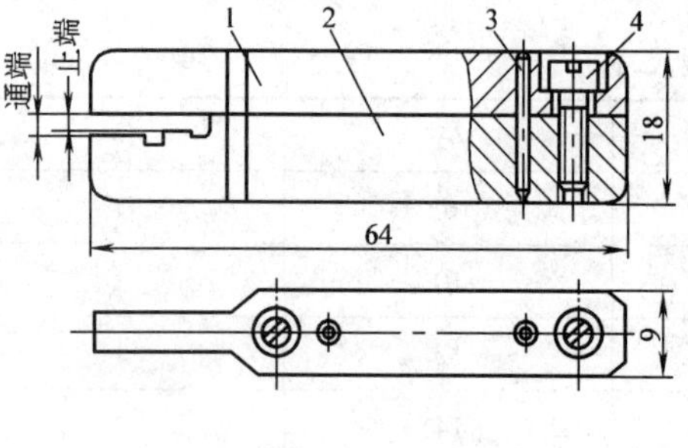

图 6-14　单头双极限组合卡规
1—上卡规体　2—下卡规体
3—圆柱销　4—螺钉

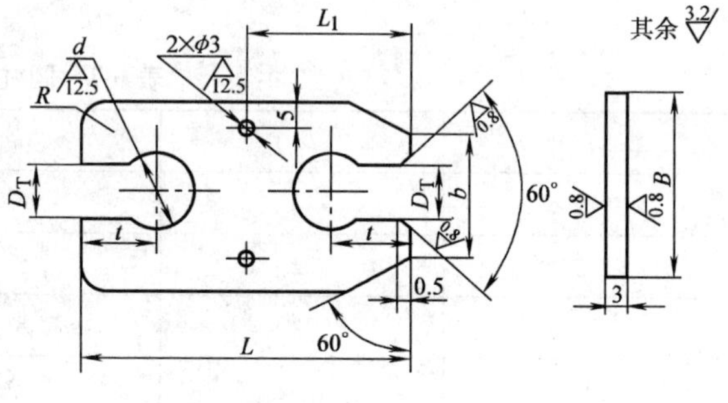

图 6-15　双头卡规

（4）双头卡规　双头卡规如图 6-15 所示，用于检验直径尺寸 3～10mm 的轴。双头卡规是用 3mm 厚的钢板制成，具有两平行的测量面，结构简单，一般工厂都能制造。卡规通端和止端分别在两侧。可根据卡规上文字识别通端和止端。双头卡规尺寸见表 6-8。

表 6-8　双头卡规尺寸　（单位：mm）

基本尺寸	L	L_1	B	b	d	R	t
>3～6	45	22.5	26	14	10	8	10
>6～10	52	26	30	20	12	10	12

（5）单头双极限卡规　单头双极限卡规如图 6-16 所示，用于检验直径 1～80mm 的轴。一般由 3～10mm 厚的钢板制成，结构简单，通端和止端在同一侧，使用方便、应用比较广泛。单头双极限卡规尺寸见表 6-9。

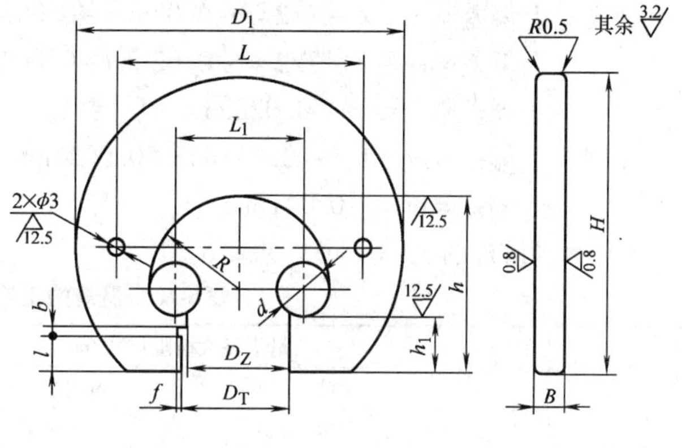

图 6-16　单头双极限卡规

二、量规工作尺寸的计算

量规工作尺寸计算步骤如下：

1）查出孔或轴的上偏差与下偏差。

2）查出量规的尺寸公差 T 及通规的位置要素 Z。

3）画出量规的公差带图。

4）计算出量规的工作尺寸。

表 6-9　单头双极限卡规尺寸　（单位：mm）

基本尺寸 D	D	L	L_1	R	d	t	b	f	h	h_1	B	H
1～3	32	20	6	6	6	5	2	0.5	19	10	3	31
>3～6	32	20	6	6	6	5	2	0.5	19	10	4	31
>6～10	40	26	9	8.5	8	5	2	0.5	22.5	10	4	38
>10～18	50	36	16	12.5	8	8	2	0.5	29	15	5	46
>18～30	65	48	26	18	10	8	2	0.5	36	15	6	58
>30～40	82	62	35	24	10	11	3	0.5	45	20	8	72
>40～50	94	72	45	29	12	11	3	0.5	50	20	8	82
>50～65	116	92	60	38	14	14	4	1	62	24	10	100
>65～80	136	108	74	46	16	14	4	1	70	24	10	114

例 1　计算 ϕ30H8/f7 孔用与轴用量规的工作尺寸。

解

1）由表 2-1、2-3、2-4 查出孔与轴的上、下偏差，并计算另一极限偏差得

孔：ES = +0.033mm，EI = 0

轴：es = −0.020mm，ei = −0.041mm

2）由表 6-1 查出 T 值及 Z 值

塞规：T = 0.0034mm，Z = 0.005mm

卡规：T = 0.0024mm，Z = 0.0034mm

3）画出量规公差带图，如图 6-17 所示。

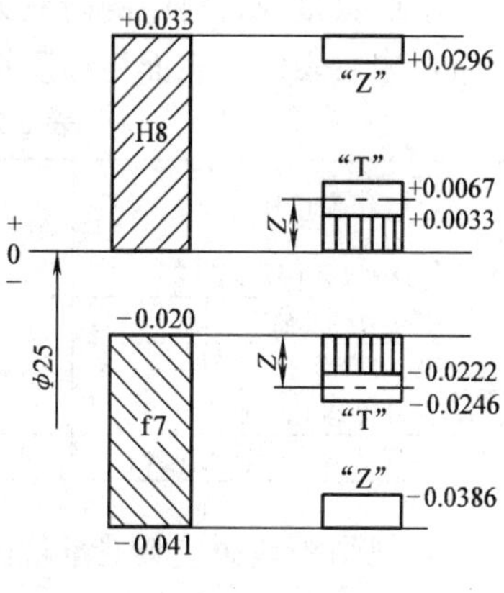

图　6-17

4）计算量规的极限偏差。

①ϕ30H8 孔用量规

通规：上偏差 = EI + Z + T/2 = 0 + 0.005mm + 0.0017mm = +0.0067mm

下偏差 = EI + Z − T/2 = 0 + 0.005mm − 0.0017mm = +0.0033mm

磨损极限 = EI = 0

止规：上偏差 = ES = +0.0033mm

下偏差 = ES − T = 0.033mm − 0.0034mm = +0.0296mm

②ϕ30f8 轴用量规

通规：上偏差 = es − Z + T/2 = −0. 02mm − 0. 0034mm + 0. 0012mm = −0. 0222mm

　　　下偏差 = es − Z − T/2 = −0. 02mm − 0. 0034mm − 0. 0012mm = −0. 0246mm

　　　磨损极限 = es = −0. 02mm

止规：上偏差 = ei + T = −0. 041mm + 0. 0024mm = −0. 0386mm

　　　下偏差 = ei = −0. 041mm

5）确定量规的工作尺寸，见表 6-10。

表 6-10　量规的工作尺寸

被检验工件	量规	量规最大极限尺寸/mm		量规标注尺寸/mm	量规磨损极限尺寸/mm
		最大尺寸	最小尺寸		
ϕ30H8	通规	30. 0067	30. 0033	$\phi 30^{+0.0067}_{+0.0033}$	30
	止规	30. 033	30. 0296	$\phi 30^{+0.0330}_{+0.0296}$	—
ϕ30f7	通规	29. 9778	29. 9754	$\phi 30^{-0.0220}_{-0.0246}$	29. 98
	止规	29. 9614	29. 959	$\phi 30^{-0.0386}_{-0.0410}$	—

三、量规的其他技术要求

1）量规测量面不应有锈蚀、毛刺、黑斑、划痕等明显影响外观使用质量的缺陷，其他表面不应有锈蚀和裂纹。

2）塞规的测头与手柄的连接应牢固可靠，在使用过程中不应松动。

3）量规　一般采用碳素工具钢（T10A、T12A）、合金工具钢（CrWMn）、渗碳钢等耐磨钢制材料制造，也可以在测量表面镀铬层或者氮化处理。量规手柄可选用 Q235、硬木、铝及布胶木等。

量规表面硬度为 58 ~ 65HRC。

为了消除量规材料中的内应力，提高量规的使用寿命，量规要经过稳定性处理。

量规测量表面的表面粗糙度按表 6-11 选用。

表 6-11　量规测量表面的表面粗糙度 R_a　　（单位：μm）

工作量规	工作量规基本尺寸/mm		
	≤120	>120 ~ 315	>315 ~ 500
IT6 级孔用量规	≤0. 04	≤0. 08	≤0. 16
IT9 ~ IT6 级轴用量规 IT9 ~ IT7 级孔用量规	≤0. 08	≤0. 16	≤0. 32
IT12 ~ IT10 级孔、轴用量规	≤0. 16	≤0. 32	≤0. 63
IT16 ~ IT13 级孔、轴用量规	≤0. 32	≤0. 63	≤0. 63

在塞规测头端面或其他量规的非工作面或量规手柄上，应刻有被检工件的基本尺寸和公差带代号以及通、止端标记。

思考题与习题

1. 光滑极限量规有何特点？如何判断工件是否合格？
2. 为什么要制定泰勒原则？其具体内容有哪些？量规要符合泰勒原则应有哪些要求？
3. 量规的通规除有制造公差外，为什么还要有最小磨损量与磨损极限？
4. 设计和计算 ϕ35H7/f6 孔用和轴用工作量规，选择量规结构形式，并画出量规工作图。

第七章　典型零件的公差及检测

【学习目标】

1）熟悉圆锥、键与花键、螺纹和齿轮的主要参数。

2）掌握圆锥公差、键与花键公差、螺纹公差、齿轮公差的识读和标注方法。

3）掌握圆锥、键与花键、螺纹、齿轮等典型零件的常用检测方法。

【本章内容提要】

通过对圆锥、键与花键、螺纹和齿轮等典型零件的几何参数和使用要求的回顾，进一步分析其几何参数对使用要求的影响，从而规定公差，并采用适当方法检测零件，判断零件的合格性。

第一节　圆锥公差及检测

一、概述

1. 圆锥结合的特点

1）具有良好的对中性，装拆方便。

2）配合的间隙或过盈可以调整。

3）密封性和自锁性好。

4）结构比较复杂，影响互换性的参数很多，加工和检验比较困难。

2. 圆锥配合的主要参数

圆锥分为内圆锥（圆锥孔）和外圆锥（圆锥轴）两种，圆锥的基本参数如图 7-1 所示。

（1）圆锥角（锥角 α）　圆锥角是指在通过圆锥轴线的截面内两条母线间的夹角。内圆锥角用 α_i 表示，外圆锥角用 α_e 表示。

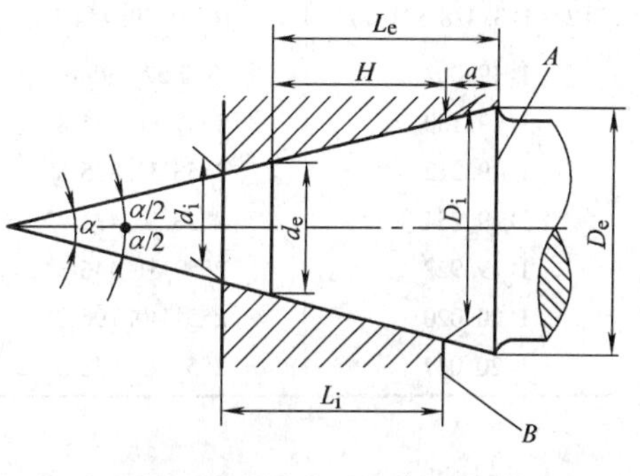

图 7-1　圆锥的基本参数

（2）圆锥母线角　圆锥母线角是指圆锥母线与其轴线之间的夹角，它等于圆锥角的一半，即 $\alpha/2$。

（3）圆锥直径　圆锥直径是指圆锥在垂直轴线截面上的直径。常用圆锥直径如下：

1）最大圆锥直径 D，内圆锥最大直径用 D_i 表示，外圆锥最大直径用 D_e 表示。

2）圆锥最小直径 d，内圆锥最小直径用 d_i 表示，外圆锥最小直径用 d_e 表示。

3）任意给定圆锥截面直径 d_x。

（4）圆锥长度 L　圆锥长度是指圆锥最大直径与圆锥最小直径之间的轴向距离。内圆锥长度用 L_i 表示，外圆锥长度用 L_e 表示。

（5）锥度 C　锥度是指圆锥最大直径与圆锥最小直径之差与圆锥长度之比，即 $C=(D-d)/L$。锥度 C 与圆锥角 α 的关系为 $C=2\tan(\alpha/2)$。锥度一般用比例或分数表示，例如 $C=1:5$ 或 $C=1/5$。

GB/T 157—2001《圆锥的锥度及锥角系列》规定了一般用途的锥度与圆锥角系列（见表7-1）和特定用途的圆锥（见表7-2），它们只适合于光滑圆锥。

（6）圆锥配合长度 L_P　圆锥配合长度是指内、外圆锥配合部分的轴向长度。

（7）基面距 a　基面距是指内圆锥基面与外圆锥基面之间的距离。若以外圆锥最小直径 d_e 作为圆锥配合的基本直径，则基面距的位置在小端，若以内圆锥最大直径 D_i 作为圆锥配合的基本直径，则基面距的位置在大端。

表7-1　一般用途的锥度与圆锥角（摘自 GB/T 157—2001）

基本值		推算值			基本值		推算值		
系列1	系列2	圆锥角 α		锥度 C	系列1	系列2	圆锥角 α		锥度 C
120°		—	—	1:0.288 675 1		1:8	7°9′9.607 5″	7.152 668 75°	—
90°		—	—	1:0.500 000 0	1:10		5°43′29.317 6″	5.724 810 45°	—
	75°	—	—	1:0.651 612 7		1:12	4°46′18.797 0″	4.771 888 06°	—
60°		—	—	1:0.866 025 4		1:15	3°49′5.897 5″	3.818 304 87°	—
45°		—	—	1:1.207 106 8	1:20		2°51′51.092 5″	2.864 192 37°	—
30°		—	—	1:1.866 025 4	1:30		1°54′34.857 0″	1.909 682 51°	—
1:3		18°55′28.7199″	18.924 644°	—	1:50		1°8′45.158 6″	1.145 877 40°	—
	1:4	14°15′0.1177″	14.250 033°	—	1:100		0°34′22.630 9″	0.572 953 02°	—
1:5		11°25′16.2706″	11.421 186°		1:200		0°17′11.321 9″	0.286 478 30°	—
	1:6	9°31′38.2202″	9.527 283°		1:500		0°6′52.529 5″	0.114 591 52°	—
	1:7	8°10′16.4408″	8.171 234°						

表7-2　特定用途的圆锥（摘自 GB/T 157—2001 附录 A）

锥度 C	圆锥角 α		适用
7:24(1:3.428 571 4)	16°35′39.444 3″	16.594 290 08°	机床主轴工具配合
1:19.002	3°0′52.395 6″	3.014 554 34°	莫氏锥度 No.5
1:19.180	2°59′11.725 8″	2.986 590 50°	莫氏锥度 No.6
1:19.212	2°58′53.825 5″	2.981 618 20°	莫氏锥度 No.0
1:19.254	2°58′30.421 7″	2.975 117 13°	莫氏锥度 No.4
1:19.922	2°52′31.446 3″	2.875 401 76°	莫氏锥度 No.3
1:20.020	2°51′40.796 0″	2.861 332 23°	莫氏锥度 No.2
1:20.047	2°51′26.928 3″	2.857 480 08°	莫氏锥度 No.1

3. 圆锥配合的种类和使用要求

（1）圆锥配合的种类

1）紧密配合。这类配合密封性好，防止漏水、漏气，如内燃机中气阀与气阀座的配合。为使配合圆锥面接触严密，必须成对研磨。这类配合的零件一般不具有互换性。

2）间隙配合。这类配合具有间隙，而且在装配合使用过程中，间隙可以调整，如精密车床主轴轴颈与圆锥轴承衬套的配合。

3）过盈配合。这类配合具有过盈，用来传递扭矩，自锁性好，而且装拆方便，如钻头、铰刀、铣刀等工具的锥柄与机床主轴锥孔或衬套的配合。

（2）圆锥配合的使用要求　不同的圆锥配合，除要求不同的配合性质外，一般还有下列使用要求：

1）内、外圆锥配合面间接触应均匀。影响接触均匀性的因素主要有内、外圆锥角偏差和形状偏差。

2）基面距的变动应控制在允许的范围内。当内、外圆锥长度一定时，基面距过大，使圆锥配合长度减少，影响圆锥配合的使用性能；基面距过小，则补偿配合面磨损的轴向调节范围减小。影响基面距的主要因素是内、外圆锥的直径偏差和锥角偏差。

二、圆锥公差

圆锥公差包括圆锥直径公差 T_D、圆锥角公差 AT 和圆锥形状公差 T_F 和给定圆锥截面直径公差 T_{DS} 四个方面。

1. 圆锥直径公差 T_D

圆锥直径公差是指圆锥实际直径允许的变动量，用 T_D 表示。圆锥直径公差带如图 7-2 所示。公差 T_D 可按《公差与配合》的国家标准。为了使圆锥结合的基面距变动不至于太大，有配合要求的圆锥直径公差等级不能太低，一般为 IT8 ~ IT5，基本偏差随着结构特点和工艺而定。对于有配合要求的圆锥配合，推荐选用基孔制。对于无配合要求的圆锥配合，推荐选用基本偏差 Js 或 js，例如 ϕ50Js10。

2. 圆锥角公差 AT

圆锥角公差是指实际圆锥角所允许的变动量，用 AT 表示。圆锥角公差带如图 7-3 所示。圆锥角公差 AT 分 12 个公差等级，从 AT1 到 AT12，AT1 为最高公差等级，AT12 为最低公差等级。GB/T 11334—2005《圆锥公差》规定了圆锥公差的数值（见表 7-3）。各级角度公差的大致应用范围（见表 7-4）。

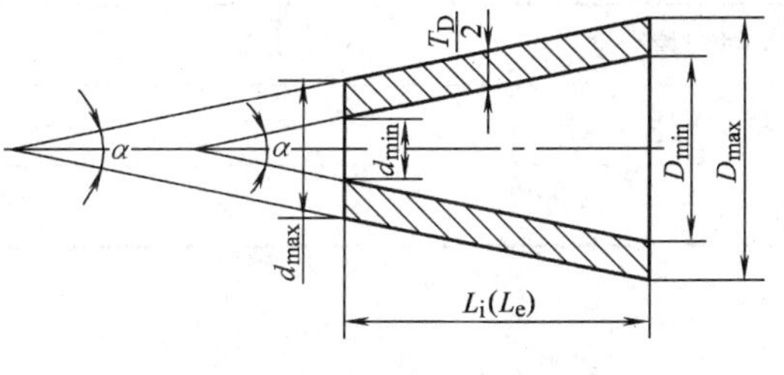

图 7-2　圆锥直径公差区

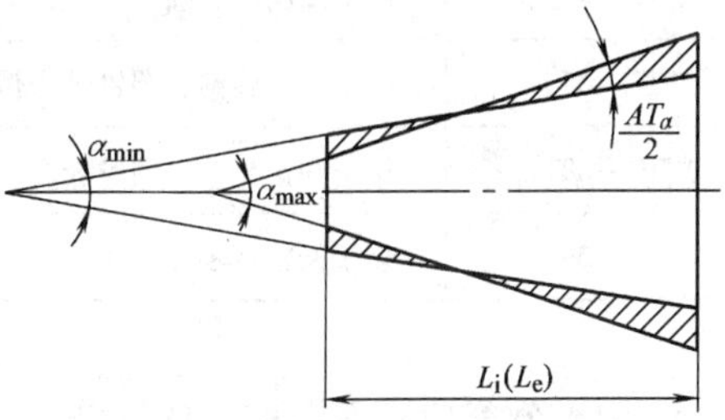

图 7-3　圆锥角度公差区

3. 圆锥形状公差 T_F

圆锥形状公差主要是圆锥母线的直线度公差和圆锥的圆度公差。对于精度低的圆锥件其形状误差一般由直径公差 T_D 加以限制。如果对圆锥形状公差有较高的要求，可另行给出形状公差。

表 7-3 圆锥角公差（GB/T 11334—2005）

基本圆锥长度 L/mm		圆锥角公差等级								
		AT_4			AT_5			AT_6		
		AT_α		AT_D	AT_α		AT_D	AT_α		AT_D
大于	至	μrad		μm	μrad		μm	μrad		μm
16	25	125	26″	>2.0~3.2	200	41″	>3.2~5.0	315	1′05″	>5.0~8.0
25	40	100	21″	>2.5~4.0	160	33″	>4.0~6.3	250	52″	>6.3~10.0
40	63	80	16″	>3.2~5.0	125	26″	>5.0~8.0	200	41″	>8.0~12.5
63	100	63	13″	>4.0~6.3	100	21″	>6.3~10.0	160	33″	>10.0~16.9
100	160	50	10″	>5.0~8.0	80	16″	>8.0~12.5	125	26″	>12.5~20.0
基本圆锥长度 L/mm		圆锥角公差等级								
		AT_7			AT_8			AT_9		
		AT_α		AT_D	AT_α		AT_D	AT_α		AT_D
大于	至	μrad		μm	μrad		μm	μrad		μm
16	25	500	1′34″	>8.0~12.5	800	2′54″	>12.5~20.0	1250	4′18″	>20~32
25	40	400	1′22″	>10.0~16.0	630	2′10″	>16.0~25.0	1000	3′26″	>25~40
40	63	315	1′05″	>12.5~20.0	500	1′43″	>20.0~32.0	800	2′45″	>32~50
63	100	250	52″	>16.0~25.0	400	1′22″	>25.0~40.0	630	2′10″	>40~63
100	160	200	41″	>20.0~32.0	315	1′05″	>32.0~50.0	500	1′43″	>50~80

4. 给定截面圆锥直径公差 T_{DS}

给定截面圆锥直径公差 T_{DS} 是与给定截面圆锥直径 D_X 为公差尺寸，按 GB/T 1800.3—1998 规定的标准公差选取的。

表 7-4 各级角度公差的应用范围

各级圆锥公差	大致应用范围
AT1~AT6	用于高精度的圆锥量规角度样板
AT7~AT9	用于工具圆锥、圆锥销、传动大转矩的摩擦圆锥
AT10~AT11	用于圆锥齿轮、圆锥套之类的中等精度零件
AT12	用于低精度零件

5. 圆锥公差要求在图样上的标注

圆锥的公差标注，应根据圆锥的功能要求和工艺特点选择公差项目。在图样上标注相配合的内、外圆锥的尺寸和公差时，内、外圆锥必须具有相同的基本圆锥角（或基本锥度），标注直径公差的圆锥直径必须具有相同的基本尺寸。圆锥公差通常可以采用面轮廓度法，如图 7-4 所示。

有配合要求的结构型内、外圆锥，也可采用基本锥度法，如图 7-5 所示。当无配合要求时可采用公差锥度法标注，如图 7-6 所示。

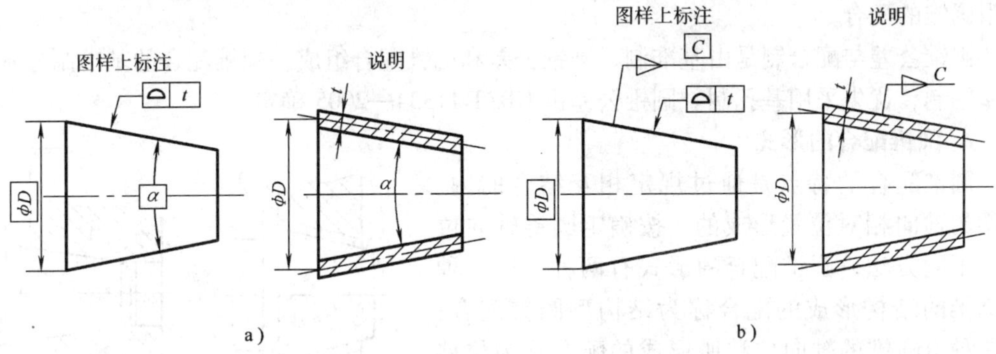

图 7-4 面轮廓度法标注实例

a) 给定圆锥角 b) 给定锥度

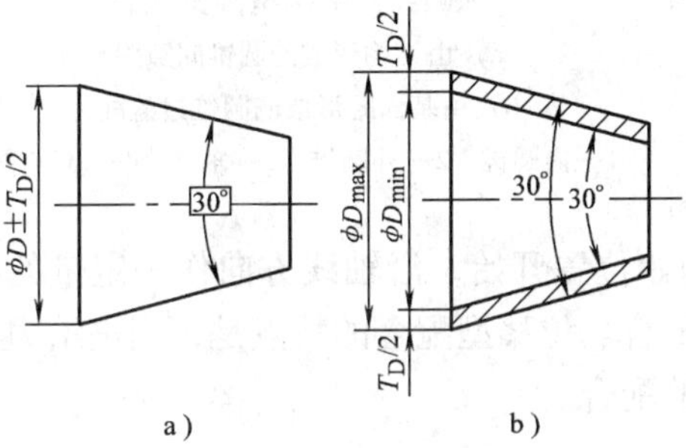

图 7-5 基本锥度法标注实例

a) 图样标注 b) 说明

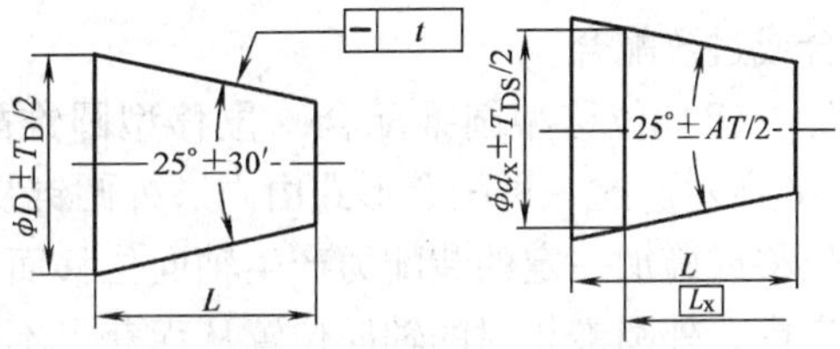

图 7-6 公差锥度法标注实例

6. 圆锥的表面粗糙度

圆锥的表面粗糙度见表 7-5。

表 7-5 圆锥的表面粗糙度的推荐值

表面 \ 粗糙度 \ 连接形式	定心连接	紧密连接	固定连接	支承轴	工具圆锥面	其他
	$R_a/\mu m$ ≤					
外表面	0.4 ~ 1.6	0.1 ~ 0.4	0.4	0.4	0.4	1.6 ~ 6.3
内表面	0.8 ~ 3.2	0.2 ~ 0.8	0.6	0.8	0.8	1.6 ~ 6.3

三、圆锥配合

1. 基本定义和规定

圆锥配合是指基本圆锥相同的内、外圆锥直径之间，由于结合不同所形成的相互关系。圆锥配合时，其配合间隙或过盈是在圆锥母线的垂直方向上起作用的。但在一般情况下，可认为圆锥母线垂直方向的量与圆锥径向的量两者差别很小，可忽略不计，故这里的配合间隙或过盈是指垂直圆锥轴线的间隙和过盈。

圆锥配合适用于锥度 C 从 1∶3 至 1∶500，基本圆锥长度 L 从 6 ~ 630mm，直径至 500mm

光滑圆锥的配合。

圆锥公差与配合制是由基准制、圆锥公差和圆锥配合组成。圆锥配合的基准制分基孔制和基轴制，优先采用基孔制。圆锥公差由 GB/T 11334—2005 确定。

2. 圆锥配合的形式

圆锥配合的特点是通过规定相互结合的内、外锥的轴向相对位置形成的。按确定圆锥轴向位置的不同方法，圆锥配合的形式有两种。第一种由圆锥的结构形成的配合称为结构型圆锥配合；第二种由圆锥的轴向位移所形成的配合称为位移型圆锥配合。

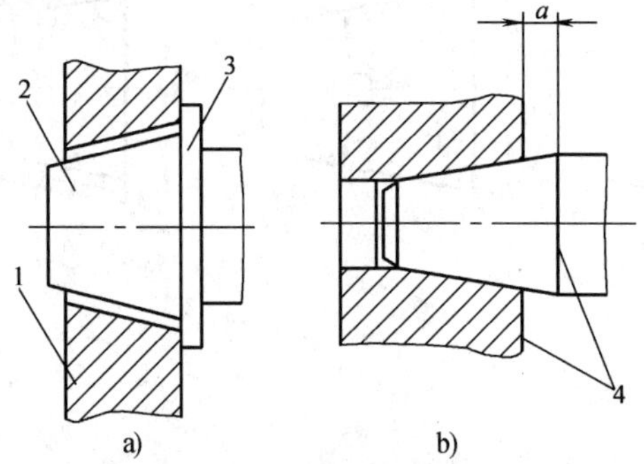

图 7-7　结构型圆锥配合

a）由结构形成的圆锥间隙配合

b）由基面距形成的圆锥过盈配合

1—内圆锥　2—外圆锥　3—轴肩　4—基准平面

（1）结构型圆锥配合　结构型圆锥配合如图 7-7 所示。这一种配合形式是由内、外圆锥的结构或基面确定它们之间最终的轴向相对位置，并因此而获得的配合。它们可以是间隙配合、紧密配合或过盈配合。

（2）位移型圆锥配合　位移型圆锥配合如图 7-8 所示。这一种配合形式由内、外圆锥从实际初始位置开始，沿轴线方向作一定量的相对位移或施加一定的装配力产生轴向位移而获得的配合。位移型配合的特点是，用进给力来确定内、外圆锥相对的轴向位置从而获得不同种类的配合。

四、圆锥角度（或锥度）的检测

测量零件的角度或锥度可以使用直接测量和间接测量两种方法，即直接测量法和间接测量法。直接测量，就是用刻有分度的量具、量仪直接测出零件棱角的具体角度值，并且可以直接从量具、量仪上读出来，称为绝对测量。间接测量，就是将具有一定角度的量具和被测量的角度相比较，用光隙法或涂色法估计被测量角度或偏差，称为相对测量。

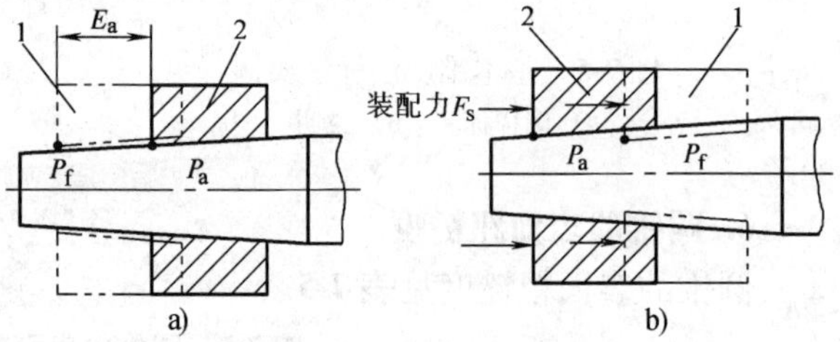

图 7-8　位移型圆锥配合

a）由轴向位移形成的圆锥间隙配合

b）由施加装配力形成圆锥过盈配合

1—终止位置　2—实际初始位置

在图样上棱角的角度值标注，常采用两种角度值。一种是度“°”，另一种就是分“′”，它们之间的换算关系为 1° = 60′。

1. 圆锥角度（或锥度）的检测工具

（1）游标万能角度尺

游标万能角度尺的结构如 7-9 所示。它可以测量 0° ~ 320°范围内的任意角度。测量时尺身 2 沿着游标尺 1 转动，可转到所需的角度。直尺 4 可在 90°角尺架 3 上的夹块 5 中活动和固定。可按不同的方式组合尺身、90°角尺架和直尺来测量不同的角度值，游标万能角度尺的组合形式如图 7-10 所示。

游标万能角度尺的读数方法与游标卡尺相似，常用的分度值为 2′和 5′游标万能角度尺，其示值误差分别不大于 ±2′和 ±5′。

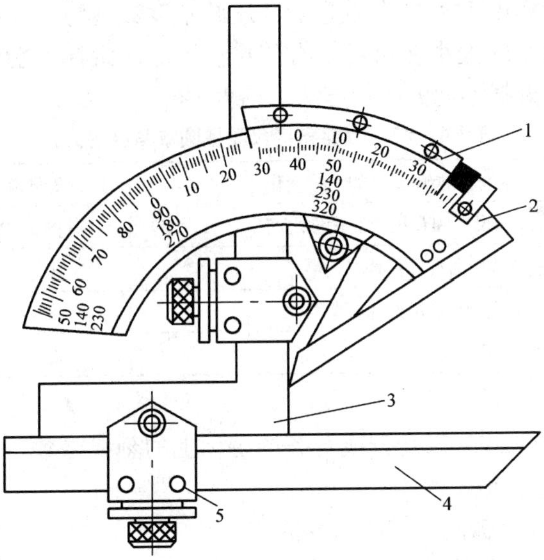

图 7-9　游标万能角度尺

1—游标尺　2—尺身　3—90°角尺架　4—直尺　5—夹块

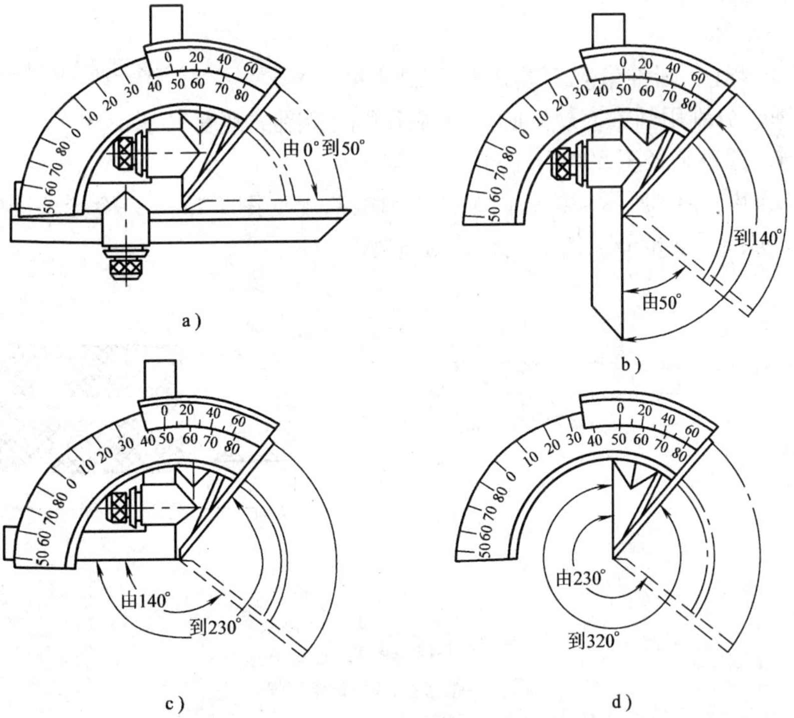

图 7-10　游标万能角度尺的各种组合形式

下面以常用的分度值为2′的游标万能角度尺为例介绍其读数方法。

步骤1：从尺身上读出游标“0”线左边角度的整度数（°），尺身上每一格为1°，即读出整度数。根据测量角度的大小在尺身上有四排读数。用游标万能角度尺测量圆锥的角度时，应根据角度的大小选择不同的测量方法，见表7-6 。

表7-6 游标万能角度尺测量圆锥角度的方法

测量的角度	游标万能角度尺的结构变化	测量范围	尺身刻度的排数
0°～50°	被测工件放在尺身和直尺的测量面之间	图7-10a	第一排
50°～140°	卸下90°角尺架，用直尺代替	图7-10b	第二排
140°～230°	卸下直尺，装上90°角尺架	图7-10c	第三排
230°～320°	卸下90°角尺架和直尺	图7-10d	第四排

步骤2：用游标“0”线与尺身刻线对齐的游标上的刻线格数，乘以游标万能角度尺的分度值，得到角度的“′”值。

步骤3：两者相加就是被测圆锥的角度值。

例1 试读出图7-11所示游标万能角度尺的角度值。

解 角度的整度数为2°。

角度的“′”值为$8\times2'=16'$。

图7-11所示万能角度尺的角度值为

$2°+16'=2°16'$。

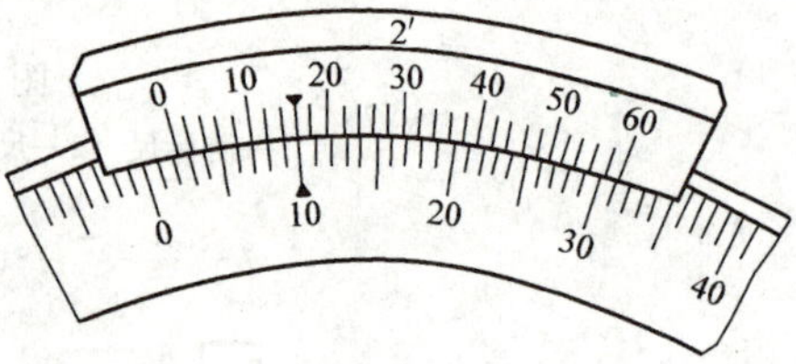

图7-11 游标万能角度尺的读数方法

（2）圆锥量规 圆锥量规有莫氏和米制两种。检验内、外圆锥分别用圆锥塞规。圆锥量规用来检验圆锥锥度C从1:3～1:50，圆锥长度L为6～630mm，圆锥直径至500mm的光滑圆锥。

圆锥量规如图7-12所示，检验内圆锥用圆锥塞规（图7-12a），检验外圆锥用圆锥环规（图7-12b）。圆锥量规也分工作量规和校对量规。

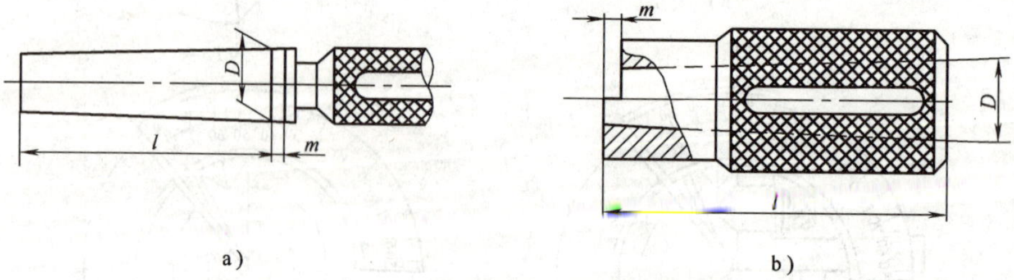

图7-12 圆锥量规

a）圆锥塞规 b）圆锥环规

圆锥量规可以用涂色研合的方法来检验工件的锥角，检验时若工件圆锥端面介于圆锥量规的两刻线之间，则为合格。用涂色法检验工件内圆锥角，可在圆锥塞规沿母线方向涂上3

条均布的、极薄的红丹涂料，如图 7-13 所示，与被检工件套合后施加进给力进行配研，根据接触情况来判断该锥角是否合适。

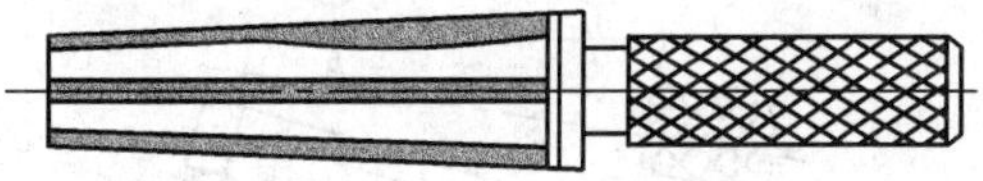

图 7-13　涂色方法

用工作圆锥量规检验工件圆锥直径时，工件大端直径平面（或小端直径平面）应处在 Z 标志线内，Z 标志线是根据工件圆锥直径公差按其锥度计算出来的允许轴向位移量（图 7-14）。

用校对塞规检验工作环规时，环规圆锥直径大端面应与校对塞规的圆锥大端直径的平面标志重合，允许向外有不大于 ΔZ 的轴向差距。

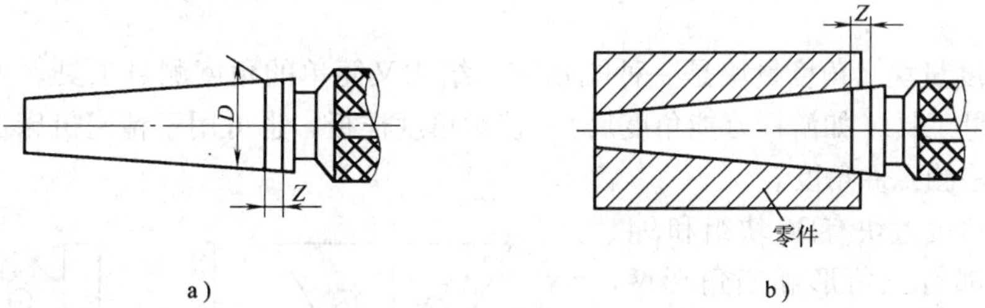

图 7-14　校对塞规检验工作环规

（3）正弦规　正弦规是利用三角函数中正弦（sin）关系来进行间接测量角度的一种精密量具。用于工件角度或锥度的测量等。比如，可测量内、外锥体的锥度，样板的角度，孔中心线与平面之间的夹角，外锥体的小端和大端直径，圆锥螺纹量规的中径以及检定水平仪等。因为正弦规的精度较高，一般只用来测量或加工比较精密的零件、工具或测量器具。

正弦规由一块准确的钢质长方体和两个相同的精密圆柱体组成，两个圆柱体之间的中心距要求很精确，中心连线与长方体工作平面严格平行。为了便于被测工件在长方体表面上定位和定向，装有后挡板和侧挡板。测量安装零件时，应利用正弦规的前挡板或侧挡板定位。使用时，不准在平板上来回拖动。

用正弦规测量工件时，已知圆锥角 α，则需垫进量块组的高度为

$$h = L\sin\alpha$$

式中　h——量块组的高度（mm）；

L——正弦规两圆柱的中心距（mm）；

α——圆锥角。

图 7-15 所示为用正弦规测量外圆锥角的示意，在正弦规的一个圆柱下垫上高度为 h 的量块，若被测圆锥的基本圆锥角为 α，正弦规两圆柱的中心距为 L，则 $h = L\sin\alpha$。此时正弦工作台面相对于平板倾斜了 α 角，将被测圆锥放置在正弦规上，用指示表测量圆锥上相距为 l 的 a、b 两点，由 a、b 两点读数差 n 对长度 l 之比，即为所求得的锥度误差。具体测量必须注意 a、b 两点值的大小，若 a 点值大于 b 点值，则实际锥角大于理论锥角，计算出的 $\Delta\alpha$ 为正值，反之 $\Delta\alpha$ 为负值。锥度误差 $\Delta C = n/l$，若换算成锥角误差，则 $\Delta\alpha = \Delta C/0.0003$。

图 7-16 所示为用正弦规测量内圆锥角的示意，其基本原理与测量外圆锥角相类似。

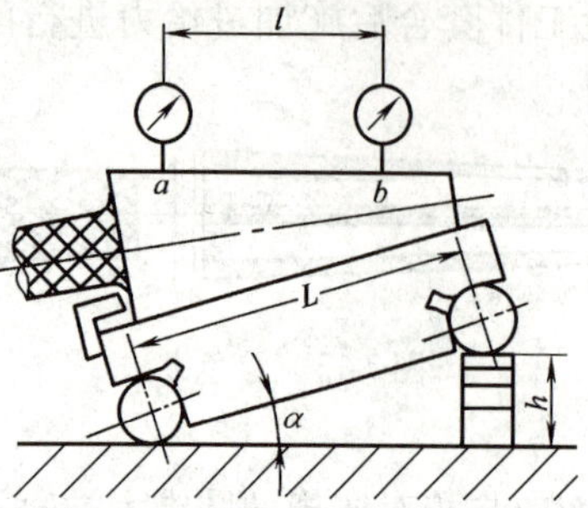

图 7-15　用正弦规测量外圆锥角

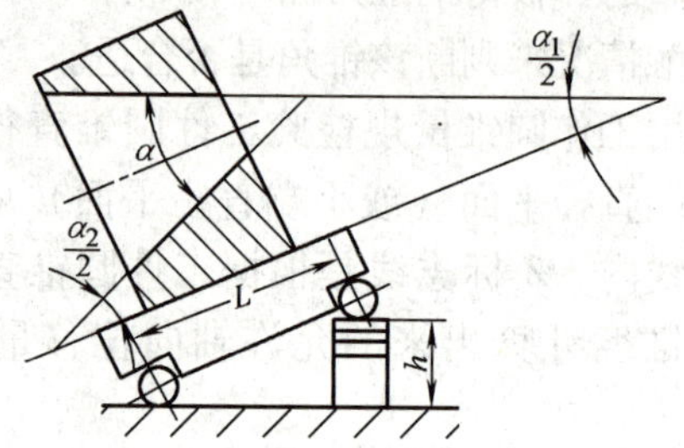

图 7-16　用正弦规测量内圆锥角

（4）角度量块　角度量块是一种既精密，结构又简单的角度测量工具。主要用于检测某些角度测量工具（如游标万能角度尺），校对角度样板，也可用于精密机床加工时的角度调整或直接检测工件角度。

成套的角度量块有 36 块组和 94 块组。每套都有三角形和四角形两种角度量块（图 7-17）。三角形量块有一个工作角（α）、四角形量块有四个工作角（α、β、γ、δ），角度量块可以单独使用，也可以组合起来使用。角度量块的精度分为 1、2 两级，其工作角的极限偏差为：（1 级精度级）±10″，（2 级精度级）±30″。角度量块的工作测量范围为 10°～350°。

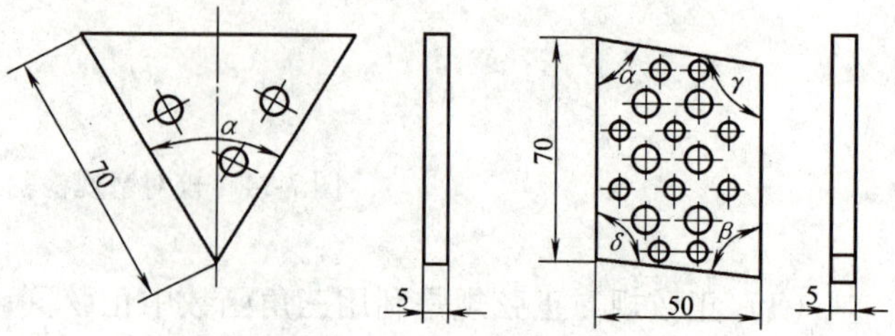

图 7-17　角度量块

（5）90°角尺　90°角尺是另一种角度检验工具，用于检验工件的直角偏差，检验时用目测光隙大小和用塞尺来确定偏差大小（图 7-18）。

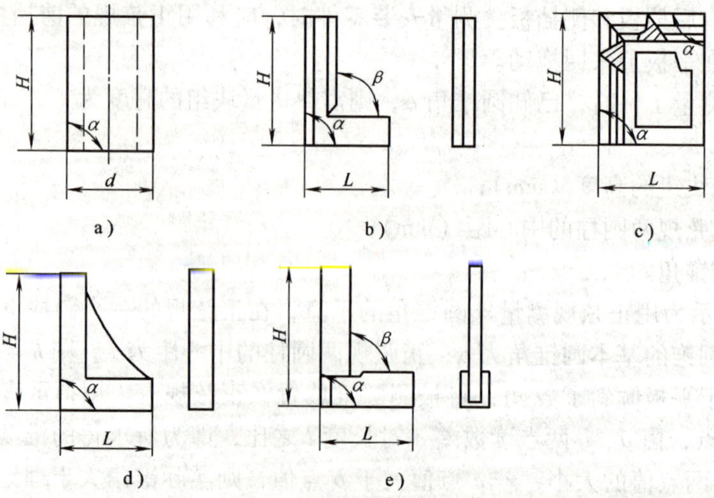

图 7-18　90°角尺的结构

（6）光学分度头　光学分度头适用于精密的角度测量和工件的精密分度工作。一般是以工件的旋转中心作为测量基准，以此来测量工件的中心夹角。

光学分度头的结构类似于一般的机械分度头，所不同的是它具有精密的光学分度值装置。分度值有1′、10″、5″、2″或1″等几种，其中旧式的1′分度头已很少使用。

图7-19所示为5″投影式光学分度头，其示值误差不大于10″。图7-20为分度头影屏视场，视场方框内出现90°的“度”刻线（它是光学分度头度盘上刻线在影屏上的像）和“分”分划板双线，下面的小扇形窗为分度值5″的“秒”度刻线。中间为不动的指标值。使用时，旋转读数手轮，即转动“秒”度盘和移动“分”分划板双线，使视场中“度”刻线像夹到邻近一对“分”分划板双线的正中，读数值为屏视场方框内的读数和小扇形窗内读数之和。读数值为90°30′+3′54″= 90°33′54″（4″为估计值）。

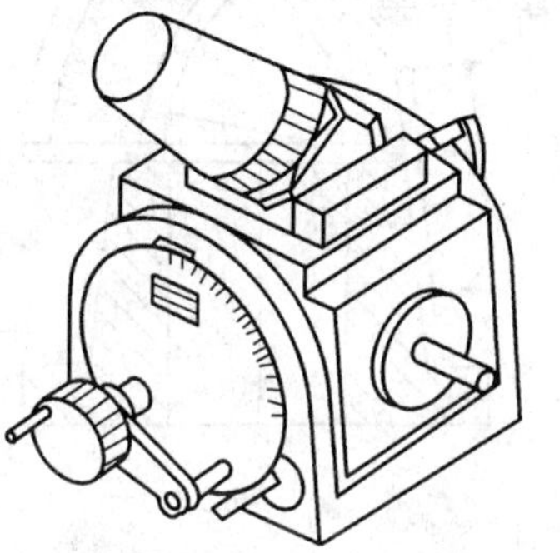

图7-19　投影式光学分度头

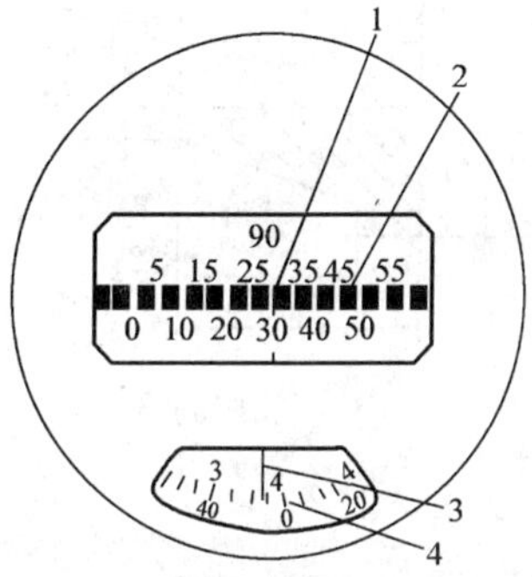

图7-20　光学分度头读数值

2. 圆锥角度（或锥度）的检测方法

圆锥角度（和锥度）的检测方法，见表7-7。

表7-7　圆锥角度（和锥度）的检测方法

检测方法	绝对测量法	比较测量法	间接测量法
定义	用测量角度的量具、量仪直接测量被测角度，被测的角度值可以从量具、量仪上直接读出数值	用角度量具与被测角度比较，用光隙法或涂色法估计被测角度的误差	通过测量有关尺寸，再经过计算得到被测角度的方法。这种方法简单、实用，适合小批量生产
测量量具	游标万能角度尺和光学分度头等	角度量块、90°角尺、圆锥量规和锥度样板等	正弦规、圆球、圆柱、量块等
应用	游标万能角度尺检测外圆锥角度	圆锥塞规检验内圆锥	用正弦规测量内圆锥的角度

3. 圆锥角度（或锥度）检测的应用

（1）用游标万能角度尺检测外圆锥角度　被检验工件如图7-21a。测量简图如图7-21b所示。

1）准备的检具为游标万能角度尺。

2）测量步骤。

步骤1：把游标万能角度尺的90°角尺架卸下，装上直尺测量角度（50°～140°）。

步骤 2：把尺身和圆锥的右端面贴合。

步骤 3：转动背面的旋钮，使尺身改变角度并使尺身贴合圆锥表面。

步骤 4：读出游标万能角度尺的角度值。

3）评定检测结果。如果游标万能角度尺测得的角度值为 96° ±1′，该外圆锥的角度符合要求，否则角度值超差。

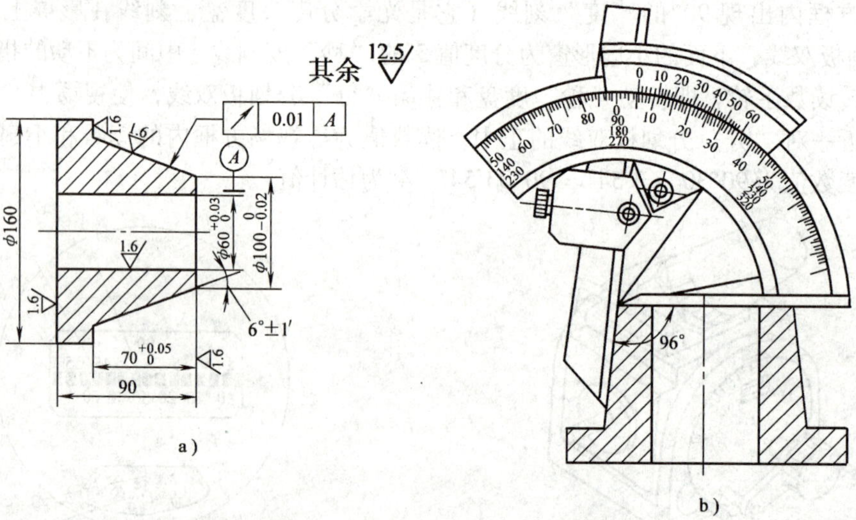

图 7-21 游标万能角度尺检测外圆锥角度

（2）正弦规测量内圆锥的角度　被检验工件如图 7-22 所示。测量简图如图 7-15 所示。

1）准备的检具为正弦规、量块组、带指示表的支架、杠杆式百分表。

2）测量步骤。

步骤 1：选用的正弦规圆柱中心距为 $L=100$mm。

计算出内圆锥的圆锥角，该圆锥孔的圆锥角 $\alpha=2\times6°=12°$。

根据公式 $h=L\sin\alpha$，该圆锥孔需要的量块组高度为 $h=L\sin\alpha=100\times\sin12°=100\times0.20791$mm $=20.791$mm。

步骤 2：测量时，将正弦规安放在平板上，再将组合好的 20.791mm 高的量块组垫在正弦规一端的圆柱下面。

步骤 3：将带有内圆锥的零件，稳定放置在正弦规的工作面上，应使圆锥孔的轴线垂直于正弦规的圆柱轴线。

步骤 4：使百分表测量头与内圆锥表面上素线触及，随之自孔的大端向小端移动，沿圆锥素线测量。

步骤 5：读出百分表的指针摆动量。

步骤 6：将内圆锥转动 180°，再测量一次。

3）评定检测结果。如果在圆锥长度上百分表指针摆动量不大于 ±0.02mm，则圆锥半角误差在 ±1′范围以内。若百分表指针摆动超过 ±0.02mm，则圆锥半角误差超差。

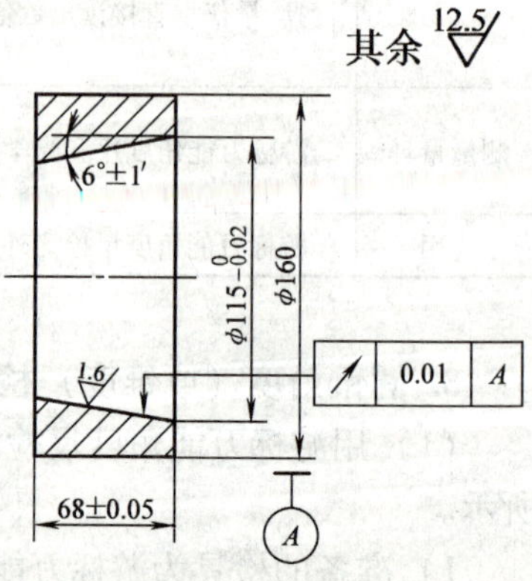

图 7-22 被检验工件

（3）圆锥塞规检验内圆锥　被检验工件同上。

1）准备的检具为圆锥塞规。

2）检验内圆锥的步骤如下：

步骤1：在圆锥塞规上沿素线方向涂上两三条显示剂（红丹或蓝油），如图7-13所示。

步骤2：将圆锥塞规与内圆锥套合后，稍加周向推力，轻轻转动半圈。

步骤3：取下塞规，观察圆锥塞规表面显示剂擦去的情况。

3）评定检测结果。若圆锥塞规3条显示剂全长擦痕均匀，说明内圆锥角度正确。若小端擦着，大端未擦去，说明内圆锥圆锥角大了；相反，说明内圆锥圆锥角角度小了。用圆锥套规的检验与圆锥塞规正好相反。

第二节　平键、花键联接的公差及检测

键和花键通常用于联接轴与齿轮、带轮等零件，以传递转矩与运动。

一、平键联接的公差及检测

键的种类很多，应用最广泛的是平键。平键分普通平键和导向平键两种，前者用于固定联接，后者用于导向联接，即零件之间有轴向相对运动的联接。

（一）平键联接的公差与配合

1. 平键联接的几何参数

平键联接是由键、轴槽和轮毂槽三部分组成，其结合尺寸有键宽、槽宽、键高、槽深、键长和槽长等参数。由于平键连接所传递的扭矩是通过键槽的侧面进行的。因此键和键槽的宽度（b）是平键联接的主要参数。也就是说，平键联接的配合性质是由键和键槽宽度尺寸公差带之间的关系来体现的。

平键的剖面尺寸及键槽形式都已标准化，在GB/T 1095—2003中作了规定。平键联接的剖面尺寸如图7-23所示。

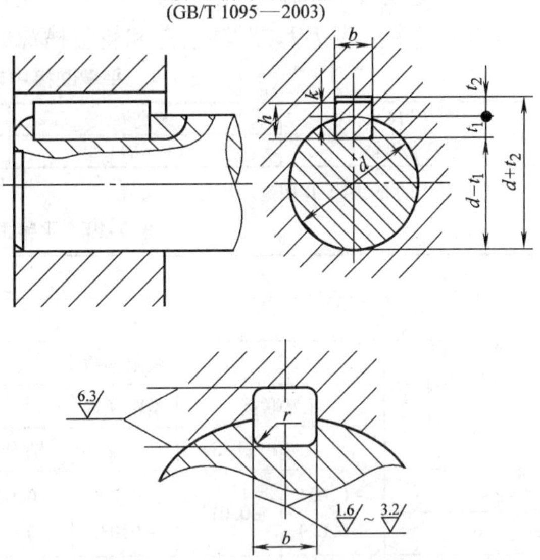

图7-23　平键联接的剖面尺寸

2. 平键联接的公差与配合

（1）键宽的公差带　在键联接中，由于键宽同时要与轴槽宽和轮毂槽宽配合，且配合性质往往不同，此外，键用标准的精拔钢制造，是标准件，所以键联接采用基轴制配合。在标准中对键宽尺寸（b）仅规定一种公差带即h9。

（2）轴槽和轮毂槽的公差带　平键联接中，不同的配合性质是依靠改变轴槽和轮毂槽宽度的尺寸公差带的位置来获得的。根据不同用途的需要，标准对轴槽宽度规定了三种公差带，即H9、N9、P9。对轮毂槽宽度也规定了三种公差带，即D10、JS9、P9。

平键的配合种类及其用途见表7-8，有关极限偏差数值见表7-10。

表7-8　平键的配合种类及其用途

配合种类	尺寸(*b*)的公差带			用　途
	键	轴槽	毂槽	
松联接	h9	H9	D10	主要用于导向平键，如车床变速箱中的滑移齿轮，光杆上的键槽与光杆上齿轮内孔的键联接
正常联接		N9	JS9	一般机械制造中用于定位及传递转矩
紧密联接		P9		传递重载、冲击及双向转矩

图7-24所示为键宽 $b=10\text{mm}$ 的公差带图。

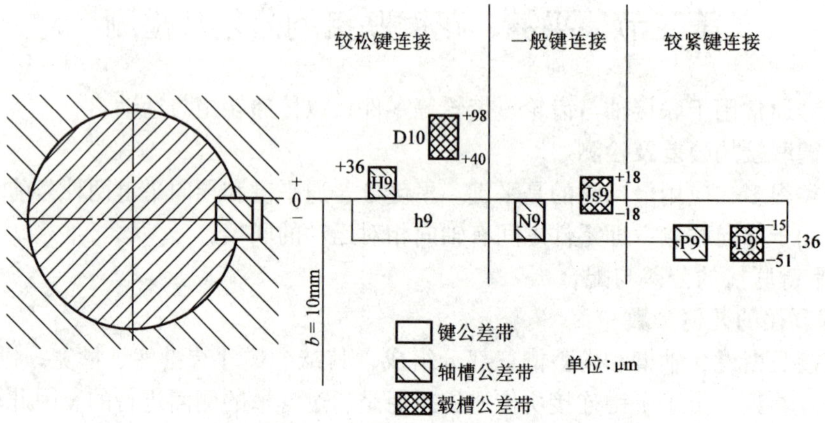

图7-24　$b=10\text{mm}$ 的平键联接公差带图

（3）键联接中非配合尺寸的公差带　键联接中非配合尺寸是指键高、键长和轴槽长，它们的公差带见表7-9。对轴槽深和轮毂槽深的公差也作了规定见表7-10。

表7-9　平键联接中非配合尺寸的公差带

各部分尺寸	键高 *h*	键长度 *L*	轴槽长度
公差带代号	h11(h9)	h14	H14

注：括号中的h9用于B型键。

表7-10　平键联接偏差数值表　（单位：mm）

键尺寸 $b\times h$	键槽										半径 *r*	
	宽度 *b*						深度					
	基本尺寸	极限偏差					轴 t_1		毂 t_2			
		正常联接		紧密联接	松联接		基本尺寸	极限偏差	基本尺寸	极限偏差		
		轴 N9	毂 JS9	轴和毂 P9	轴 H9	毂 D10					min	max
2×2	2	−0.004 −0.029	±0.0125	−0.006 −0.031	+0.025 0	+0.060 +0.020	1.2	+0.1 0	1.0	+0.1 0	0.08	0.16
3×3	3						1.8		1.4			
4×4	4	0 −0.030	±0.015	−0.012 −0.042	+0.030 0	+0.078 +0.030	2.5		1.8			
5×5	5						3.0		2.3		0.16	0.25
6×6	6						3.5		2.8			

（续）

键尺寸 $b \times h$	键槽											
	宽度 b						深度				半径 r	
	基本尺寸	极限偏差					轴 t_1		毂 t_2			
		正常联接		紧密联接	松联接		基本尺寸	极限偏差	基本尺寸	极限偏差		
		轴 N9	毂 JS9	轴和毂 P9	轴 H9	毂 D10					min	max
8×7	8	0 -0.036	±0.018	-0.015 -0.051	+0.036 0	+0.098 +0.040	4.0	+0.2 0	3.3	+0.2 0	0.16	0.25
10×8	10						5.0		3.3		0.25	0.40
12×8	12	0 -0.043	±0.0215	-0.018 -0.061	+0.043 0	+0.120 +0.050	5.0		3.3			
14×9	14						5.5		3.8			
16×10	16						6.0		4.3			
18×11	18						7.0		4.4			
20×12	20	0 -0.052	±0.026	-0.022 -0.074	+0.052 0	+0.149 +0.065	7.5		4.9		0.40	0.60
22×14	22						9.0		5.4			
25×14	25						9.0		5.4			
28×16	28						10.0		6.4			
32×18	32	0 -0.062	±0.031	-0.026 -0.088	+0.062 0	+0.180 +0.080	11.0		7.4			
36×20	36						12.0	+0.3 0	8.4	+0.3 0	0.70	1.00
40×22	40						13.0		9.4			
45×25	45						15.0		10.4			
50×28	50						17.0		11.4			
56×32	56	0 -0.074	±0.037	-0.032 -0.106	+0.074 0	+0.220 +0.100	20.0		12.4		1.20	1.60
63×32	63						20.0		12.4			
70×36	70						22.0		14.4			
80×40	80						25.0		15.4		2.00	2.50
90×45	90	0 -0.087	±0.0435	-0.037 -0.124	+0.087 0	+0.260 +0.120	28.0		17.4			
100×50	100						31.0		19.5			

（二）键槽的位置公差

键槽的位置公差主要是指轴槽的实际中心平面相对于基准轴线的对称度误差，它是假定工作平面上（图 7-25a）和轴向截面上（图 7-25b）对称度误差综合的结果。

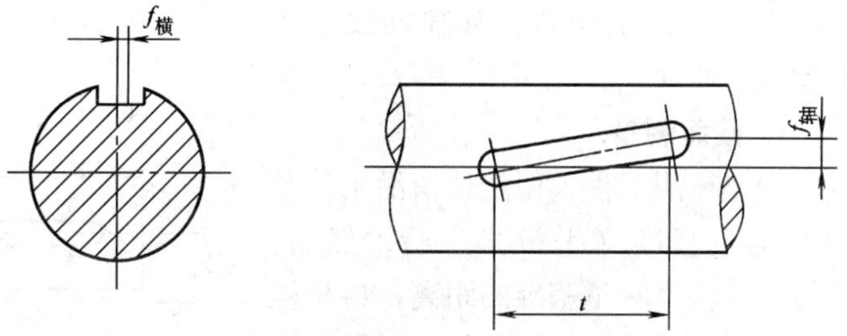

a)　　b)

图 7-25　键槽中心平面对基准轴线的对称度误差

键和键槽的对称度误差常使键和键槽间不能保证面接触，传递转矩时，将使键的工作表面上负荷不均匀，因而对键联接的质量影响很大，因此必须加以限制。

键槽对称度公差应按 GB/T 1184—1996 中的对称度公差 7 ~9 级选取。

（三）平键联接的表面粗糙度

表面粗糙度对键联接配合性质的稳定性和使用寿命有很大影响。标准推荐，平键联接的表面粗糙度见表 7-11。

表 7-11 平键联接的表面粗糙度

平键联接的参数	表面粗糙度 R_a 最大允许值/μm
键侧表面	2.5
轴槽和轮毂槽侧面	25 ~10
非配合表面	10

（四）键槽的测量

在单件小批生产中或按独立原则标注时，键槽的宽度和深度一般用通用量仪来测量。在大批大量生产时，可用专用极限量规检验，检验键槽宽度和深度的各种极限量规见表 7-12。

表 7-12 检验轴槽的极限量规

检验参数	量规名称及图形	说 明
槽 宽 b	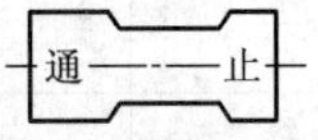 槽宽 b 用的板式塞规	一端为“通”规，另一端为“止”规
轮毂槽深 $d+t_1$	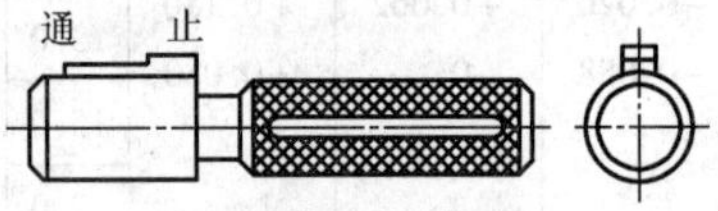 轮毂槽深级式量规	一个轴和台阶的组合，台阶分别为“通”规和“止”规
轴槽深度 $d-t$	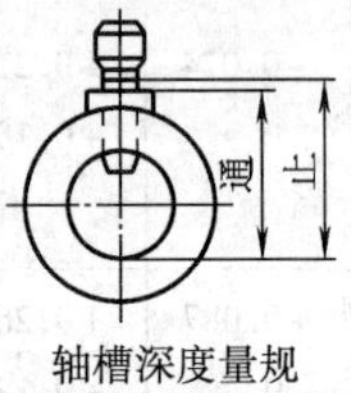 轴槽深度量规	圆环内径作为测量基准，上支杆可以调整到轴槽深度“通”或“止”的位置（相当于深度尺）

轴槽对称度误差可用图 7-26 所示方法测量。测量前，在键槽中配置一没有松动的定位块，以定位块中心平面的位置模拟键槽实际中心平面的位置，基准轴线由 V 形架模拟体现。

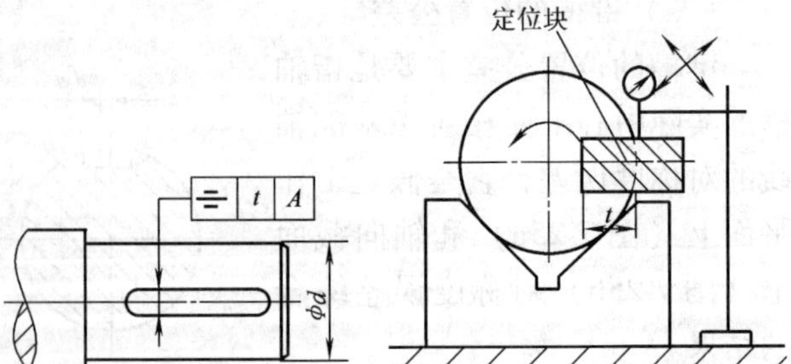

a）　b）

图 7-26 键槽对称度误差示意图

1. 截面测量

调整被测工件，使定位块沿工件径向与测量基准（平板）平行，然后，测量定位块至测量基准的距离，再将被测工件旋转 180°后重复上述测量，得到该截面上、下两对应点的读数差 a，则该截面的对称度误差 $f_{截}$ 为

$$f_{截} = \frac{a\frac{t}{2}}{r-\frac{t}{2}} = \frac{at}{d-t}$$

式中 r——轴的半径；

t——轴槽深度。

2. 长向测量

沿轴槽长度方向测量，取长度方向两点的最大读数差为长度方向对称度误差$f_{长}$

$$f_{长} = a_{高} - a_{低}$$

取以上两个方向测得误差的最大值，作为该零件的对称度误差。

在大量生产中，键槽对称度误差由工艺保证，加工过程一般不必检验。当需要检验或对称度按最大实体要求给出时，如图 7-27 所示，应采用专用综合量规来检验。所用的综合量规见表 7-13。

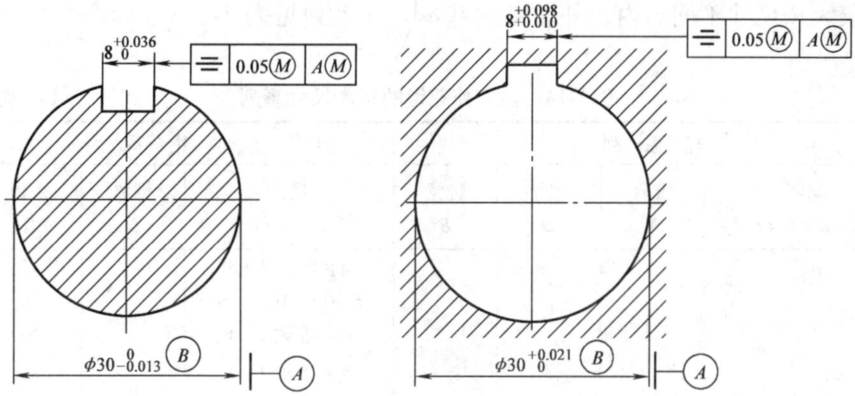

a)　　　b)

图 7-27　用最大实体要求标注键槽对称度公差示例

表 7-13　检验键槽的位置误差综合量规

检验参数	量规名称及图形	说　明
轮毂槽的对称性	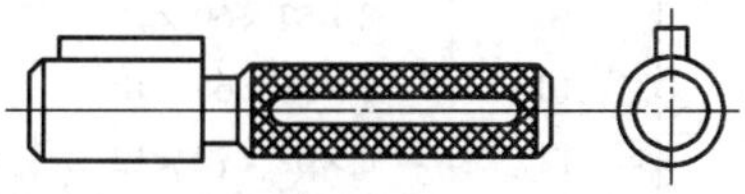 轮毂槽对称性量规	只有“通”规。量规能塞入孔中即为合格
轴槽的对称性	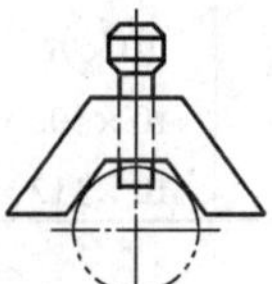 轴槽对称性量规	带有中心柱的 V 形架，只有“通”规。量规能通过轴槽即为合格

二、矩形花键联接的公差和测量

花键联接由内花键（花键孔）和外花键（花键轴）两个零件组成。内花键或花键轴是将键槽与轮毂或键与轴制成一个整体的联接件。

花键联接与单键联接相比有如下优点：定心精度高，导向性好，各部位所受的负荷均匀，联接可靠且能传递较大的扭矩。

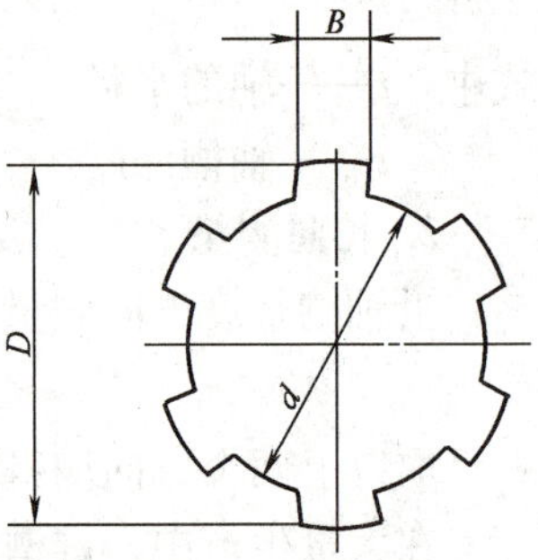

图 7-28　内、外花键的基本尺寸

花键按截面形状可分为矩形花键、渐开线花键、三角形花键，其中矩形花键应用最广，本节仅介绍矩形花键的公差和测量。

（一）矩形花键的基本尺寸

矩形花键联接有三个主要尺寸，即大径 D、小径 d 和键（槽）宽 B，如图 7-28 所示。矩形花键尺寸规定了轻、中两个系列，键数规定为 6 键、8 键、10 键三种。轻、中两个系列的键数是相等的，对于同一小径两个系列的键宽（或槽宽）尺寸是相等的，仅大径尺寸不同。内、外花键的基本尺寸系列见表 7-14。

表 7-14　内、外花键的基本尺寸系列　（单位：mm）

小径 d	轻系列				中系列			
	规格 $N \times d \times D \times B$	键数 N	大径 D	键宽 B	规格 $N \times d \times D \times B$	键数 N	大径 D	键宽 B
11					6×11×14×3		14	8
13					6×13×16×3.6		16	3.5
16					6×16×20×4		20	4
18					6×18×22×5		22	5
21		6			6×21×25×5	6	25	5
23	6×23×26×6		26	6	6×23×28×6		28	6
26	6×26×30×6		30	6	6×26×32×6		32	6
28	6×28×32×7		32	7	6×28×34×7		34	7
32	8×32×36×6		36	6	8×32×38×6		38	6
36	8×36×40×7		40	7	8×32×42×7		42	7
42	8×42×46×8		46	8	8×42×48×8		48	8
46	8×46×50×9	8	50	9	8×46×54×9	8	54	9
52	8×52×58×10		58	10	8×52×60×10		60	10
56	8×56×62×10		62	10	8×56×65×10		65	10
62	8×62×68×12		68	12	8×62×72×12		72	12
72	10×72×78×12		78	12	10×72×82×12		82	12
82	10×82×88×12		88	12	10×82×92×12		92	12
92	10×92×98×14	10	98	14	10×92×102×14	10	102	14
102	10×102×108×16		108	16	10×102×112×16		112	16
112	10×112×120×18		120	18	10×112×125×18		125	18

（二）矩形花键的定心

矩形花键的互换性由内、外花键的小径 d、大径 D 和键（槽）宽 B 三个联接尺寸及其相互位置关系所确定。但是，若要同时保持三个联接尺寸都很精确是较困难的，况且它们的配合性质还会受内、外花键的形位误差影响，为了既要保证花键联接的同轴度，又要避免制造困难，设计者将花键三个联接尺寸中的一个尺寸作为主要配合尺寸，用它来保证内、外花键联接的同轴度，此尺寸称为定心尺寸，这就是花键的定心，因此，花键联接有三种定心方式：小径 d 的定心、大径 D 的定心和键（槽）侧 B 的定心，如图 7-29 所示。

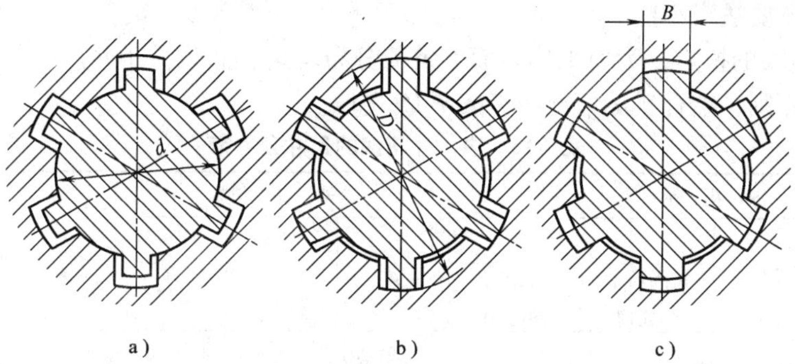

图 7-29　花键的定心方式

GB/T1144—2001《矩形花键尺寸、公差和检验》国家标准中只规定小径 d 定心。对定心直径 d 采用较高的公差等级；非定心直径 D 采用较低的公差等级，并且非定心直径表面之间留有较大的间隙，以保证它们不接触。为要保证传递扭矩和起导向作用，键（槽）宽 B 的尺寸应具有足够的精度。

采用小径（d）定心的优点：

由于生产和科学技术的发展，对定心表面的硬度、表面粗糙度的要求不断提高，需要热处理。热处理后表面产生变形，内花键和花键轴的小径都可通过磨削加以修正，并使小径的尺寸精度和表面粗糙度要求得到保证。因此，花键联接采用小径定心，可以提高花键联接的硬度和使用寿命。

对定心表面的尺寸精度要求不断提高，例如：在 GB 10095—1988 规定的 5 级、6 级精度齿轮内花键，其定心精度要求 IT5 和 IT6 级。这是大径定心所达不到的，只有用小径定心磨孔才能达到要求，因此，花键联接采用小径定心，可以提高花键联接的定心精度。

（三）花键联接的公差与配合

内、外花键定心小径、非定心大径和键（槽）宽的尺寸公差带分一般用和精密传动用两类。一般用的花键公差带分拉削后不热处理，和拉削后热处理两种。内、外花键的配合分滑动、紧滑动和固定三种。为了减少拉刀的数目，花键联接采用基孔制配合，其配合性质是靠改变外花键的公差带位置来实现的。内、外花键的尺寸公差带见表 7-15。

1. 内、外花键尺寸公差带的选择

选择花键尺寸公差带的一般原则是：当定心精度要求高，传递扭矩大，为使联接的各工作表面接触均匀，应选精密传动用的尺寸公差带。反之，选用一般用的尺寸公差带。

2. 内、外花键配合的选择

花键联接的配合性质是由定心直径、键及槽宽的公差带位置所决定。配合的选择，取决于内、外花键联接所需间隙的大小，在三种装配形式中，滑动联接间隙较大；紧滑动联接间隙次之；固定联接间隙较小。间隙大小指相比较而言，选择花键连接配合的一般原则是：

1）当内花键在外花键上有轴向移动时，间隙应大。

2）当内花键在外花键上移动的次数频繁、移动的长度较大，则间隙应越大。间隙的大小应保证配合表面之间有足够的润滑油层，如汽车变速箱中的滑移齿轮内外花键的联接。

3）定心精度高或外花键有反向转动时，为了保证定心精度，减少反向所产生的空程和冲击，所选间隙要适当小些。

4）当传递大的扭矩，为使工作表面上负荷分布均匀，间隙应小些。

根据上述原则，结合实际情况参考表 7-15 选取。

表 7-15　内、外花键的尺寸公差带

内花键				外花键			装配形式
d②	D	B		d	D	B	
		拉削后不热处理	拉削后热处理				
一般用							
H7	H 10	H9	H 11	f7	a11	d 10	滑动
				g7		f9	紧滑动
				h7		h10	固定
精密传动用①							
H5	H10	H7	H9	f5	a11	d8	滑动
				g5		f7	紧滑动
				h5		h8	固定
H6				f6		d8	滑动
				g6		f7	紧滑动
				h6		h8	固定

注：① 精密传动用的内花键，当需要控制键侧配合间隙，键槽宽可适用 H7，一般情况下可适用 H9。

② d 为 H6 和 H7 的内花键，允许与提高一级的外花键配合。

（四）花键的形位公差

1. 形状公差

内、外花键小径定心表面的形状公差遵守包容要求。

2. 位置公差

花键在制造时，各联接尺寸的实际尺寸应控制在各自的尺寸公差带内。但是，若不同时考虑花键存在的形位误差对花键联接的影响，也不能充分保证花建联接的互换性和可装配性。如图 7-30 所示，设内花键（用实线表示）的轮廓形状和尺寸都是正确的，外花键（用虚线表示）各要素的尺寸也是合格的，但花键的大、小径不同轴，且键的位置有错移。假如原定内、外花键联接处要有间隙，由于形位误差的影响，在键 4 与键 6 处出现了过盈，其结果相当于外花键的轮廓尺寸增大了。同理，若内花键也存在形位误差，装配时，也相当于内花键的轮廓尺寸变小了，结果不能保证预定的配合性

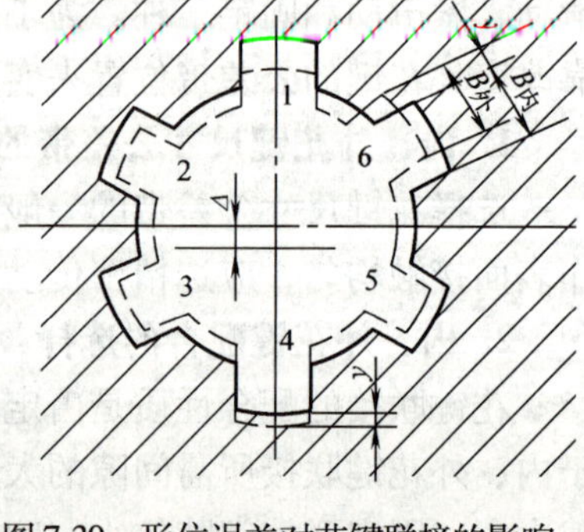

图 7-30　形位误差对花键联接的影响

质，甚至无法进行装配。因为这时并不是联接尺寸的实际尺寸决定配合性质，而是由内、外花键的作用尺寸进行配合。为了保证花键联接的互换性、可装配性和键侧接触的均匀性，除了用包容要求控制定心表面的形状误差外，还应限制花键的等分度误差。

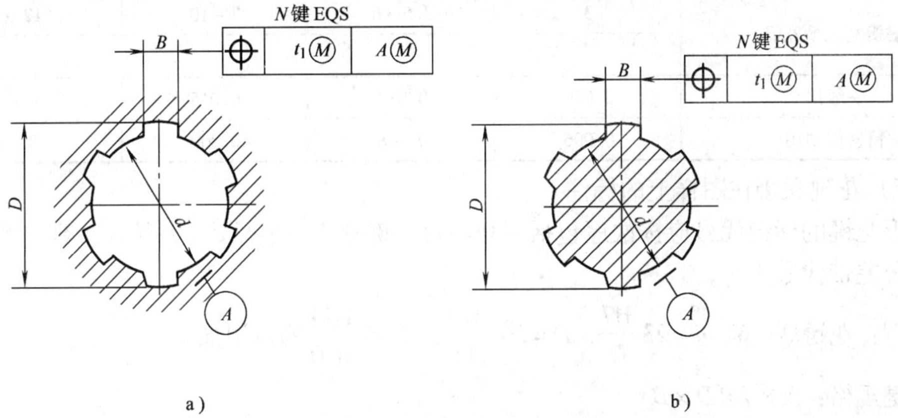

图 7-31　花键的位置度公差标注

对于花键的分度误差，一般用位置度公差来控制，并采用最大实体要求，图样标注如图 7-31 所示。用花键综合量规检验。花键位置度公差值见表 7-16。单项检验时，则规定键（槽）两侧面的中心平面对定心表面轴线的对称度公差和等分度公差，图样标注如图 7-32 所示。

表 7-16　花键位置度公差　（单位：mm）

键槽宽或键宽 B		3	3.5~6	7~10	12~18
		t_1			
键槽宽		0.010	0.015	0.020	0.025
键宽	滑动、固定	0.010	0.015	0.020	0.025
	紧滑动	0.006	0.010	0.013	0.016

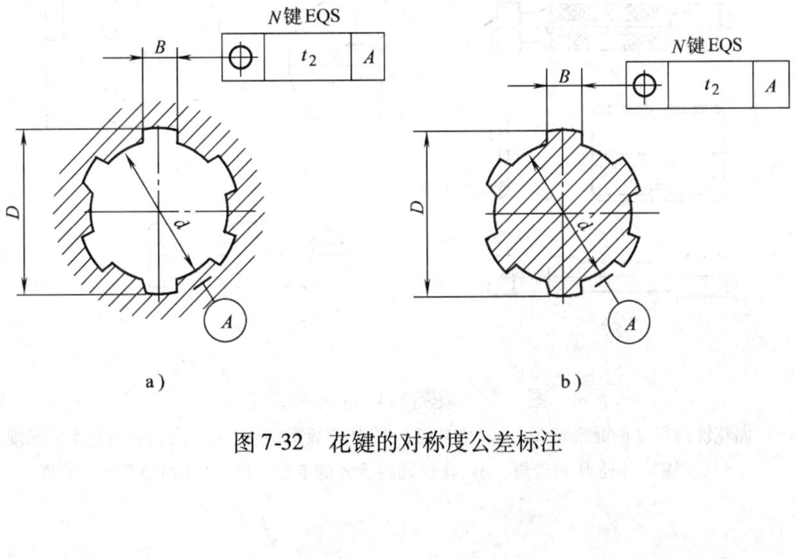

图 7-32　花键的对称度公差标注

花键对称度公差值见表7-17。等分度公差值等于键宽的对称度公差值。对较长的花键，可根据产品性能自行规定键侧对轴线的平行度公差。

表7-17 花键对称度公差 （单位：mm）

键槽宽或槽宽 B	3	3.5 ~ 6	7 ~ 10	12 ~ 18
	t_2			
一般用	0.010	0.012	0.015	0.018
精密传动用	0.006	0.008	0.009	0.011

（五）花键联接在图样上的标注

矩形花键的标记代号应按次序包括下列项目：键数 N、小径 d、大径 D、键（槽）宽 B、花键的公差带代号。

示例：花键 $N=6$，$d=23\dfrac{H7}{f7}$，$D=26\dfrac{H10}{a11}$，$B=6\dfrac{H11}{d10}$的标记如下

花键规格：$N\times d\times D\times B$

$6\times23\times26\times6$

对于花键副：标注花键规格和配合代号

$⨅6\times23\dfrac{H7}{f7}\times26\dfrac{H10}{a11}\times6\dfrac{H11}{d10}$　GB/T 1144—2001

对于内花键：标注花键规格和尺寸公差带代号

⨅ $6\times23H7\times26H10\times6H11$　GB/T 1144—2001

对于外花键：标注花键规格和尺寸公差带代号

⨅ $6\times23f7\times26a11\times6d10$　GB/T 1144—2001

（六）花键的检测

1. 花键的单项测量和综合检验

花键各要素的实际尺寸，在单件、小批生产时，一般采用普通计量器具来测量。在成批和大量生产中，是用专用极限量规来检验。图7-33是检验内、外花键各要素极限尺寸用的塞规和卡规。

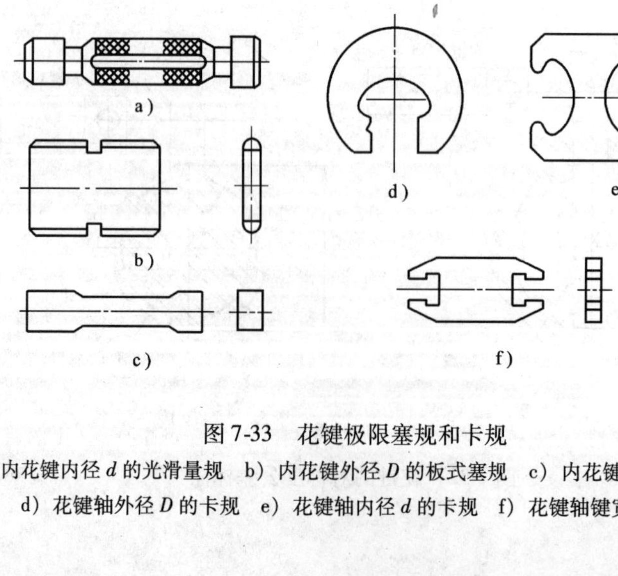

图7-33　花键极限塞规和卡规

a）内花键内径 d 的光滑量规　b）内花键外径 D 的板式塞规　c）内花键槽宽 b 的塞规

d）花键轴外径 D 的卡规　e）花键轴内径 d 的卡规　f）花键轴键宽 b 的卡规

在 GB/T1144—2001 中规定，花键定心小径表面遵守包容要求，各键（槽）位置度公差采用最大实体要求。在这种情况下，内、外花键均应采用花键综合量规检验。

花键综合量规是根据控制实效边界原则来检验。内、外花键用的综合量规，如图 7-34 所示。

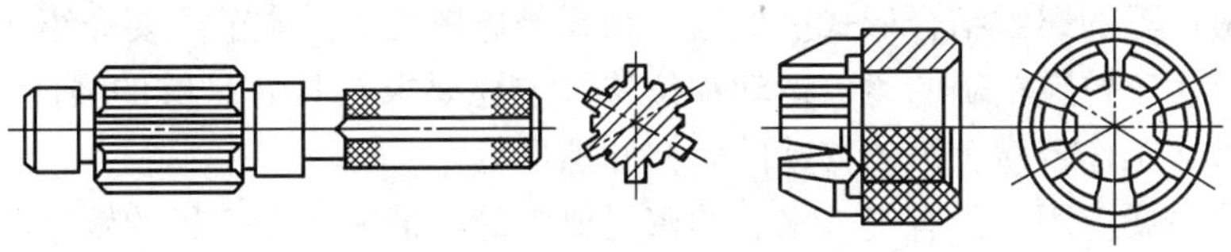

a）　　　b）

图 7-34　花键综合量规

图 7-34a 是小径定心的花键综合塞规。花键综合塞规的两端有两个圆柱面，前一个用于导向，后一个用来检验内花键定心小径，中间的花键部分用来检验内花键的各个键槽和大径。图 7-34b 是花键综合环规，由于其大径制造比较困难，因此，在制造时将花键综合环规的大径表面铣通，并于其后制一圆孔用于检验外花键的大径，花键部分用以检验外花键的定心小径和各个键宽。

2. 花键的检测规则

（1）内花键的检测

1）用花键综合塞规，同时控制内花键各表面的实际尺寸和形位误差，以保证配合要求和安装要求。花键综合塞规应能通过内花键各被检验表面，则同时保证了内花键的小径、大径、键槽宽、大径轴线对小径轴线的同轴度、键槽的位置度（包括等分度、对称度）。

2）除用花键综合塞规应通过外，对内花键的小径、大径、键槽宽等的最大极限尺寸应用单项止端塞规（或其他量具）分别检测。检验内花键时，花键综合塞规通过，单项止端塞规不通过，则内花键合格。

（2）外花键的检测

1）用花键综合环规，同时控制外花键各表面的实际尺寸和形位误差，以保证配合要求和安装要求。花键综合环规应能通过外花键各被检验表面，则同时保证了外花键的小径、大径、键宽、大径轴线对小径轴线的同轴度、花键的位置度（包括等分度、对称度）。

2）除用花键综合环规应通过外，对外花键的小径、大径、键宽等的最小极限尺寸应用止端卡板（或其他量具）分别检测。检验外花键时，花键综合环规通过，单项止端卡板不通过，则外花键合格。

必须一提，对于矩形花键综合量规和单项止端量规的尺寸公差带和数值表，可参阅 GB/T1144—2001《矩形花键尺寸、公差和检验》，本书从略。

第三节　螺纹联接的公差及检测

螺纹联接是当前在机械制造行业中应用最为广泛的结合形式之一。它是一种具有典型互换性的联接结构，对机械设备的使用性能有着重要的影响。

一、螺纹的种类及其使用要求

螺纹的种类很多，按其结合性能和使用要求可分为紧固螺纹、传动螺纹、紧密螺纹和专用螺纹；按其牙型可分为三角形螺纹、梯形螺纹、矩形螺纹和锯齿形螺纹等。

紧固螺纹主要用于紧固和联接零部件，对于它的主要要求是联接的可靠性和可联接性，是一种使用最广泛的螺纹结合形式。如粗、细牙普通螺纹等。本节主要介绍普通螺纹。

传动螺纹用于传递精确的力、运动和位移，主要要求它具有足够的强度和传递的准确、可靠性。如铣床工作台横、纵向移动的丝杠和螺母等。

紧密螺纹主要应用于具有气、水、油密封要求的管道联接中，目的就是使管道的螺纹联接处不漏气、漏水或漏油。因此此类螺纹结合应当具有良好的密封性。

普通螺纹在承担机械设备零部件的联接和紧固时，为了能够达到要求的技术标准，满足螺纹结合的互换性要求，应当具备如下两个基本要求：

1. 可旋合性

是指在装配时不经任何选择、修配，螺纹内外结合件就能够在给定的轴向长度自由旋合。

2. 联接可靠性

是指螺纹结合的内外结合件旋合后，螺纹接触均匀，能够在长期的使用过程中有足够可靠的联接力。

二、普通螺纹的基本牙型和几何参数

1. 普通螺纹的基本牙型

基本牙型是指在经过螺纹轴线的剖面内，按规定的高度削去螺纹牙型三角形的顶部和底部后所形成的内、外螺纹具有的理论牙型，它是确定螺纹设计牙型的基础。因理论牙型上的尺寸均为螺纹基本尺寸，故称为基本牙型。

新国标 GB/T 197—2003《螺纹术语》中规定了与螺纹有关的名称、定义和图例。普通螺纹的基本牙型如图 7-35 所示。

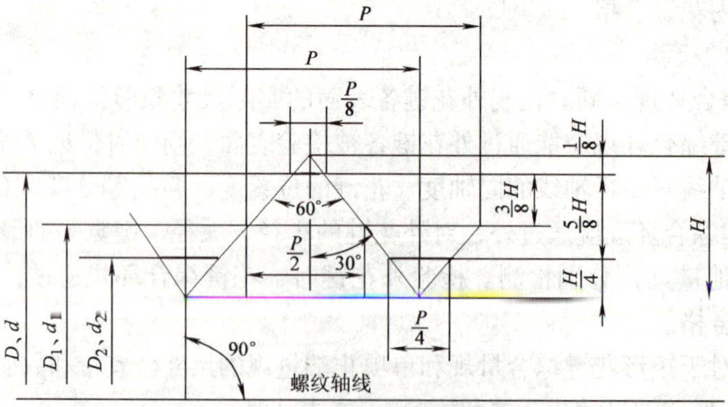

图 7-35　普通螺纹的基本牙型

2. 螺纹的几何参数

（1）基本大径（D, d）　普通螺纹的基本大径是指与外螺纹牙顶或内螺纹牙底相切的假想圆柱的直径。当为外螺纹时，基本大径为顶径，用“d”表示；当为内螺纹时，基本大径为底径，用“D”表示。国家标准规定，普通螺纹大径的基本尺寸即为螺纹的公称直径。其位置在原始三角形上部 $H/8$ 削平处。如图 7-36 所示。

（2）基本小径（D_1，d_1）　普通螺纹的基本小径是指外螺纹牙底或内螺纹牙顶相切的假想圆柱的直径。当为外螺纹时，基本小径为底径，用“d_1”表示；当为内螺纹时，基本小径为顶径，用“D_1”表示。如图 7-36 所示。

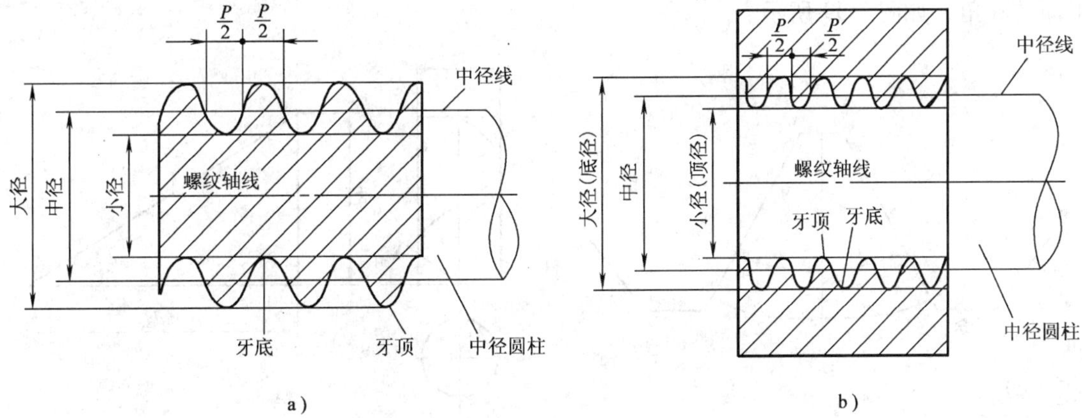

图 7-36　普通螺纹的大径、中径和小径
a）外螺纹　b）内螺纹

（3）基本中径（D_2，d_2）　基本中径是一个假想圆柱的直径。其母线通过螺纹牙上沟槽和凸起宽度相等的地方，此假想圆柱称为中径圆柱，其直径为中径。当为内螺纹时，用“D_2”表示；当为外螺纹时，用“d_2”表示。

（4）单一中径（D_{2a}，d_{2a}）　单一中径是一个假想圆柱的直径，该圆柱的母线通过牙型上沟槽宽度等于基本螺距一半的地方。单一中径可以在螺纹上测量得出，它代表螺纹中径的实际尺寸。

对于没有螺距误差的螺纹，单一中径与实际中径的数值相等；而对于存在螺距误差的螺纹，其单一中径与实际中径数值不相等。如图 7-37 所示。

（5）作用中径（D_{2m}，d_{2m}）　普通螺纹的作用中径是指在规定的旋合长度内，正好包容实际螺纹的一个假想螺纹的中径。这个假想螺纹具有其理想的螺距、半角及牙型高度，并在牙顶处和牙底处留有间隙，以保证包容时不与实际螺纹的大小径发生干涉。

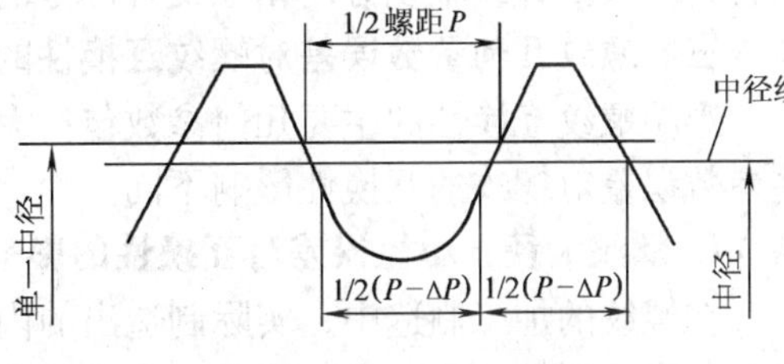

图 7-37　螺纹单一中径
P—螺距　ΔP—螺距误差

作用中径是在配合中实际起作用的中径，它受实际螺纹中径本身、半角误差和螺距误差的综合影响。当评定螺纹合格与否时，实际螺纹作用中径不能超过最大实体牙型的中径。

（6）螺距（P）和导程（Ph）　螺距是螺纹相邻两牙在中径母线上对应两点间的轴向距离。

导程是螺纹中同一条螺旋线上相邻两牙在中径母线上对应两点间的轴向距离。

显而易见，对于单线螺纹而言，此时螺距即为导程。而对与多线螺纹，导程应等于螺距和螺纹线数的乘积。

（7）牙型角 α 和牙型半角 $\alpha/2$　牙型角是在螺纹牙型上两相邻牙侧间的夹角。牙型半角是牙型角的一半，如图 7-38 所示。

（8）螺纹升角（φ）　螺纹升角是在螺纹中径圆柱上螺旋线的切线与垂直于螺纹轴线的平面的夹角，如图 7-39 所示。

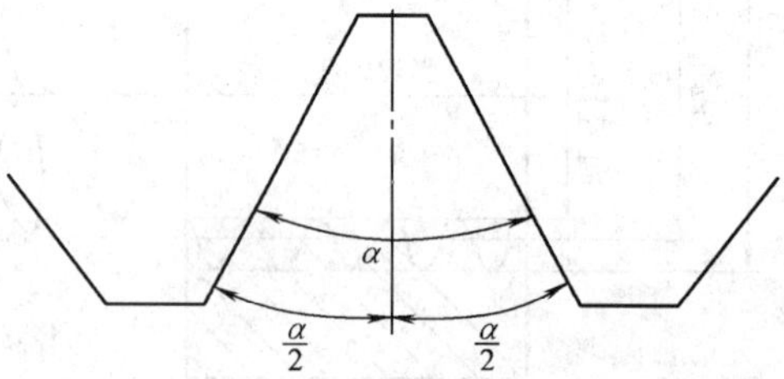

图 7-38　牙型角、牙型半角

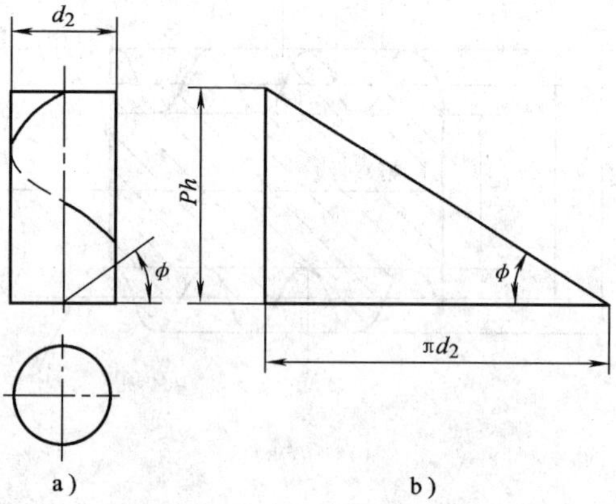

图 7-39　螺纹升角

（9）原始三角形高度（H）　原始三角形高度是由螺纹原始三角形顶点到底边的垂直距离。

（10）牙型高度　牙型高度是螺纹牙型上从牙顶到牙底的垂直于螺纹轴线方向上的距离。

（11）螺纹接触高度　螺纹接触高度是指在两个相互配合螺纹牙型上，牙侧重合部分在垂直于螺纹轴线方向上的距离，如图 7-40 所示。

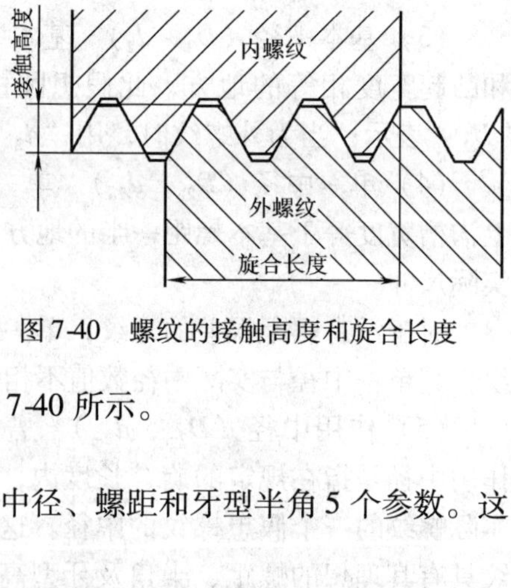

图 7-40　螺纹的接触高度和旋合长度

（12）螺纹旋合长度　螺纹旋合长度是两个相互配合的螺纹沿螺纹轴线方向相互旋合部分的长度，如图 7-40 所示。

三、螺纹几何参数误差对螺纹互换性的影响

影响螺纹互换性的主要几何参数包括大径、小径、中径、螺距和牙型半角 5 个参数。这些参数误差对螺纹的互换性影响不同。

1. 螺纹大径、小径误差对互换性的影响

在螺纹的加工制造中，实际制造出的内螺纹大径和外螺纹小径的牙底形状呈圆弧状，为了避免内外螺纹旋合时发生干涉，内螺纹大、小径的实际尺寸应当略大于外螺纹大、小径的实际尺寸。但值得注意的是：内螺纹大、小径的过大或外螺纹大、小径的过小都会减小螺纹的接触高度，此现象会直接影响到螺纹联接的可靠性，因此必须规定其公差。

2. 螺距误差对螺纹互换性的影响

螺距误差是不可避免的，由于螺距误差的客观存在，会使内、外螺纹在旋合时发生干涉。同时还会造成螺纹旋合长度内实际接触的牙数减少，从而造成对螺纹旋合性和联接可靠性的影响。

螺距误差包括局部误差和累积误差。螺距的局部误差与旋合长度无关，累积误差与旋合长度有关。

如图 7-41 所示，假设一内外螺纹的结合，若内外螺纹只存在螺距的误差，且内螺纹的螺距比外螺纹的小。当在几个螺距长度上螺距达到 ΔP_{Σ}，此时内外螺纹则无法旋合。为了保证该螺纹能够旋合，当内螺纹为标准螺纹时，可将外螺纹的中径减小一个数值 f_p，当外螺纹为标准螺纹时，也可将内螺纹的中径加大一个数值 f_p。这个 f_p 值则称为螺纹误差的中间变量。

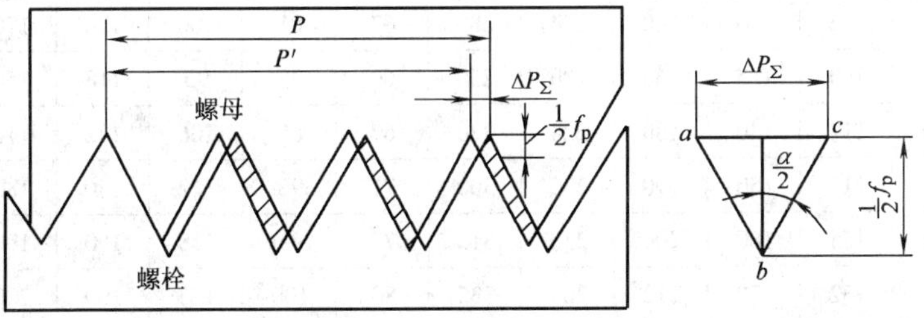

图 7-41　螺距累积误差

3. 牙型半角误差对互换性的影响

螺纹牙型半角误差会影响螺纹的可旋性和联接强度，它包括牙型角度误差和位置误差。在生产实际中，难以对牙型半角进行逐个检测，故在国家标准中未对普通螺纹牙型半角误差做出具体规定，因此只能采用加大内螺纹中径或减小外螺纹中径的方法来达到螺纹配合要求。

4. 中径误差对互换性的影响

在内、外螺纹的加工制作过程中，其中径本身不可避免地存在着一定误差。若外螺纹中径大于内螺纹中径，则会出现影响螺纹旋合性的现象；反之，若外螺纹中径过小，内螺纹中径过大，内外螺纹配合间隙增大，牙侧难以达到良好的接触，则会影响螺纹的联接可靠性。因此，为了保证螺纹的旋合性和联接可靠性，应当限制外螺纹和内螺纹的最大与最小中径。

四、普通螺纹的公差与配合

1. 螺纹的公差等级

国家标准 GB/T 197—2003《普通螺纹　公差》中规定有内、外螺纹中径公差、内螺纹小径公差和外螺纹大径公差。内螺纹大径和外螺纹小径属于限制性尺寸，不归定具体的公差数值，只规定内、外螺纹牙底实际轮廓的任何点均不得超过按基本偏差所确定的最大实体牙型。按内、外螺纹的大径、中径和小径公差的大小可将螺纹的公差分为不同的公差等级，各公差等级中 3 级最高，9 级最低，其中 6 级为基本级。螺纹公差等级见表 7-18。内、外螺纹中径公差见表 7-19 内外螺纹顶径公差见表 7-20。

表 7-18　螺纹公差等级

螺纹直径	公差等级	螺纹直径	公差等级
内螺纹小径 D_1	4、5、6、7、8	外螺纹大径 d	4、6、8
内螺纹中径 D_2	4、5、6、7、8	外螺纹中径 d_2	3、4、5、6、7、8、9

表 7-19 内外螺纹中径公差 （单位：μm）

公称直径/mm		螺距 P/mm	内螺纹中径公差 T_{D2}					外螺纹中径公差 T_{d2}						
			公差等级					公差等级						
>	≤		4	5	6	7	8	3	4	5	6	7	8	9
5.6	11.2	0.75	85	106	132	170	—	50	63	80	100	125	—	—
		1	95	118	150	190	236	56	71	90	112	140	180	224
		1.25	100	125	160	200	250	60	75	95	118	150	190	236
		1.5	112	140	180	224	280	67	85	106	132	170	212	265
11.2	22.4	1	100	125	160	200	250	60	75	95	118	150	190	236
		1.25	112	140	180	224	280	67	85	106	132	170	212	265
		1.5	118	150	190	236	300	71	90	112	140	180	224	280
		1.75	125	160	200	250	315	75	95	118	150	190	236	300
		2	132	170	212	265	335	80	100	125	160	200	250	315
		2.5	140	180	224	280	355	85	106	132	170	212	265	335
22.4	45	1	106	132	170	212	—	63	80	100	125	160	200	250
		1.5	125	160	200	250	315	75	95	118	150	190	236	300
		2	140	180	224	280	355	85	106	132	170	212	265	335
		3	170	212	235	335	425	100	125	160	200	250	315	400
		3.5	180	224	280	355	450	106	132	170	212	265	335	425
		4	190	236	300	375	415	112	140	180	227	280	355	450
		4.5	200	250	315	400	500	118	150	190	236	300	375	475

2. 螺纹的基本偏差

螺纹的公差带的位置是由基本偏差确定的。螺纹的基本牙型是计算螺纹偏差的基准，螺纹的公差带相对于基本牙型的位置是由基本偏差来确定的。对于外螺纹，基本偏差是上偏差（es），下偏差 $ei = es - T$。对于内螺纹，基本偏差是下偏差（EI），上偏差 $ES = EI - T$。内外螺纹的基本偏差见表 7-20。

表 7-20 内外螺纹的基本偏差及顶径公差 （单位：μm）

螺距 P/mm	内螺纹的基本偏差 EI		外螺纹的基本偏差 es				内螺纹小径公差 T_{D1}					外螺纹大径公差 T_d		
							公差等级					公差等级		
	G	H	e	f	g	h	4	5	6	7	8	4	6	8
1	+26	0	-60	-40	-26	0	150	190	236	300	375	112	180	280
1.25	+28	0	-63	-42	-28	0	170	212	265	335	425	132	212	335
1.5	+32	0	-67	-45	-32	0	190	236	300	375	475	150	236	375
1.75	+34	0	-71	-48	-34	0	212	265	335	425	530	170	265	425
2	+38	0	-71	-52	-38	0	236	300	375	475	600	180	280	450
2.5	+42	0	-80	-58	-42	0	280	355	450	560	710	212	335	530

（续）

螺距 P /mm	内螺纹的基本偏差 EI		外螺纹的基本偏差 es				内螺纹小径公差 T_{D1}					外螺纹大径公差 T_d		
							公差等级					公差等级		
	G	H	e	f	g	h	4	5	6	7	8	4	6	8
3	+48	0	−85	−63	−48	0	315	400	500	630	800	236	375	600
3.5	+53	0	−90	−70	−53	0	355	450	560	710	900	265	425	670
4	+60	0	−95	−75	−60	0	375	475	600	750	950	300	475	750

在普通螺纹标准中，对外螺纹规定了代号为 e、f、g、h 四种基本偏差，对内螺纹规定了代号为 G、H 两种基本偏差，如图 7-42 所示。

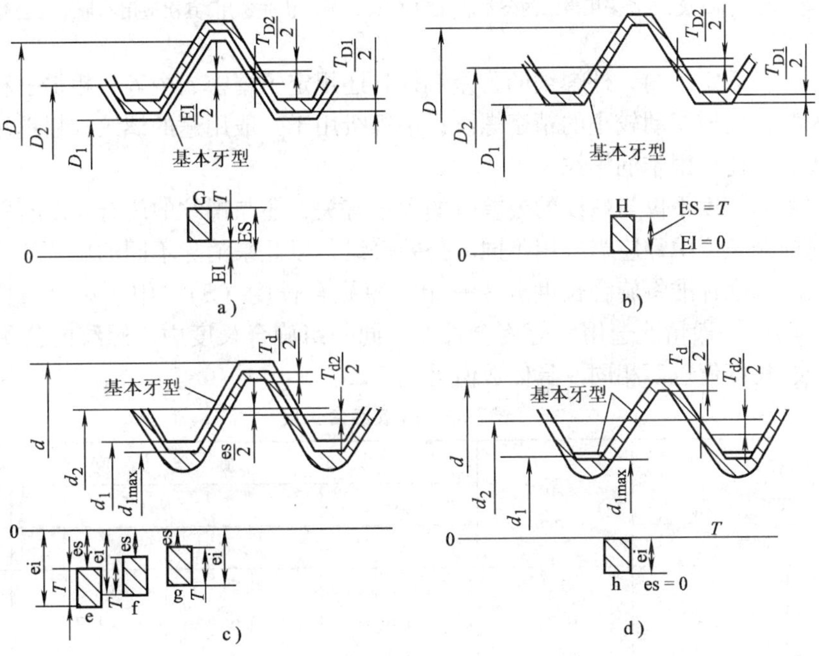

图 7-42　普通螺纹的基本偏差

3. 螺纹的公差带及其选用

国家标准 GB/T 197—2003 所提供的各个公差等级的公差和基本偏差组成内、外螺纹的各种公差带。在生产实际中，为了减少刀、量具的规格和数量，国家标准推荐了一些常用的公差带，且给出了“优先”、“其次”和“尽可能不用”的选项顺序，依次来解决广泛使用各种公差带给刀具、量具的生产、供应及加工和管理造成的诸多困难。如表 7-21、表 7-22 所示。

表 7-21 内螺纹的推荐公差带

精度等级	公差带位置 G			公差带位置 H		
	S	N	L	S	N	L
精密				4H	5H	6H
中等	(5G)	*6G	(7G)	*5H	[*6H]	*7H
粗糙		(7G)	(8G)		7H	8H

注：大量生产的紧固螺纹，推荐采用带□的公差带；带 * 的公差带应优先选用，其次选用不带 * 的公差带；( ) 中的公差带尽可能不用。

表 7-22 外螺纹的推荐公差带

精度	公差带位置 e			公差带位置 f			公差带位置 g			公差带位置 h		
	S	N	L	S	N	L	S	N	L	S	N	L
精密								(4g)	(5g4g)	(3h4h)	*4h	(5h4h)
中等		*6e	(7e6e)		*6f		(5g6g)	[*6g]	(7g6g)	(5h6h)	6h	(7h6h)
粗糙		(8e)	(9e8e)					8g	(9g8g)			

注：大量生产的紧固螺纹，推荐采用带□的公差带；带 * 的公差带应优先选用，其次适用不带 * 的公差带；( ) 中的公差带尽可能不用。

国家标准在规定了内、外螺纹的公差带外，还规定了精密、中等、粗糙三种精度。精密级用于要求配合性质变动较小的精密螺纹；中等级用于一般用途的螺纹；粗糙级用于对精度要求不高或制造比较困难的螺纹。

螺纹联接的精度不仅与螺纹的公差带的大小有关，还与螺纹的旋合长度有关。在同一精度下，不同旋合长度中径应当采用不同的公差等级，以此来消除不同的旋合长度时螺距累积误差的影响。国家标准将旋合长度分为三组，短旋合长度（S)。中等旋合长度（N）和长旋合长度（L)。一般情况选用中等旋合长度。同一组旋合长度中，螺纹的公称直径和螺距不同，其旋合长度值也不相同。具体数值见表 7-23。

表 7-23 螺纹旋合长度

公称直径 D,d /mm		螺距 P /mm	旋合长度			
			S	N		L
>	≤		≤	>	≤	>
0.99	1.4	0.2	0.5	0.5	1.4	1.4
		0.25	0.6	0.6	1.7	1.7
		0.3	0.7	0.7	2	2
1.4	2.8	0.2	0.5	0.5	1.5	1.5
		0.25	0.6	0.6	1.9	1.9
		0.35	0.8	0.8	2.6	2.6
		0.4	1	1	3	3
		0.45	1.3	1.3	3.8	3.8
2.8	5.6	0.35	1	1	3	3
		0.5	1.5	1.5	4.5	4.5
		0.6	1.7	1.7	5	5
		0.7	2	2	6	6
		0.75	2.2	2.2	6.7	6.7
		0.8	2.5	2.5	7.5	7.5

（续）

公称直径 D,d /mm		螺距 P /mm	旋合长度			
			S	N		L
>	≤		≤	>	≤	>
5.6	11.2	0.5	1.6	1.6	4.7	4.7
		0.75	2.4	2.4	7.1	7.1
		1	3	3	9	9
		1.25	4	4	12	12
		1.5	5	5	15	15
11.2	22.4	0.5	1.8	1.8	5.4	5.4
		0.75	2.7	2.7	8.1	8.1
		1	3.8	3.8	11	11
		1.25	4.5	4.5	13	13
		1.5	5.6	5.6	16	16
		1.75	6	6	18	18
		2	8	8	24	24
		2.5	10	10	30	30
22.4	45	0.75	3.1	3.1	9.4	9.4
		1	4	4	12	12
		1.5	6.3	6.3	19	19
		2	8.5	8.5	25	25
		3	12	12	36	36
		3.5	15	15	45	45
		4	18	18	53	53
		4.5	21	21	63	63
45	90	1	4.8	4.8	14	14
		1.5	7.5	7.5	22	22
		2	9.5	9.5	28	28
		3	15	15	45	45
		4	19	19	56	56
		5	24	24	71	71
		5.5	28	28	85	85
		6	32	32	95	95
90	180	1.5	8.3	8.3	25	25
		2	12	12	36	36
		3	18	18	53	53
		4	24	24	71	71
		6	36	36	106	106
180	355	2	13	13	38	38
		3	20	20	60	60
		4	26	26	80	80
		6	40	40	118	118

内、外螺纹选用的公差带虽然可以任意组合，但为了保证其有足够的接触精度，对已加工好的内、外螺纹最好选用 H/g、H/h、或 G/h 的配合。H/h 配合无间隙，通常可采用此种配合，H/g、G/h 配合具有保证间隙，通常用于易于拆装、高温或尚需涂镀保护层的螺纹等场合。

4. 螺纹的标注

国家标准 GB/T 197—2003 规定：完整的螺纹标注由螺纹特征代号、尺寸代号、螺纹公差带代号、螺纹旋合长度代号及旋向组成，中间用“-”隔开。

普通螺纹的螺纹特征代号用字母“M”表示。单线螺纹的尺寸代号为“公称直径 × 螺距”，公称直径和螺距的单位为 mm。对于粗牙螺纹，可以省略其螺距；对于细牙螺纹，必须乘螺距。多线螺纹的尺寸代号为“公称直径 × P_h 导程 P 螺距”，公差直径、导程和螺距数值的单位为 mm。如果要进一步表明螺纹的线数，可在后面增加括号说明，但必须用英文说明，如双线为“twostarts”；三线为“threestarts”。如 M16 × $P_h 3P1.5$ 或 M16 × P_h3P1.5 (twostarts)。螺纹公差带代号包括中径公差带代号和顶径公差带代号，标注在螺纹尺寸代号之后，并与尺寸代号间用“-”分开。当中径和顶径公差带代号相同时，只标一个代号，若不同则分别标注，前者为中径公差带代号，后者为顶径公差带代号。当内、外螺纹配合标注时，其公差带代号用“/”分开，左边表示内螺纹公差带代号，右边表示外螺纹公差带代号。通常情况下，螺纹旋合长度代号的中等旋合长度不标注；短旋合长度和长旋合长度分别在螺纹公差带后加注旋合长度代号“S”或“L”，并与公差带代号用“-”分开。螺纹旋向分左旋和右旋，左旋螺纹应在旋合长度代号之后加注“LH”，并与之用“-”分开。右旋螺纹不加注。

例 1 解读螺纹 M24 ×2-7g6g-L-LH。

表示普通螺纹，公称直径为 24mm，细牙，螺距为 2mm，左旋，外螺纹，中径公差带代号为 7g，顶径公差带代号为 6g，长旋合长度。

例 2 解读螺纹 M12-6H。

表示普通螺纹，公称直径 12mm，粗牙，螺距 1.75mm，右旋，内螺纹，中径、顶径公差带代号均为 6H，中等旋合长度。

例 3 解读螺纹 M12-6H-50。

表示普通螺纹，公称直径 12mm，粗牙，螺距 1.75mm，右旋，内螺纹，中径、顶径公差带代号均为 6H，旋合长度为 50mm。

例 4 解读螺纹 M20 ×2-6H/5g6g-LH。

表示普通螺纹，内、外螺纹公称直径为 20mm，细牙，螺距为 2mm，左旋，内螺纹中径、顶径公差带代号均为 6H，外螺纹中径带公差代号为 5g，顶径公差带代号为 6g，中等旋合长度。

例 5 解读螺纹 M20-5g6g 的上下偏差。

M20-5g6g 为普通螺纹，公称直径为 20mm，粗牙，螺距 2.5mm 的外螺纹。

查表 7-20 知：g 的基本偏差 es = −38μm = −0.038mm

查表 7-19 知：公差等级为 5，中径公差 T_{d_2} = 132μm = 0.132mm

查表 7-20 知：公差等级为 6，大径公差 T_d = 335μm = 0.335mm

所以：

中径上偏差 es = −0.038mm

中径下偏差 ei = es − T_{d_2} = −0.038 − 0.132 = −0.17mm

大径上偏差 es = −0.038mm

大径下偏差 ei = es − T_d = −0.038 − 0.335 = 0.373mm

因为中径 $d_2 = d - 0.6495P = 20 - 0.6495 \times 2.5 = 20 - 1.62375 = 18.37625 \approx 18.38$mm

所以，M20-6H/5g6g 的中径 $d_2 = \phi 18.38^{-0.038}_{-0.17}$mm，大径 d 为 $\phi 20^{-0.038}_{-0.373}$mm。

注：普通螺纹各参数之间的关系为

$D_1 = D - 1.0825P$　　　$d_1 = d - 1.0825P$

$D_2 = D - 0.6495P$　　　$d_2 = d - 0.6495P$

五、螺纹的检测

螺纹的检测手段有许多种，应根据螺纹的不同使用场合及螺纹加工条件，由产品设计者自己决定采用何种螺纹检测手段，这里把螺纹的检测方法分为综合测量和单项测量两大类。

（一）综合测量

综合测量是指采用螺纹工作量规同时检验螺纹的多个参数来检验螺纹的合格性。此项检测方法检验效率高，但不能测出参数的具体数值，适用于批量生产的中等精度螺纹。

1. 用螺纹工作量规检验外螺纹

螺纹工作量规分为通规和止规。螺纹通规是按螺纹的最大实体牙型做成的通端螺纹量规，可用来检验螺纹的旋合性。螺纹止规是按螺纹中径的最小实体尺寸做成的止端螺纹量规，可用来检验螺纹的联接可靠性。

（1）用光滑极限卡规检验外螺纹　如图 7-43 所示，螺纹大径通过光滑极限卡规通端，表明外螺纹大径不大于其最大极限尺寸。螺纹大径未通过光滑极限卡规止端，表明外螺纹大径不小于其最小极限尺寸。此时，表明螺纹大径合格；反之则不合格。

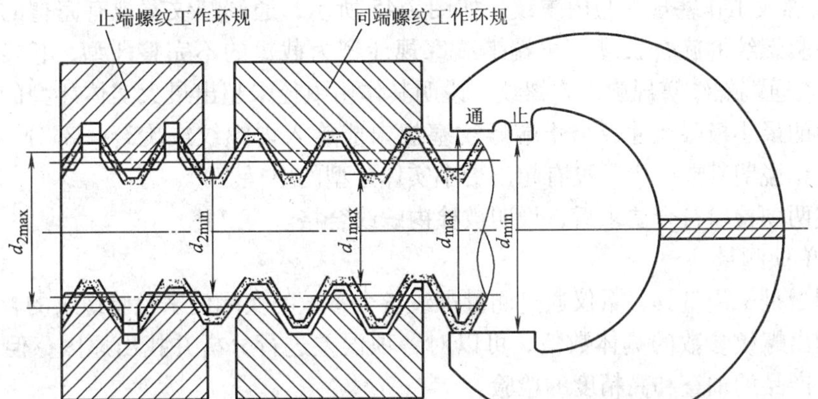

图 7-43　外螺纹的综合检验

（2）用螺纹环规检验外螺纹　如图7-43所示，通端螺纹环规有完整的牙型，其长度等于被检验螺纹的旋合长度。当螺纹全部旋入通端螺纹环规，说明外螺纹的作用中径未超出最大实体牙型的中径，小径不大于它的最大极限尺寸；止端螺纹环规牙型为截短的不完整牙型，长度限制在2～2.5个牙。当外螺纹未旋入止端螺纹环规或旋合一部分（一牙左右）未完全通过，说明其单一中径没有超出最小实体牙型的中径。

经上述两项检验符合要求后，说明被检外螺纹合格。

2. 用螺纹工作量规检验内螺纹

（1）用光滑极限塞规检验内螺纹　如图7-44所示，通端光滑极限塞规通过被检内螺纹小径，止端光滑极限塞规未通过其小径，表明该内螺纹小径不小于其最小极限尺寸且不大于它的最大极限尺寸。此时该内螺纹小径合格。

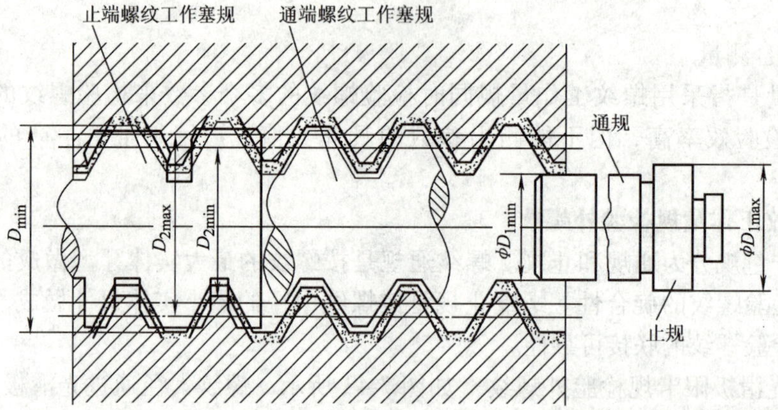

图7-44　内螺纹的综合检验

（2）用螺纹工作塞规检验内螺纹　如图7-45所示，通端螺纹塞规有完整的牙型，其长度等于被检验螺纹的旋合长度。止端螺纹塞规牙型为截短的不完整牙型，长度限制在2～2.5个牙。当通端螺纹塞规旋入内螺纹，说明其作用中径未超出最大实体牙型的中径，且大径不小于它的最小极限尺寸；当止端螺纹塞规未能旋入内螺纹或旋合一部分（一牙左右）未完全旋入，说明其单一中径没有超出最小实体牙型的中径。

经上述两项检验符合要求后，说明被检内螺纹合格。

（二）单项测量

单项测量是采用量具、量仪通过测量螺纹各个参数的实际值来检验螺纹的合格性。该检验方法能测出螺纹参数的具体数值，可以对各项误差进行分析并找出原因，但检验效率较低，适用于产品的抽查和高精度的检验。

常用的单项测量方法有三针测量法和影像法。由于三针测量法简便准确，常用于精密测量螺纹塞规、丝杠等螺纹的中径，故加以介绍。

如图7-45所示，三针法是用三根直径相等的细圆柱量针，该量针直径大小应使量针与螺纹牙侧的接触点恰好在螺纹的中径线上。将量针放在螺纹相应的螺旋槽中，然后用千分尺测量针距 M，根据公式计算出螺纹实际中径。

$$d_2 = M - d_0\left(1 + 1/\sin\frac{\alpha}{2}\right) + \frac{P}{2}\cot\frac{\alpha}{2}$$

由三角函数关系可知

$$d_0 = P/\cos\frac{\alpha}{2}$$

式中　d_0——量针最佳直径（mm）；

P——螺纹螺距（mm）；

$\alpha/2$——牙形半角。

进一步推导得

$$d_2 = M - d_0\left(1 + 1/\sin\frac{\alpha}{2}\right) + P/\cot\frac{\alpha}{2}$$

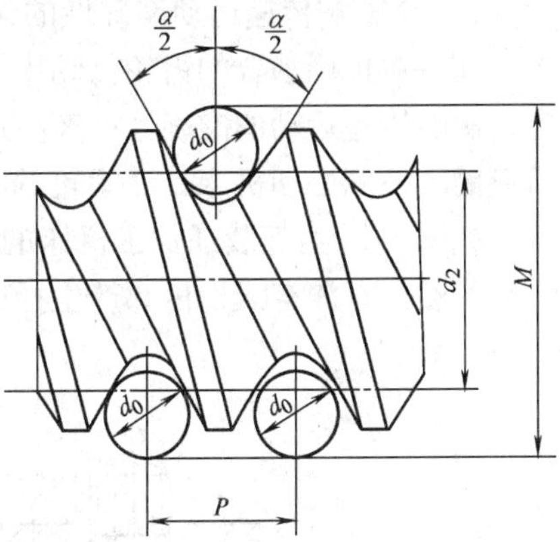

图 7-45　三针法测量螺纹中径

式中　d_2——螺纹中径(mm)；

M——针距(mm)；

d_0——量针直径(mm)；

P——螺纹螺距(mm)；

$\alpha/2$——牙形半角。

第四节　圆柱齿轮的公差及检测

一、概述

齿轮传动机构广泛地应用在机器、仪器中，是一种传递动力和运动的常用机构。齿轮传动的传动精度对齿轮传动机构的工作性能、工作精度、承载能力、使用寿命都有密切影响。因此齿轮本身的制造精度和齿轮副的安装精度在机器、仪器的制造质量中有重要的地位。如何正确地选择齿轮、齿轮副的公差和进行合理的检验就显得十分重要。

不同的机械设备对齿轮传动的要求也不相同，但大致可归纳为四项：

1. 传递运动的准确性

要求齿轮在旋转一周范围内，最大转角误差应限制在一定范围内，即传动比的变动量要小，以保证齿轮副传递运动的准确性。

2. 传递运动的平稳性

要求齿轮在一个齿距范围内，最大转角误差应限制在一定范围，即齿轮副瞬时传动比变化要小，以保证低冲击、低振动和低噪声。

3. 载荷分布的均匀性

要求齿轮啮合时工作齿面接触良好、受力均匀，避免应力集中和齿面局部的磨损，以保证齿轮的正常使用寿命。

4. 合理的传动侧隙

要求齿轮啮合时，在非工作齿面间留有一定间隙，即侧隙。利用侧隙存储润滑油，补偿齿轮在传动中产生的弹性变形、热膨胀和齿轮加工、装配误差等，以保证齿轮的正常传动，避免出现卡死、烧伤现象。

二、单个齿轮精度指标

（一）影响传递运动准确性的误差

在一对正确啮合的齿轮传动中，若齿轮的轮齿分布不均匀会使两齿轮之间的传动发生变化，影响传递运动的准确性，产生周期性误差。齿轮齿距分布不均主要是由齿轮在加工时，齿坯的装夹偏心和机床分度蜗轮偏心造成的。

如图 7-46 齿坯装在加工机床的心轴上后，齿坯几何中心和机床心轴中心不重合，使切出来的轮齿有深有浅，齿廓产生径向误差，引起齿距不等，从而产生转角误差。

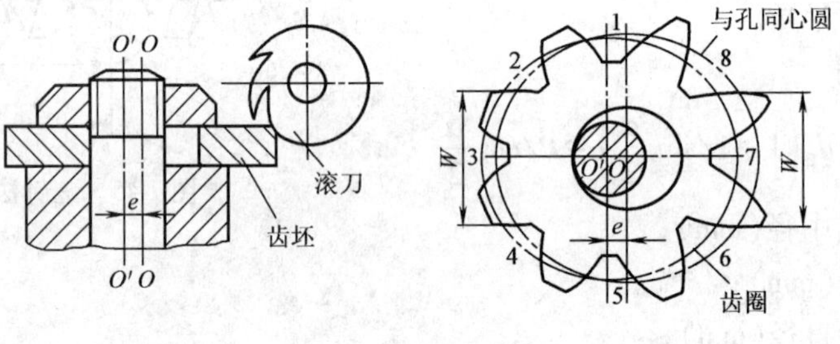

a）　　b）

图 7-46　齿坯安装偏心引起的齿轮加工误差

a）蜗轮中心与工作台中心安装偏心　b）加工齿形因偏心造成的误差

如图 7-47 所示，由于分度蜗轮相对于工作台的安装偏心，使工作台时快时慢地旋转，从而使工作台带动齿坯也以一转为周期时快时慢地旋转，使切出来的牙齿有薄有厚，使齿廓产生切向位移，引起齿距不等，从而产生转角误差。

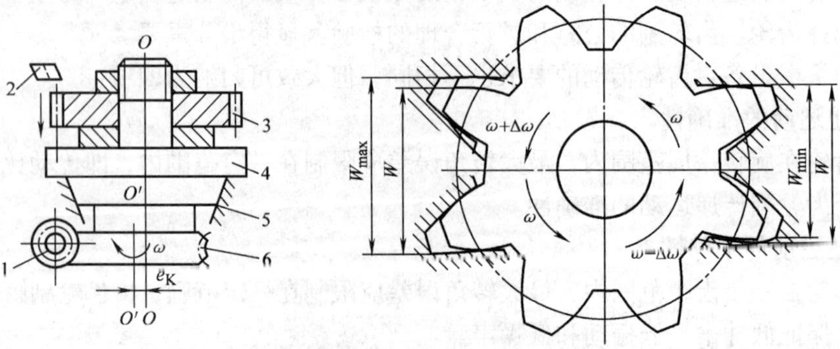

a）　　b）

图 7-47　分度蜗轮偏心引起的齿轮加工误差

a）机床分度蜗轮偏心造成齿坯加工偏心　b）加工后造成齿轮齿距不等

1—蜗杆　2—刀具　3—齿坯　4—工作台　5—圆导轨　6—分度蜗轮

在齿轮传动中影响传递运动准确性的误差主要有以下五项参数：

1. 切向综合总偏差 $\Delta F'_i$

切向综合总偏差是指被测齿轮与测量齿轮单面啮合时，被测齿轮一转内，齿轮分度圆上实际圆周位移与理论圆周位移的最大差值。

$\Delta F'_i$ 的测量用单啮仪进行。如图 7-48 所示，标准蜗杆与被测齿轮啮合、两者各带一个光栅盘和信号发生器，二者的角位移信号经分频器后变为同频信号，比较其转角误差。经过比相器、记录器，记录出误差曲线。

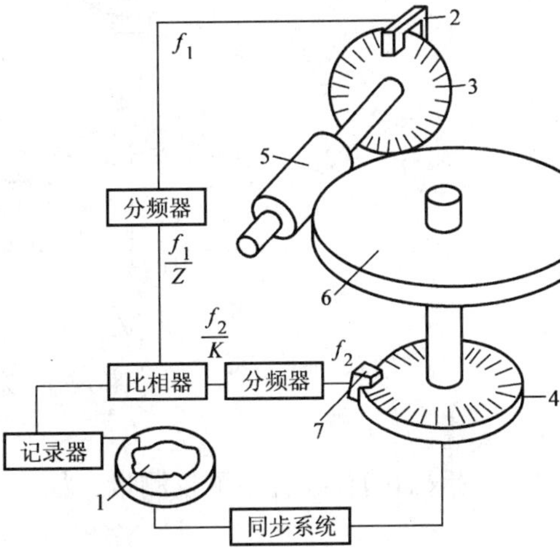

图 7-48　光栅式单啮仪工作原理

1—圆记录纸　2—信号发生器Ⅰ　3—圆光栅盘Ⅰ　4—圆光栅盘Ⅱ　5—测量蜗杆　6—被测齿轮　7—信号发生器Ⅱ

2. 齿距累积总偏差 ΔF_P 和齿距累积偏差 ΔF_{pk}

齿距累积总偏差是指齿轮同侧齿面任意弧段（$k=1$ 至 $k=z$）内的最大齿距累积偏差。必要时还应控制齿轮的齿距累积偏差（ΔF_{pk}）。ΔF_{pk}指任意 k 个齿距的实际弧长与理论弧长的代数差，理论上它等于这 k 个齿距的各个齿距偏差的代数和。k 是为 2 到小于 $z/8$（z 为齿轮齿数）的整数，如图 7-49 所示。

3. 径向跳动 ΔF_r

径向跳动指齿轮在一转范围内，测头在齿槽内与齿高中部的齿面双面接触，测头相对于齿轮轴线的最大变动量，如图 7-50 所示。

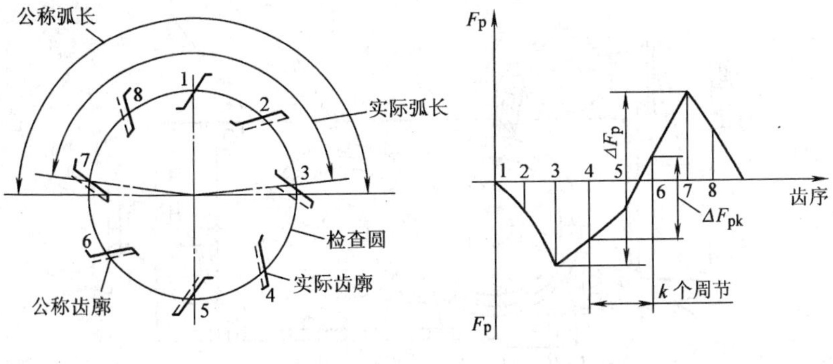

图 7-49　齿距累积总偏差

ΔF_r 可以在齿圈径向跳动检查仪、万能测齿仪或普通偏摆检测仪上测量。

4. 径向综合总偏差 $\Delta F''_i$

径向综合总偏差是指在径向（双面）综合检验时，被测齿轮的左右齿面同时与测量齿轮接触，并转过一整圈时出现的中心距最大值与最小值之差。

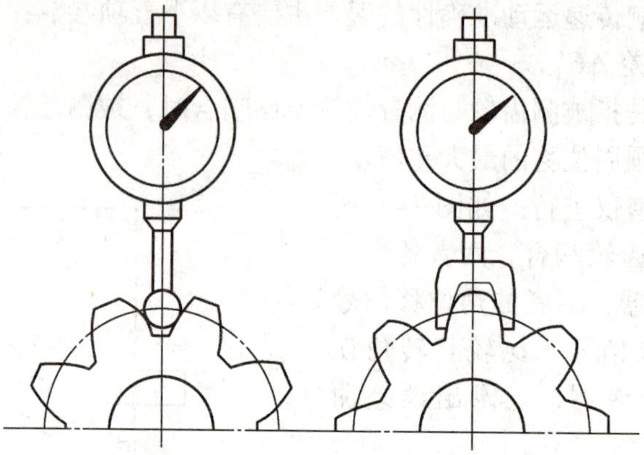

a） b）

图 7-50 齿圈径向跳动 F_r

$\Delta F''_i$ 用双面啮合综合检测仪测量，如图 7-51 所示。

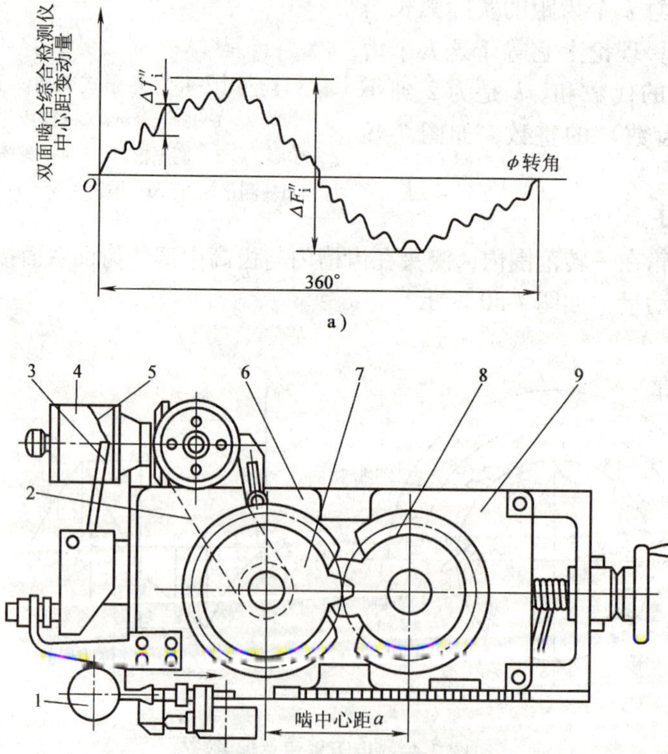

b）

图 7-51 双面啮合综合测量

a）径向综合误差曲线 b）双面啮合综合检测仪

1—指示表 2—传动带 3—划针 4—记录纸 5—误差曲线 6—浮动拖板 7—测量齿轮 8—被测齿轮 9—固定拖板

5. 公法线长度变动 ΔF_w

公法线长度变动是指在齿轮一周范围内，实际公法线长度最大值与最小值之差，如图 7-52a 所示。

ΔF_w 常用公法线千分尺测量，如图 7-52b 所示。对于精度较高的齿轮，应采用公法线指示千分尺或万能测试仪进行测量。

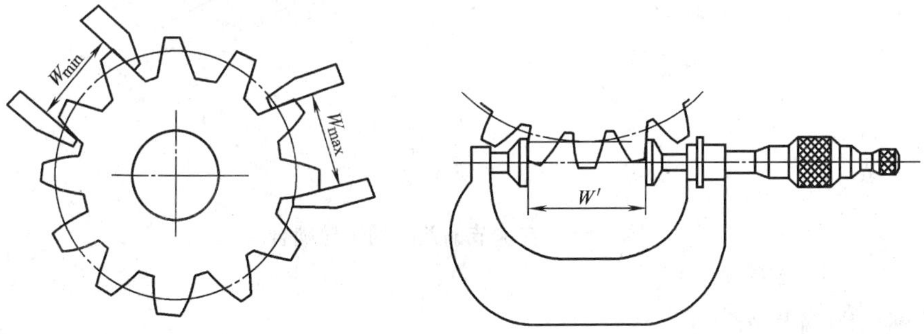

图 7-52　公法线长度变动及测量

a）公法线长度变动　b）公法线长度测量

（二）影响传动平稳性的误差

在一对正确啮合的齿轮传动中，齿轮齿形总会存在齿形误差，如图 7-53 所示，理论上主动齿轮与从动齿轮应在 a 点接触，实际在 a' 点接触，导致了传动比变化而使传动不平稳。其主要是由于切削刀具的误差、刀具径向跳动和机床分度杆的径向及轴向跳动造成的。

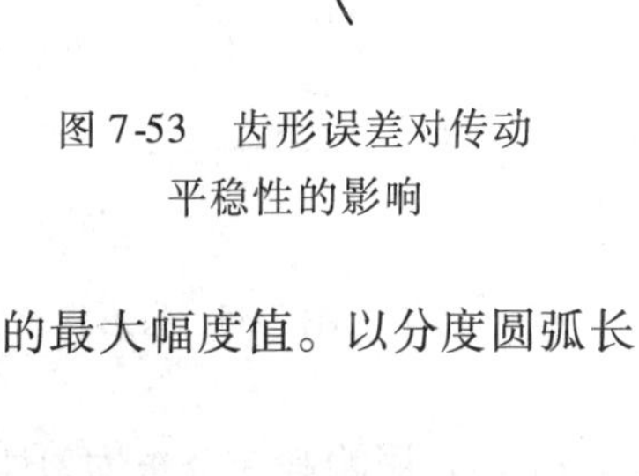

图 7-53　齿形误差对传动平稳性的影响

我们知道要保证多对齿轮连续啮合，二齿轮基节必须相等，如有基节误差会引起换齿撞击，如图 7-54b 所示。影响传动平稳性，其主要是由刀具的基节误差造成的。

影响齿轮传动平稳性的误差主要有以下六项参数：

1. 一齿切向综合偏差 $\Delta f_i'$

一齿切向综合偏差是指被测齿轮与理想精确齿轮单面啮合时，在被测齿轮一齿距角内的实际转角与公称转角之差的最大幅度值。以分度圆弧长计。$\Delta f_i'$ 是由单面啮合检测仪上测出的。

2. 一齿径向综合偏差 $\Delta f_i''$

一齿径向综合偏差是指被测齿轮与理想精确齿轮双面啮合时，在被测齿轮齿距角内的双啮中心距的最大变动量。$\Delta f_i''$ 是由双面啮合综合检测仪测出的。

3. 齿廓形状偏差 Δf_{fa}

齿廓形状偏差是指在齿端截面上，齿形工作部分（齿顶倒棱部分除外）包容实际齿形的最近两条设计齿形间的法向距离。Δf_{fa} 一般用渐开线检测仪测量，如图 7-55 所示。

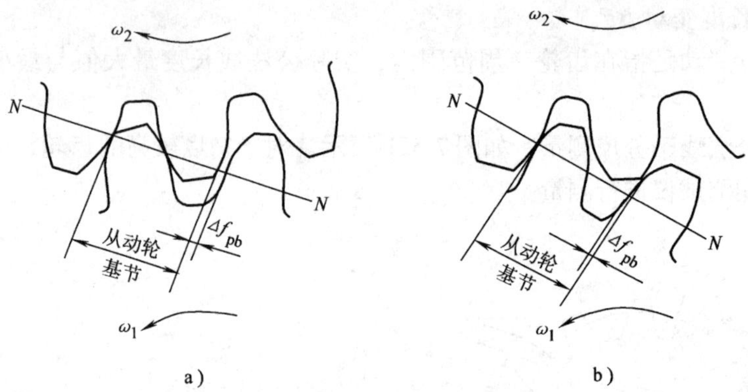

图 7-54　有基节偏差时的齿轮啮合

4. 基圆齿距偏差 Δf_{pb}

基圆齿距偏差是指实际基节与公称基节之差。实际基节是指基圆柱切平面所截两相邻同侧齿面的交线之间的法向距离，如图 7-56 所示。Δf_{pb}用基节仪、万能测齿仪或万能工具显微镜等测量。

5. 单个齿距偏差 Δf_{pt}

单个齿距偏差是指在分度圆上实际齿距与公称齿距之差。Δf_{pt}在齿距仪上测量。

齿距 P_t 和基节 P_b 之间有 $P_b = P_t\cos\alpha$ 的关系。所以齿距偏差是基节偏差和齿形误差的综合反映。

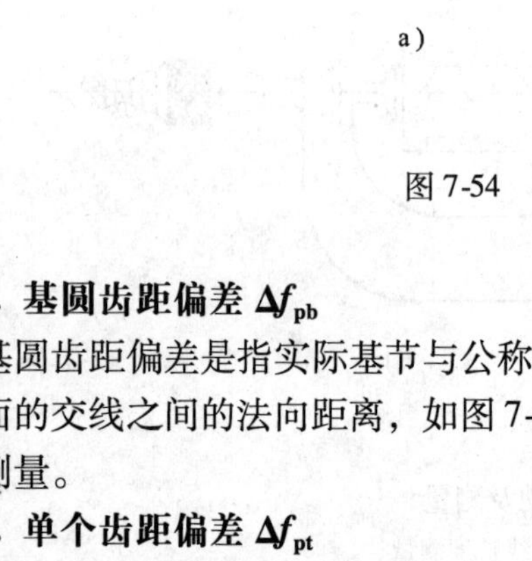

图 7-55　齿形误差

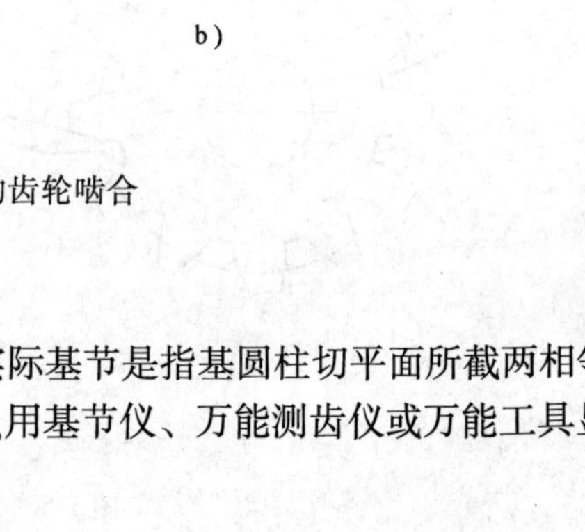

图 7-56　基节偏差

（三）影响载荷分布均匀性的误差

单项指标有：螺旋线总偏差 ΔF_β（齿长方向），齿廓形状偏差 Δf_{fa}（齿高方向）。

在理论上，一对轮齿的啮合过程，若不考虑弹性变形的影响。其啮合是由齿顶到齿根每瞬间都沿着全齿宽成一直线接触。对于直齿轮，齿面是切于基圆柱的平面上与轴线平行的直线 $K—K$ 的运动轨迹——渐开面，所以轮齿每瞬间的接触线是一根平行于轴线的直线 $K—K$，如图 7-57 所示。

实际上，由于齿轮的制造和安装误差，啮合齿在齿长方向上并不是沿全齿长接触，而在啮合过程中也并不是沿全齿高接触。因此存在着载荷分布的均匀性问题，它将影响齿轮的承载能力和使用寿命。

造成接触不良的原因是：影响齿长方向接触的主要是螺旋线总偏差；影响齿高方向接触的主要是齿廓形状偏差。齿廓形状偏差在考虑传递运动平稳性时已加以限制，一般传递运动平稳性与载荷分布均匀性选取相同精度等级。因此，就齿轮本身来说，影响载荷分布均匀性只要控制螺旋线总偏差就行了。

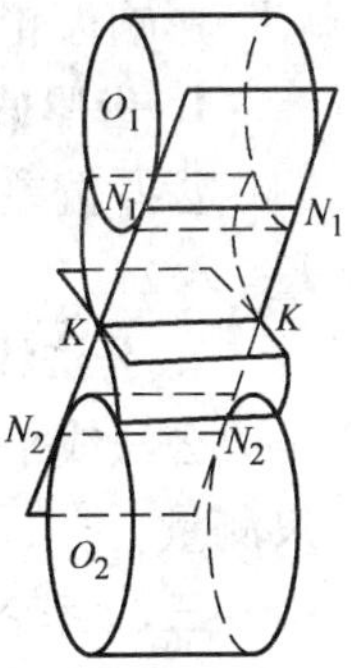

图 7-57　直齿轮的啮合传动

螺旋线总偏差 ΔF_β（螺旋线总公差 F_β）是指在计值范围内，包容实际螺旋线迹线的两条设计螺旋线迹线间的距离，如图 7-58 所示。螺旋线总偏差包括齿线的方向偏差和形状误差。

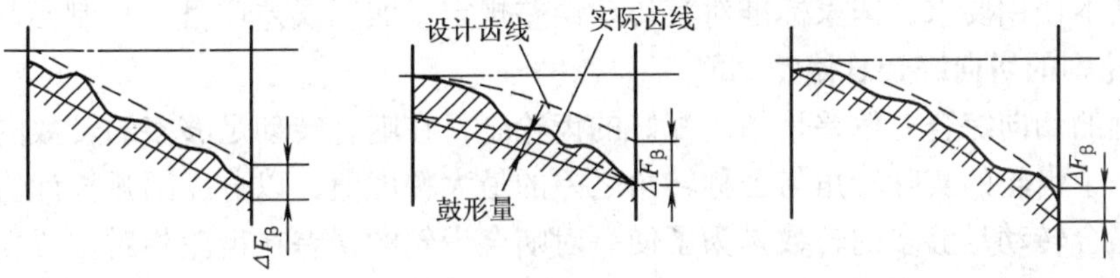

图 7-58　螺旋线总偏差

为了改善齿面接触，提高齿轮承载能力，设计齿线常采用修正的圆柱螺旋线，包括鼓形线（图 7-58b）、齿端修薄（图 7-58c）及其他修形曲线。

螺旋线总偏差主要是由齿坯端面跳动和刀架导轨倾斜引起的。

螺旋线总偏差是齿轮的轴向误差，它将影响齿长方向的接触痕迹的位置和大小，影响齿轮承载能力和使用寿命。因此，螺旋线总偏差是评定载荷分布均匀性的单项性指标。

用螺旋线总公差 F_β 限制螺旋线总偏差 ΔF_β，合格条件为：螺旋线总公差 $F_\beta \geq$ 螺旋线总偏差 ΔF_β。

直齿圆柱齿轮的螺旋线总偏差的测量较简单。如图7-59所示为用小圆柱测量螺旋线总偏差的原理图。被测齿轮装在心轴上，心轴装在两顶针座或等高的 V 形块上，在齿槽内放入小圆柱，以检验平板作基面，用指示表分别测小圆柱在水平方向 a 和垂直方向 b 两端的高度差。此高度差乘上 b/l（b——齿宽；l——圆柱长）即近似为齿轮的 ΔF_β。为避免安装误差的影响，应在前后两面（距 180°的两个齿）测量，取其平均值作为测量结果。

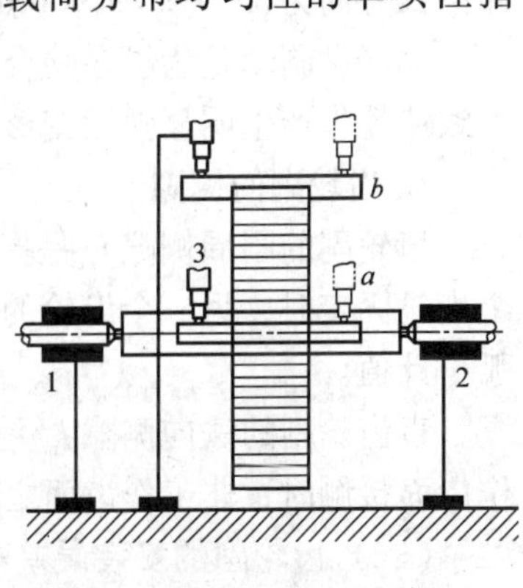

图 7-59　用小圆柱测量螺旋线总偏差的原理图

（四）影响传动侧隙的误差

影响齿轮副侧隙的误差主要是齿厚偏差和公法线平均长度偏差两个参数。

1. 齿厚偏差 ΔE_s

齿厚偏差是指分度圆柱面上实际齿厚值与公称齿厚值之差，可用齿厚游标卡尺测量。

2. 公法线平均长度偏差 ΔE_{wm}

公法线平均长度偏差是指在齿轮一周内，公法线平均长度与公称值之差，可用公法线卡尺测量。

三、齿轮副的精度和侧隙指标

在齿轮传动中，由两个相啮合的齿轮组成的基本机构称为齿轮副，齿轮副的误差可分为传动误差和安装误差两个方面。

（一）齿轮副的传动误差和误差项目

齿轮副传动误差是指一对齿轮在装配后的啮合传动条件下测定的综合性误差。针对齿轮副传动的基本使用要求，国家标准对其传动误差规定了四项误差项目（控制参数）。

1. 齿轮副的切向综合总偏差 $\Delta F'_{ic}$

齿轮副的切向综合总偏差是指装配好的齿轮副，在啮合转动足够多的转数内，一个齿轮相对于另一个齿轮的实际转角与公称转角之差的最大幅度值，以分度圆弧长计值。

要求啮合转动足够多的转数是为了使一对啮合齿轮的误差在齿轮相对位置变化的全周期中充分显示出来。

2. 齿轮副的一齿切向综合偏差 $\Delta f'_{ic}$

齿轮副一齿切向综合偏差是指装配好的齿轮副，在啮合转动足够多的转数内，一个齿轮相对于另一个齿轮的一个齿距的实际转角与公称转角之差的最大幅度值，以分度圆弧长计值。即齿轮副切向综合误差记录曲线上小波纹的最大幅度值。

3. 齿轮副的接触斑点

齿轮副的接触斑点是指装配好的齿轮副，在轻微制动下，运转后齿面上分布的接触擦亮痕迹，如图 7-60 所示。

接触痕迹的大小在齿面展开图上用百分比计算。即齿长方向为$(b''-c)/b'\times100\%$，齿高方向为 h''/h'。

加轻微制动是为了在啮合齿面间可靠地接触而又不致使轮齿产生明显弹性变形的状态下进行检验。

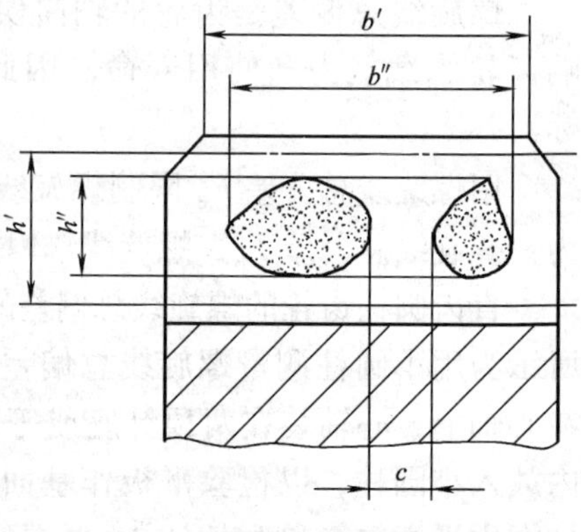

图 7-60 接触斑点

4. 齿轮副的侧隙

齿轮副的圆周侧隙 j_{wt} 是指装配好的齿轮副，当一个齿轮固定时，另一个齿轮的圆周晃动量，以分度圆弧长计值。

直齿轮副的法向侧隙 j_{bn} 是指装配好的齿轮副在工作齿面接触时，非工作齿面之间的最小距离。

（二）齿轮副的安装误差和误差项目

为保证齿轮副的传动精度，标准还规定了两项专门控制齿轮副安装误差的误差项目。

1. 轴线的平行度偏差 $\Delta f_{\Sigma\delta}$、$\Delta f_{\Sigma\beta}$

除单个齿轮的误差项目，齿轮副轴线的平行度偏差也同样影响接触精度。

轴线平面内的轴线的平行度偏差 $\Delta f_{\Sigma\delta}$是指一对齿轮的轴线，在其基准平面上投影的平行度偏差，如图 7-61 所示。在等于齿宽的长度上测量。

垂直平面内的轴线的平行度偏差 $\Delta f_{\Sigma\beta}$是指一对齿轮的轴线，在垂直于基准平面，并且平行于基准轴线的平面上投影的平行度偏差，如图 7-61 所示。在等于齿宽的长度上测量。

基准平面是包含基准轴线，并通过由另一轴线与齿宽中间平面相交的点所形成的平面。两条轴线中任何一条轴线都可作为基准轴线来测量另一条轴线的平行度偏差。

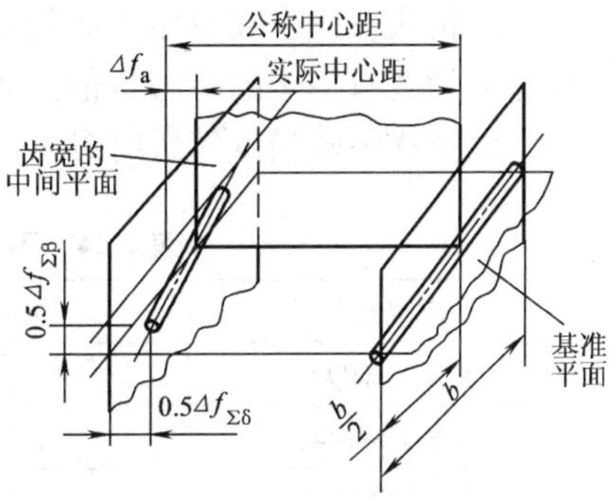

图 7-61　齿轮副的安装误差

2. 齿轮副的中心距偏差 Δf_a

齿轮副的中心距偏差是指在齿宽中间平面内，实际中心距与公称中心距之差，如图 7-61 所示。

四、渐开线圆柱齿轮精度标准

我国圆柱齿轮传动公差现行国家标准为 GB/T 10095.1—2001 和 GB/T 10095.2—2001《渐开线圆柱齿轮精度》(以下简称国标)。

该国标适用于平行轴传动的渐开线圆柱齿轮及其齿轮副，基本齿廓按 GB 1356—1997《渐开线圆柱齿轮基本齿廓》的规定。国标对于 $m_n \geqslant 0.5 \sim 40$mm，分度圆直径 $d \leqslant 4000$mm，有效齿宽 $b \leqslant 630$mm 的齿轮及齿轮副所规定的公差或极限偏差值，见附录 A ~ K。其他未列出公差表的齿轮及齿轮副，其公差值或极限偏差值可按国标给出的计算式或关系式计算。

1. 齿轮、齿轮副的精度等级的划分

国标对齿轮及齿轮副规定了 13 个精度等级，依次用阿拉伯数字 0、1、2、3、…、12 表示。其中 0 级精度最高，依次递减，12 级精度最低。齿轮副中，两个齿轮的精度等级一般是相同的，也允许采用不同等级。若齿轮副中的两个齿轮的精度等级不同时，则齿轮副的精度等级应按实测齿轮副的切向综合总偏差 F'_{ic}确定。

13 个精度等级中，0 ~ 2 级目前加工工艺尚未达到标准要求，是为将来发展而规定的，3 ~ 5 级为高精度级，6 ~ 8 级为中等精度级，9 ~ 12 级为低精度级。标准以 6 级为基础级，其公差值或极限偏差值按一定的算式计算出来，其他各级精度等级的公差值或极限偏差值按优先数从基础级向两方扩展排列确定，最后列成公差数表或极限偏差数表，以便查用。

2. 齿轮精度等级的选择和确定

选择齿轮的精度等级，必须以传动用途、工作条件及其他技术要求为依据，具体地说，要考虑齿轮的圆周速度、运动精度、传递的功率、振动和噪声、工作持续时间和使用寿命等方面的要求，同时还要考虑工艺的可能性和经济性。选择精度等级的方法有计算法和类比法(经验法、表格法)。一般多采用类比法。

计算法——用计算法时，可根据运动精度要求，按误差传递规律，计算出齿轮一转中允许的最大转角误差，然后再根据工作条件或根据圆周速度或噪声强度要求确定齿轮的精度等级；

经验法——现有的齿轮传动具有成熟的经验时，新设计的齿轮传动可采用相似的精度等级。经验法要有经验，并要有资料。

表格法——是在总结实际使用经验的基础上，归纳成表格形式，供设计者选择时参考。这对初学者有一定的参考价值。表7-24和表7-25是在总结实际使用经验的基础上归纳而成的，供选择齿轮精度等级时参考。

表7-24 不同应用场合的齿轮传动所采用的精度等级

应用范围	精度等级	应用范围	精度等级
单啮仪、双啮仪	2~5	通用减速器	6~8
涡轮机减速器	3~5	轧钢机	5~10
精密切削机床	3~7	矿用绞车	6~10
航空发动机	4~7	起重机械	6~9
内燃或电气机车	5~8	拖拉机	6~10
轻型汽车	5~8	农业机械	7~11
载重汽车	6~9	一般切削机床	4~8

表7-25 齿轮的精度等级与圆周速度的关系

齿的种类	齿面硬度(HB)	齿轮的精度等级					
		5	6	7	8	9	10
		齿轮的圆周速度/m·s^{-1}					
直齿	≤350	>15	到18	到12	到6	到4	到1
	>350		到15	到10	到5	到3	
斜齿	≤350	>30	到36	到25	到12	到8	到2
	>350		到30	到20	到9	到6	到1.5

3. 齿轮检验项目的选择和确定

国标规定的公差项目很多，其中有些项目之间有密切关系，如径向跳动与径向综合总偏差从误差性质来讲，有类似之处，所以不要重复。为保证齿轮的制造精度，在生产中，不可能也没必要对所有误差项目全部进行检验。应根据齿轮副的精度等级、功能要求和生产规模，经济合理地进行检验。

检验项目的选择，须根据齿轮传动的使用精度、检测目的、生产条件、检测手段及经济效益。具体如下：

1）根据齿轮精度等级的高低，对高精度的齿轮，应选用最能确切反映齿轮质量的综合性指标检验；对低精度的齿轮，应选用单项性指标组合检验。

2）根据检测的目的，可分为完工测量和工艺测量两种：完工测量的目的是检定齿轮质量是否符合图样要求，最好选用综合性指标进行检验，如因测量条件所限，也可选用单项性指标组合进行检验；工艺测量的目的是为了揭示工艺因素引起的误差，查明误差产生的原因，则应选用单项性指标组合进行检验。

3）根据生产的规模及工厂的具体条件，如成批生产齿轮，宜用综合性指标检验；对单件小批生产齿轮，则应采用单项性指标组合进行检验。此外，还需考虑工厂的检测条件，如综合性指标的检验，需配备单面啮合检查仪。为减少使用测量器具的品种，提高测量效率，应考虑所选检验项目之间的协调性。

4）根据被测齿轮几何尺寸的大小，对于直径在400mm以下的齿轮，可在固定式的仪器上测量，施行综合测量也较易实现，但对超过一般仪器度量指标的大直径，所选用的检验项目一定要考虑测量手段。

设计过程中，在选择齿轮精度评定指标的同时，还应选择侧隙的评定指标。这些应考虑到齿轮的精度等级、尺寸大小、生产批量和本单位的仪器设备条件，并且尽量用同一仪器测量较多的指标。

4. 齿轮副侧隙及齿厚极限偏差、公法线平均长度极限偏差的选择和确定

侧隙是齿轮副装配后自然形成的。它对于每一对非工作的齿廓是不相等的，因为齿轮在加工时不可避免地会有一定的运动偏心，导致各轮齿厚度不均，同时齿圈径向跳动也会影响侧隙。考虑到齿轮工作时，轮齿受力有弹性变形，发热时会膨胀，为了防止工作温度升高而卡死，就要求预先将齿轮的齿厚减薄一些，使齿轮工作时留有一定的保证侧隙来补偿这些影响。另外，齿轮在啮合时，需要正常的润滑，因此也要求有一定的保证侧隙。但是，如果侧隙过大，对于要求经常正反转的齿轮和仪器中的读数齿轮是不利的。为了避免齿轮反转时的过大冲击和空程误差，必须控制最大侧隙。圆周侧隙便于测量，但法向侧隙是基本的，它可以与法向齿厚、公法线平均长度、轮齿变形量、油膜厚度等建立函数关系。因此，需要将测得的圆周侧隙通过关系式，换算成法向侧隙（$j_{bn}=j_{wt}\cos\alpha_n\cos\beta$）。齿轮副的侧隙要求应按工作条件，用最小法向侧隙$j_{bnmin}$与最大法向侧隙$j_{bnmax}$来规定。

（1）最小法向极限侧隙的计算　最小法向极限侧隙的计算主要考虑齿轮副工作时的温度变化、润滑方式以及齿轮工作的圆周速度，而不按齿轮的精度等级选定。

1）保证正常润滑所必需的法向侧隙j_{bn1}，取决于齿轮副的润滑方式和齿轮工作时的圆周速度，其具体数值可参考表7-26选取。

表7-26　j_{bn1}的推荐值

润滑方式	圆周速度 v/(m/s)			
	≤10	>10~25	>25~60	>60
喷油润滑	$0.01m_n$	$0.02m_n$	$0.03m_n$	$(0.03\sim0.05)m_n$
油池润滑	$(0.005\sim0.01)m_n$			

注：m_n为法向模数，单位为mm。

2）补偿温升引起变形所需的最小的法向侧隙j_{bn2}，应按下式计算：

$$j_{bn2}=\alpha(\alpha_1\Delta t_1-\alpha_2\Delta t_2)2\sin\alpha_n$$

式中　a——传动的公称中心距，单位为mm；

α_1、α_2——分别为齿轮和箱体材料的线膨胀系数；

Δt_1、Δt_2——分别为齿轮和箱体工作温度与标准温度20℃之差，即$\Delta t_1=t_1-20$℃；$\Delta t_2=t_2-20$℃；

α_n——法向压力角。

最小法向极限侧隙是保证润滑条件所需的侧隙与补偿热变形所需的侧隙之和。因此，由计算得到的齿轮副的最小法向极限侧隙为：

$$j_{bnmin}=j_{bn1}+j_{bn2}$$

（2）最大法向极限侧隙的计算　当最小法向极限侧隙和齿轮制造和安装精度确定后，最大极限侧隙自然形成，一般不必再计算。但是对精密读数机构或对回转角有严格要求的齿轮副，可按下式验算最大极限侧隙：

$$j'_{bnmax}=j_{bnmin}+T_j$$

其中：$T_j=\sqrt{(T_{sn1}\cos\alpha)^2+(T_{sn2}\cos\alpha)^2+(2f_a\sin\alpha_n)^2}$

式中　T_j——侧隙公差；

T_{sn1}——小齿轮齿厚公差；

T_{sn2}——大齿轮齿厚公差；

f_a——齿轮副中心距极限偏差的绝对值。

计算的 j'_{bnmax} 应不大于 j_{bnmax}。

（3）齿厚极限偏差的计算

1）齿厚上偏差的确定　所选择的齿厚上偏差，不仅要保证齿轮副所需要的最小法向极限侧隙 j_{bnmin}，同时还要补偿由于齿轮副的加工和安装误差所引起的侧隙减小量 J_n。J_n 值由下式计算：

$$J_n=\sqrt{f_{pb1}^2+f_{pb2}^2+2(F_\beta\cos\alpha_n)^2+(f_{\Sigma\delta}\sin\alpha_n)^2+(f_{\Sigma\beta}\cos\alpha_n)^2}$$

式中　f_{pb}——基节极限偏差；

F_β——螺旋线总公差；

$f_{\Sigma\delta}$、$f_{\Sigma\beta}$——分别为轴线平面内和垂直平面上的轴线平行度公差；

α_n——法向压力角。

根据公式 $f_{\Sigma\beta}=0.5F_\beta$、$f_{\Sigma\delta}=2f_{\Sigma\beta}$ 代入上式，并取 $\alpha_n=20°$，化简得

$$J_n=\sqrt{f_{pb1}^2+f_{pb2}^2+2.104F_\beta^2}$$

由于 J_n 的存在，实际上应是 j_{bnmin} 加 J_n 后的数值再平均分配给两个相互啮合的齿轮，换算成齿厚减薄量为 $\dfrac{j_{bnmin}+J_n}{2\cos\alpha_n}$，同时，齿轮中心距 a 的极限偏差 f_a 也影响侧隙，换算成齿厚减薄量为 $f_a\tan\alpha_n$，一般两个齿轮的齿厚上偏差数值相等，因此每个齿轮的齿厚上偏差为

$$E_{sns}=-\left(f_a\tan\alpha_n+\frac{j_{bnmin}+J_n}{2\cos\alpha_n}\right)$$

2）齿厚下偏差 E_{sni} 由齿厚上偏差 E_{sns} 与齿厚公差 T_{sn} 求得，即

$$E_{sni}=E_{sns}-T_{sn}$$

由上式可知，要确定齿厚下偏差 E_{sni}，需要先确定齿厚公差 T_{sn}。齿厚公差的大小反映切齿加工的难易程度，用以控制齿轮加工时所有齿轮上全部轮齿的实际齿厚变动量。因此，齿厚公差的数值与切齿加工时径向进刀误差 Δb_r 和反映一周中各齿厚度变动的齿圈径向跳动 F_r 有关。把这两项误差用公差限制并按随机变量合成，且考虑径向量与分度圆弧度的几何关系。因此，齿厚公差的计算式为

$$T_{sn}=2\tan\alpha_n\times\sqrt{b_r^2+F_r^2}$$

b_r 的数值与齿轮的精度等级关系，如表7-27所示。

表 7-27　切齿径向进刀公差值

切齿工艺	磨		滚插		铣	
齿轮的精度等级	4	5	6	7	8	9
b_r 值	1.26IT7	IT8	1.26IT8	IT9	1.26IT9	IT10

（4）公法线平均长度极限偏差的计算　大模数齿轮，在生产中通常测量齿厚；中、小模数齿轮，在成批生产中，一般测量公法线平均长度。测量公法线长度比测量齿厚简单方便，而且还能同时评定齿轮传递运动的准确性。由于国标中未直接规定公法线平均长度的极限偏差值，所以设计时常常需要把齿厚的极限偏差换算成公法线长度的极限偏差（即上偏差 E_{Wms}、下偏差 E_{Wmi}）。公法线平均长度偏差 E_{Wm} 可从齿厚极限偏差进行换算。对于外齿轮：

公法线平均长度上偏差 E_{Wms}：

$$E_{Wms} = E_{sns}\cos\alpha - 0.72F_r\sin\alpha$$

公法线平均长度公差 T_W：

$$T_W = T_{sn}\cos\alpha - 1.44F_r\sin\alpha$$

公法线平均长度下偏差 E_{Wmi}：

$$E_{Wmi} = E_{Wms} - T_W$$

公法线平均长度偏差式中 $0.72F_r$ 主要考虑公法线长度只能反映切向误差，而不反映径向误差（径向跳动）对齿轮副法向侧隙的影响，因此，在换算时要扣除法向侧隙的影响。系数 0.72 是概率值，目的是为了使 $0.72\sin20° = 0.25$，0.25 为优先数。

5. 齿坯精度的选择和确定

齿坯公差是指齿轮的设计基准面、工艺基准面和测量基准面的尺寸公差和形位公差，这些公差都应标注在齿轮图样上。

由于齿坯的加工精度对齿轮加工的精度、测量准确度和安装精度影响很大，在一定的条件下，用控制齿轮毛坯精度来保证和提高齿轮加工精度是一项积极措施。因此，标准对齿轮毛坯公差作了具体规定。

齿轮内孔（或带轴齿轮的轴颈）的轴线、顶圆、端面常用作齿轮加工、测量和装配的基准，而基准轴线是以内孔或轴颈表面来体现，故对其有精度要求，必须对它们规定公差。齿轮孔或轴颈的尺寸公差和形状公差以及齿顶圆柱面的尺寸公差按表 7-28 确定。顶圆尺寸公差带应采用 h 基本偏差。基准孔（轴颈）的尺寸公差与形状公差应遵守包容原则。基准面径向和端面跳动公差按表 7-29 确定。

表 7-28　齿 坯 公 差

齿坯精度等级①		1	2	3	4	5	6	7	8	9	10	11	12
孔	尺寸公差	IT4	IT4	IT4	IT4	IT5	IT6	IT7		IT8		IT8	
	形状公差	IT1	IT2	IT3									
轴	尺寸公差	IT4	IT4	IT4	IT4	IT5		IT6		IT7		IT8	
	形状公差	IT1	IT2	IT3									
顶圆直径②		IT6		IT7			IT8			IT9		IT11	

① 当各项的精度等级不同时，按最高的精度等级确定齿坯公差。

② 当顶圆不作测量齿厚的基准时，尺寸公差按 IT11 给定，但不大于 $0.1m_n$。

表 7-29 齿坯基准面径向跳动和端面跳动公差 (单位：μm)

分度圆直径/mm	齿轮精度等级				
	1 和 2	3 和 4	5 和 6	7 和 8	9 到 12
≤125	2.8	7	11	18	28
>125~400	3.6	9	14	22	36

齿轮上主要表面的表面粗糙度与齿轮的精度等级有关，表 7-30 所列可供参考。

表 7-30 齿轮各主要表面的表面粗糙度推荐值 R_a (单位：μm)

齿轮精度等级	6	7		8	9	
齿面	0.32~0.63	1.6	3.2	6.3(3.2)	6.3	12.5
齿面加工方法	磨或珩齿	剃或珩齿	滚或插	滚或插	滚	铣
齿轮基准孔	1.6	1.6~3.2			6.3	
齿轮轴基准轴颈	0.8	1.6		3.2		
齿轮基准端面	3.2~6.3			6.3		
齿轮顶圆	6.3					

注：当各项的精度等级不同时，按最高的精度等级确定 R_a 值。

思考题与习题

1. 圆锥配合分哪几类？各应用于什么场合？
2. 圆锥有哪些使用要求，为满足这些使用要求需规定哪些圆锥公差项目？
3. 平键联接为什么只对键（槽）宽规定较严的公差？
4. 平键联接的键槽测量方法。
5. 什么是花键定心？GB/T1144—2001 为什么只规定小径定心？
6. 内、外花键的检测原则。
7. 普通螺纹结合的基本要求是什么？
8. 简述保证螺纹结合互换性的条件是什么？
9. 简述普通螺纹的基本参数。
10. 说明下列螺纹标记中各代号的含义：

（1）M20LH-6H （2）M30×2-6H/5g6g

（3）M24×2-5H6H-L （4）M20LH-7g6g-40

11. 简述螺纹检测的分类及特点。
12. 计算 M16-5g6g 螺纹的上下偏差。
13. 用三针法测量 M14×1-6h 的中径尺寸。确定其最佳量针直径。用该量针测得针距 M =14.16mm，其他误差不计，试确定该螺纹的中径是否符合要求。
14. 齿轮传动的使用要求有哪些？影响这些使用要求的主要误差有哪些？
15. 传递运动准确性的评定指标有哪些？
16. 公法线长度变动 F_W 和公法线平均长度偏差 E_{Wm} 有何区别？